문학 작품을 활용한
어문 규정 바로 알기

황 경 수 지음

청운

| 머리말 |

우리의 속담은 조상들의 얼과 혼이 살아 있고, 현대를 살아가는 국민들에게 교육관, 생활관, 역사관 등을 인식시켜주는 중요한 글귀이다. 국민들은 언어생활에서 속담을 잘 활용하려면 『속담사전』을 찾아서 공부해야 하는 것으로 인지하고 있을 것이다.

그러나 속담은 꼭 사전을 찾아야 하는 것이 아니며, 우리가 평소에 읽고, 생각할 수 있는 문학 작품 속에 녹아 있다는 것을 알아야 한다.

우리는 속담에 대하여 깊은 관심을 가지고 계승하고 발전시켜야 할 대한민국의 문화유산임을 인식해야 할 것이다.

"나막신 신고 압록강 '얼음/어름'판을 건너간다."라는 속담처럼 정성껏 따르고 삼가 지켜야 할 것인데도 불구하고 감히 이처럼 상반되는 행위를 한 것은 과연 무슨 속셈이란 말인가.

−『조선왕조실록(정조)』

속담은 **'아주 끈질기고 성실하게 노력하면 어려운 일을 이루어낸다.'** 는 뜻으로 빗대는 말이다.

이번에는 산밤나무에다 눈을 부릅뜨며 언성을 높였다. **"자벌레가 몸을 구부리는 것은 펴기 위해서랬거늘"** 그래 그렇게 펴본즉 기럭지가 길어지더냐? '때깔/땟갈'이 이뻐지더냐?

− 이문구 『매월당 김시습』

속담은 **'올곧은 사람이 잠시 생각이나 몸을 움추리는 것은 더욱 발전**

하기 위함이다.'는 뜻으로 비유하는 말이다.

자식을 올바르고, 현명하게 만들기 위해서는 어릴 적부터 속담을 공부시키라는 말이 있다. 학교생활이나 사회생활에서 도무지 깨우칠 수 없는 진리나 별미가 속담에 녹아있기 때문이다.

이 책에서는 문학 작품 속에 나타난 많은 종류의 속담을 예시하였다. 위의 속담에 대하여 설명하고, '얼음/어름'은 "한글 맞춤법 제19항 어간에 '-음/-ㅁ'이 붙어서 명사로 된 것은 그 어간의 원형을 밝히어 적는다."라는 것을 인지하게 하며, 어문규정을 활용할 수 있도록 하였다.

어문규정은 '한글 맞춤법, 표준어 규정, 외래어 표기법, 로마자 표기법' 등으로 되어 있다. '한글 맞춤법' 제1항 한글 맞춤법은 표준어를 소리대로 적되, 어법에 맞도록 함을 원칙으로 한다. '표준어 규정' 제1항 표준어는 교양 있는 사람들이 두루 쓰는 현대 서울말로 정함을 원칙으로 한다. '외래어 표기법'은 우리말을 한글로 표기할 때에 지켜야 할 규정이고, '로마자 표기법'은 우리말을 로마자로 표기할 때에 지켜야 할 규정이다.

이 책의 순서로 1부 '한글 맞춤법'은 총칙, 자모, 소리에 관한 것, 형태에 관한 것, 띄어쓰기, 그 밖의 것, 문장부호, 2부 '표준어 규정'은 표준어 사정원칙과 표준 발음법, 3부 '외래어 표기법', 4부 '로마자 표기법' 등으로 되어 있다.

이 책이 나오기까지 많은 분들의 도움을 받았다. 항상 학문의 길에 격려를 아끼지 않으신 김희숙 교수님, 뚝심으로 연구하라고 가르침을 주신 정종진 교수님, 학문의 열정과 끈기를 알려주신 양희철 교수님, 직분에 충실함을 일깨워주신 임승빈 교수님께 이 자리를 빌려 머리 숙여 감사드린다.

지금까지 교정에 도움을 준 청주대학교 국어국문학과 송대헌 박사, 윤정아, 김보은 선생과 충북대학교 국어국문학과 전계영 박사에게도 고

마음을 표한다. 그리고 이 책의 출판을 흔쾌히 허락하신 도서출판 청운 전병욱 사장님과 편집부 여러분께도 진심으로 감사드린다.

2014년 3월
저자

차 례 **

차 례 [＊]＊

한글 맞춤법

한글 맞춤법

제1장 총 칙

제1항 한글 맞춤법은 표준어를 소리대로 적되, 어법에 맞도록 함을
원칙으로 한다.

한글 맞춤법[正書法]의 대원칙(大原則)을 정한 것이다. '표준어(標準語)
를 소리대로[表音主義]적는다'라는 근본 원칙에 '어법에 맞도록 한다[表意
主義]'는 조건이 붙어 있다.

맞춤법[正書法]이란 자모(字母, 낱글자)를 맞추어서 글을 쓰는 법[音素
文字, 표음 문자 가운데 음소적 단위의 음을 표기하는 문자]을 말한다.
표준어(標準語)는 '교양(敎養)있는 사람들이 두루 쓰는 현대(現代) 서울
말로 정함을 원칙으로 한다(표준어규정, 문교부 고시 제88-2호, 1988.
1. 19.).

'표준어(標準語)를 소리대로 적되'라는 것은 자음(子音)과 모음(母音)
의 결합형식에 의하여 표준어를 소리대로 표기하는 것이 근본원칙이다.
어법(語法)이란 언어 조직의 법칙, 또는 언어 운용의 법칙을 말한다.

'어법(語法)에 맞도록 함을 원칙'으로 한다는 것은 뜻을 파악하기 쉽
도록 하기 위하여 각 형태소(形態素, 의미를 가진 최소의 단위)의 본 모
양을 밝히어 적는다는 말이다.

제2항 문장의 각 단어는 띄어 씀을 원칙으로 한다.

문장(文章)이란 어떤 생각이나 느낌을 줄거리를 세워 글자로써 적어 나타낸 것을 일컫고, '글월, 문'이라고도 한다. 단어(單語, 자립하여 쓰일 수 있거나, 따로 떨어져서 문법적 기능을 가지는, 언어의 최소 기본 단위)는 독립적으로 쓰이는 말의 단위이다.

글은 단어를 단위로 하여 띄어 쓰는 것이 가장 합리적인 방식이다. 다만, 우리말의 조사(助詞)나 접사(接辭)는 독립성이 없으므로 그 앞 단어에 붙여 쓴다.

띄어쓰기를 하는 이유는 다음과 같다. 첫째, 의미적 단위의 경계를 표시함으로써 독서의 능률(能率)을 높이고 내용을 이해하기 쉽게 하며, 둘째, 해석상의 오해를 방지하여 뜻을 바르게 파악하기 위함이다.

제3항 외래어는 '외래어 표기법'에 따라 적는다(문교부 고시 제85-11호, 1986.1.7.).

외래어(外來語)란 외국말이 들어와서 한국말처럼 굳어진 것을 일컫는다. '차용어(借用語), 들온말'이라고도 한다. 외래어의 표기에서는 각 언어가 지닌 특질이 고려되어야 하므로 외래어 표기법(外來語 表記法)을 따로 정하고(1986년 1월 7일 문교부 고시), 그 규정에 따라 적도록 한 것이다.

제2장 자 모

자모(字母)는 한 개의 음절을 자음과 모음으로 분석하여 적을 수 있는 글자를 일컫는 말이다. 일반적으로 사람들은 모음, 자음만으로 한 개의 음절을 이루는 일도 있다고 생각하기 쉬우나, 대체로 자음과 모음이 합해져야만 한 개의 음절을 이룬다.

제4항 한글 자모의 수는 스물넉 자로 하고, 그 순서와 이름은 다음과 같이 정한다.

ㄱ(기역), ㄴ(니은), ㄷ(디귿), ㄹ(리을), ㅁ(미음), ㅂ(비읍), ㅅ(시옷), ㅇ(이응), ㅈ(지읒), ㅊ(치읓), ㅋ(키읔), ㅌ(티읕), ㅍ(피읖), ㅎ(히읗) ㅏ(아), ㅑ(야), ㅓ(어), ㅕ(여), ㅗ(오), ㅛ(요), ㅜ(우), ㅠ(유), ㅡ(으), ㅣ(이)

한글 자모(字母)의 수는 자음 14자, 모음 10자로 합이 24자이다. '기역, 디귿, 시옷'처럼 예외의 명칭이 생긴 이유가 훈몽자회(訓蒙字會, '役, 末, 衣')에서 보이고 있다. 한글 창제 당시 자모는 기존 24자에 'ㆆ, ㆁ, ㅿ, ·'를 합하여 28자였다.

훈민정음(訓民正音)의 초성(初聲)은 조음 위치에 따라서 '아음(牙音), 설음(舌音), 순음(脣音), 치음(齒音), 후음(喉音)' 다섯으로 분류하고, 이곳에서 발음되는 소리의 기본자 다섯을 발음 기관의 모양을 본떠서 만들었다. 이렇게 하여 만든 초성(初聲)은 모두 17자이다.

● 초성자

	基本字	發音器官 象形	加劃字	異體字
牙音	ㄱ	혀뿌리가 목구멍을 막는 모양	ㅋ	ㆁ
舌音	ㄴ	혀가 윗잇몸에 닿는 모양	ㄷ ㅌ	
脣音	ㅁ	입의 모양	ㅂ ㅍ	
齒音	ㅅ	이의 모양	ㅈ ㅊ	
喉音	ㅇ	목구멍의 모양	ㆆ ㅎ	
半舌音				ㄹ
半齒音				ㅿ

훈민정음 중성(中聲)은 '天·地·人'을 상형으로 기본자 '·, ㅡ, ㅣ'를 만들고, 발음기관(發音器官)의 상형(象形)으로 음가(音價)를 규정하였다. '天·地·人'의 결합으로 초출자(初出字) 'ㅏ, ㅓ, ㅗ, ㅜ' 네 글자를 만들고, 재출자(再出字)는 초출자에 '·'를 더하여 'ㅑ, ㅕ, ㅛ, ㅠ' 네 글자를 만들어 모두 11자가 된다.

● 기본자

글 자	혀의 위치	상 형	모 양	혀의 모양
·	深	天	圓	縮
ㅡ	不深不淺	地	平	小縮
ㅣ	淺	人	立	不縮

● 초출자

形	합 자 형 태	입 술 모 양
ㅗ	·와 ㅡ	입을 오므린다
ㅏ	ㅣ와 ·	입을 벌린다
ㅜ	ㅡ와 ㅜ	입을 오므린다
ㅓ	·와 ㅓ	입을 벌린다

● 재출자

形	발음의 시작과 끝의 내용
ㅛ	ㅣ → ㅗ
ㅑ	ㅣ → ㅏ
ㅠ	ㅣ → ㅜ
ㅕ	ㅣ → ㅓ

요약하면 자음(子音)은 'ㄱ, ㅋ, ㆁ(牙音)', 'ㄷ, ㅌ, ㄴ(舌音)', 'ㅂ, ㅍ, ㅁ(脣音)', 'ㅈ, ㅊ, ㅅ(齒音)', 'ㆆ, ㅎ, ㅇ(喉音)', 'ㄹ(半舌音)', 'ㅿ(半齒音)'

으로 17자이다. 모음(母音)은 '·, ㅡ, ㅣ', 'ㅗ, ㅏ, ㅜ, ㅓ', 'ㅛ, ㅑ, ㅠ, ㅕ'로 11자이다.

[붙임 1] 위의 자모로써 적을 수 없는 소리는 두 개 이상의 자모를 어울러서 적되, 그 순서와 이름은 다음과 같이 정한다.

ㄲ(쌍기역), ㄸ(쌍디귿), ㅃ(쌍비읍), ㅆ(쌍시옷), ㅉ(쌍지읒)

ㅐ(애), ㅒ(얘), ㅔ(에), ㅖ(예), ㅘ(와), ㅙ(왜), ㅚ(외), ㅝ(워), ㅞ(웨), ㅟ(위), ㅢ(의)

[붙임 2] 사전에 올릴 적의 자모 순서는 다음과 같이 정한다.

자음 ㄱ ㄲ ㄴ ㄷ ㄸ ㄹ ㅁ ㅂ ㅃ ㅅ ㅆ ㅈ ㅉ ㅊ ㅋ ㅌ ㅍ ㅎ

모음 ㅏ ㅐ ㅑ ㅒ ㅓ ㅔ ㅕ ㅖ ㅗ ㅘ ㅙ ㅚ ㅛ ㅜ ㅝ ㅞ ㅟ ㅠ ㅡ ㅢ ㅣ

사전에 올릴 적의 차례를 정하였는데, 글자의 차례가 일정하지 않기 때문에 사전 편찬자의 임의로 배열하는 데 따른 혼란을 적게 하기 위한 것이다. 받침 글자의 순서는 다음과 같다.

ㄱ, ㄲ, ㄳ, ㄴ, ㄵ, ㄶ, ㄷ, ㄹ, ㄺ, ㄻ, ㄼ, ㄽ, ㄾ, ㄿ, ㅀ, ㅁ, ㅂ, ㅄ, ㅅ, ㅆ, ㅇ, ㅈ, ㅊ, ㅋ, ㅌ, ㅍ, ㅎ(27개)

제3장 소리에 관한 것

소리[音]란 진동(振動)에 의하여 생긴 공기의 파동(波動)이 청각기관(聽覺器官)을 통하여 감지(感知)되는 현상이다. 사람의 발음기관(發音器官, 음성을 내는 데 필요한 기관, 음성 기관)을 통해서 나는 소리를 음성(音聲, 말소리)이라고 한다.

※ 제1절 된소리

된소리[硬音]는 후두(喉頭) 근육을 긴장하거나 성문(聲門)을 폐쇄하여
내는 소리이다. 'ㄲ, ㄸ, ㅃ, ㅆ, ㅉ' 따위의 소리이다. '농음(濃音)'이라고
도 한다.

제5항 한 단어 안에서 뚜렷한 까닭 없이 나는 된소리는 다음 음절의
첫소리를 된소리로 적는다.

'한 단어 안'이란 하나의 형태소 내부를 뜻한다. '소쩍-새'는 두 개 형
태소로 분석되는 구조이긴 하지만 된소리 문제는 그중 한 형태소에만
해당하는 것이다.

'뚜렷한 까닭 없이 나는 된소리[硬音]'는 한 개의 단어 속에 포함된 둘
혹은 그 이상의 음절(音節, 단어 또는 단어의 일부를 이루며 하나의 종
합된 음의 느낌을 주는 음의 단위)이다. 몇 개의 음소(音素, 그 이상 더
작게 나눌 수 없는 음운론상의 최소 단위이며, '낱소리'라고도 한다.)로
이루어지며, 각각 또는 두 덩어리 이상의 독립된 의미를 가지고 있을
경우에는 그 중간에 끼여 있는 자음을 아래 음절의 첫소리로 적을 수
없다.

1. 두 모음 사이에서 나는 된소리

소쩍새, 오빠, 으뜸, 아끼다, 기쁘다, 깨끗하다, 어떠하다, 해쓱하다,
거꾸로, 부썩, 어찌, 이따금

그는 멀리 면장 최억돌의 어줍잖은 꼬락서니를 참 한심하다는 표정으로
바라보며 중얼거렸다. **"천지를 모르고 '어깨춤/어개춤'이군."**

― 김주영 『비행기 타기』

속담은 '세상사를 분별 못하여 함부로 나댄다.'는 뜻으로 빗대는 말이다.

한 개 형태소 내부의 두 모음 사이에서 나는 된소리는 된소리로 적는다. 예를 들면, '솟적새〉소쩍새, 엇개〉어깨, 웃듬〉으뜸, 붓석〉부썩, 엇지〉어찌, 잇다금〉이따금' 등이 있다.

'꾀꼬리, 메뚜기, 부뚜막, 새끼, 가꾸다, 가까이, 부쩍'은 한 개 형태소 내부에 있어서 두 모음 사이에서는 된소리로 적는다.

다만, '기쁘다(기ㅅ-+-브-〉깃브다), 나쁘다(낟브다)낟브다), 미쁘다(믿-+-브-〉믿브다)'는 어원적인 형태가 양 괄호( )처럼 해석되지만 현실적으로 그 원형이 인식되지 않으므로 본 항에서 다룬 것이다.

'오빠'는 '같은 부모에게서 태어난 사이이거나 일가친척 가운데 항렬이 같은 손위 남자 형제를 여동생이 이르거나 부르는 말.'을 말한다. 우리 **오빠는** 아버지를 빼닮았다. **오빠**, 엄마가 빨리 들어오래. '으뜸'은 '많은 것 가운데 가장 뛰어난 것. 또는 첫째가는 것.'을 의미한다. **으뜸이** 되다. 그의 노래 실력은 전교에서 **으뜸이다.** '아끼다'는 '물건이나 돈, 시간 따위를 함부로 쓰지 아니하다.'라는 뜻이다. 그들은 탄환을 **아끼기** 위해 총질을 하지 않았다. ≪문순태, 타오르는 강≫ 물도 **아껴야** 한다는 걸 배우는 건 겨울에 더운물로 세수할 때뿐이었다. ≪박완서, 그 많던 싱아는 누가 다 먹었을까≫ 신 무상하오나 어찌 사사로운 목숨을 **아껴** 적진에 가옵기를 주저하오리까. ≪박종화, 임진왜란≫

'기쁘다'는 '욕구가 충족되어 마음이 흐뭇하고 흡족하다.'라는 뜻이다. 그녀는 **기쁜** 마음으로 아이들을 가르쳤다. 유신 장군은 젊은 청년들이 나랏일에 매우 관심을 가지고 자기를 찾아온 것이 **기뻤다.** ≪홍효민, 신라 통일≫ '어떠하다'는 '어떻다'의 본말이며, '의견, 성질, 형편, 상태 따위가 어찌 되어 있다.'라는 뜻이다. **어떠한** 돈으로 이 물건을 샀느냐? 네 남자 친구는 **어떠한** 사람이냐? '해쓱하다'는 '얼굴에 핏기나 생기가 없어 파리하다.'라는 의미이다. 노국 공주의 얼굴은 조금 **해쓱하게** 놀란

듯하다가 고개를 숙이어 잠자코 끝까지 왕의 말을 들었다.≪박종화, 다정불심≫

'거꾸로'는 '차례나 방향, 또는 형편 따위가 반대로 되게.'라는 뜻이다. 그 여자는 병을 **거꾸로** 기울여 마지막 방울까지 따라 마셨다.≪오정희, 어둠의 집≫ 우리가 기습하려다가 **거꾸로** 기습을 당한 거지요.≪이병주, 지리산≫ '부썩'은 '외곬으로 세차게 우기거나 행동하는 모양.' '거침새 없이 갑자기 나아가거나 늘거나 주는 모양.' 등을 뜻한다. 갑자기 등 뒤에서 **부썩** 소리가 났다. '어찌'는 '어떠한 이유로. 어떠한 방법으로.'라는 뜻이다. 전엔 암만 오래도 잘 안 오더니 **어찌** 갑자기 왔냐?≪김동인, 약한 자의 슬픔≫ 이래 가지고는 나라가 안 망하고 **어찌** 견디겠소?≪박경리, 토지≫

2. 'ㄴ, ㄹ, ㅁ, ㅇ' 받침 뒤에서 나는 된소리
산뜻하다, 잔뜩, 살짝, 훨씬, 담뿍, 움찔, 몽땅, 엉뚱하다

그렇게 여그서 말짱 풀고 가더라고. "**날마다 장마다 '꼴뚜기/꼴두기'는 아닝게**" 시방이 기회여.　　　　　　　　　　 －이동하『물풍선 던지기』
속담은 '항상 있는 일이 아니다.'라는 뜻으로 빗대는 말이다.

그에 비해 그의 아우 송광록과 그의 질 송우룡은 '**훨씬/훨신**' 떨어지고 끝에 가서 그의 증손 송만갑이 그를 육박하여 근대에 이름을 떨쳤지만 역시 그에 댈 바는 못 되었으니 과연 "**한 집안에 두 정승, 두 명창 나기 힘들다**"하는 말이 빈말은 아닌 듯 싶다.

　　　　　　　　　　　　　　　 －박경수『소리꾼들, 그 삶을 찾아서』
속담은 '한 집안에 대단한 인물이 여럿 나는 것은 쉽지 않다.'는 뜻으로 이르는 말이다.

한 개 형태소 내부의 유성음(有聲音) 'ㄴ, ㄹ, ㅁ, ㅇ' 뒤에서 나는 된소리는 된소리로 적는다. 예를 들면, '단짝, 번쩍, 물씬, 절뚝거리다, 듬뿍, 함빡, 늘씬, 날짜, 널찍, 껑뚱하다, 뭉뚱그리다' 등이 있다.

'산뜻하다'는 '기분이나 느낌이 깨끗하고 시원하다.'라는 뜻이다. 기분이 **산뜻하다**. 한숨 자고 나니 몸이 아주 **산뜻하다**. '잔뜩'은 '한도에 이를 때까지 가득.', '힘이 닿는 데까지 한껏.' 등의 뜻이다. 두 대감이 요 위에 앉자, 적객들은 구유같이 큼직하고 투박하게 생긴 돌화로에다 숯을 **잔뜩** 갖다 넣었다.≪현기영, 변방에 우짖는 새≫ 아사달은 **잔뜩** 멱살을 추켜 잡힌 채 검다 쓰다 말이 없고 주만의 그림자는 보이지 아니하였다.≪현진건, 무영탑≫ 그는 귀를 떼어 낼 듯한 들바람에 얼굴을 찡그리며 모자를 **잔뜩** 누른 뒤 턱을 가슴께로 당겨 붙였다.≪김원일, 불의 제전≫ '살짝'은 '힘들이지 아니하고 가볍게.', '심하지 아니하게 아주 약간.' 등의 의미이다. 그녀는 고개를 **살짝** 들고 상대편을 쳐다보았다. 누가 **살짝** 건드려 주기만 하여도 달아나고 싶은 심정이었던 것이다.≪박경리, 토지≫

'훨씬'은 '정도 이상으로 차이가 나게.', '정도 이상으로 넓게 벌어지거나 열린 모양.' 등의 뜻이다. 몸집이 크고 뼈대가 굵은 짝쇠댁네는 휘의 어미보다 **훨씬** 나이가 처지는데도 거의 같은 또래로 늙어 보였다.≪박경리, 토지≫ 문은 어서 들어오라고 손짓이나 하는 듯이 **훨씬** 열리었고….≪현진건, 무영탑≫ 세간을 나르느라고 중문 대문을 **훨씬** 열어젖혀 놓은 것을 지치려고….≪염상섭, 표본실의 청개구리≫ '담뿍'은 '넘칠 정도로 가득하거나 소복한 모양.'을 말한다. 사랑이 **담뿍** 담긴 편지. 진실이 **담뿍** 담긴 이야기. '움찔'은 '깜짝 놀라 갑자기 몸을 움츠리는 모양.'을 말한다. 팔기는 제 목소리가 너무 커져 버린 것을 의식하고는 **움찔** 놀란다.≪김춘복, 쌈짓골≫ 무심코 사진을 받던 그녀의 얼굴 근육이 **움찔** 움직이더니 차츰 딱딱하게 굳어졌다.≪홍성암, 큰물로 가는 큰 고기≫

'껑뚱하다'는 '입은 옷이, 아랫도리나 속옷이 드러날 정도로 매우 짧다.'라는 뜻이다. 닳아 빠진 외투며 여름도 겨울도 없이 신어 온 쫄쫄이식 단화, 통은 넓고 기장은 짧아 발목이 **껑뚱해** 보이는 쥐똥색 바지….
≪서영은, 먼 그대≫ '뭉뚱그리다'는 '되는대로 대강 뭉쳐 싸다.', '여러
사실을 하나로 포괄하다.' 등의 뜻이다. 의장이 자꾸 나의 의견을 그의
의견과 **뭉뚱그리려고** 해서 화가 났다. 회의에서 나온 의견을 **뭉뚱그려**
말하자면 작업 환경을 개선하자는 것이다.

다만, 'ㄱ, ㅂ' 받침 뒤에서 나는 된소리는, 같은 음절이나 비슷한 음
절이 겹쳐 나는 경우가 아니면 된소리로 적지 아니한다.
국수, 깍두기, 딱지, 색시, 싹둑(~싹둑), 법석, 몹시

그날 이후 그들의 책가방이나 다른 들것들, 웃음소리나 걸음새까지
살피며 흉내를 내보는 게 유일한 기쁨이었다네, **"가난뱅이가 '갑자기/갑
짜기' 부자가 되면 부자의 병까지 시늉한다지?"**

─이병천 『매』

속담은 '닮기를 간절히 염원했기에 병까지 닮는 게 당연하다.'는 뜻으
로 빗대는 말이다.

"사랑에는 천 리도 지척"이라더니 난 산에 들어가서 지척두 천 리 만
같아 말라 죽는 줄 알았다. 늙은이들 말이 '색시/색씨'는 아이 셋을 낳아
두 그냥 혼자 내쳐두고 다니지 말아야 한다지 않아?

─홍석중 『황진이』

속담은 '사랑에 빠지게 되면 아무리 멀리 떨어져 있어도 가깝게 여겨
진다.'는 뜻으로 빗대는 말이다.

받침(한글을 적을 때 모음 글자 밑에 받쳐 적는 자음으로 '끝소리'라
고도 한다.) 'ㄱ, ㄷ, ㅂ, ㅅ, ㅈ, ㅍ' 아래에서 'ㄱ, ㄷ, ㅂ, ㅅ, ㅈ' 들의
첫소리가 이어져 된소리가 날 경우에 아무 뜻이 없는 것이면 다음 음절

의 첫소리를 된소리로 적지 아니한다. 예를 들면, '꼭두각시, 작대기, 각시, 속삭속삭, 뜯게질(해지고 낡아서 입지 못하게 된 옷이나 빨래할 옷의 솔기를 뜯어내는 일), 번정다리, 숨바꼭질, 쭉정이, 갑갑하다, 껍데기, 맵시, 껍질, 숫제(순박하고 진실하게), 덮개, 옆구리, 높다랗다, 깊숙하다, 읊조리다, 늑대, 낙지, 접시, 납작하다' 등이다.

'딱지'는 '헌데나 상처에서 피, 고름, 진물 따위가 나와 말라붙어 생긴 껍질.', '게, 소라, 거북 따위의 몸을 싸고 있는 단단한 껍데기.' 등을 나타낸다. 넘어져서 생긴 상처 부위에 **딱지가** 졌다. 그의 얼굴은 멍투성이고 입술은 깨져서 까맣게 **딱지가** 생겨 있었다. 봉선화 물을 들이어 손톱들이 익은 가재 **딱지처럼** 새빨갛다.≪이태준, 농토≫ '색시'는 '아직 결혼하지 아니한 젊은 여자.'를 일컫느다. 난 **색시가** 시집간 새댁인 줄 알았우.≪홍성원, 육이오≫ 고 서방 같은 이가 **색시가** 없어서 장갈 못 들어?≪채만식, 탁류≫ 첫눈에 마음에 드는 **색시가** 진동열 선생님의 따님이라니 그야말로 금상첨화였다.≪박완서, 미망≫

'싹둑'은 '어떤 물건을 도구나 기계 따위가 해결할 수 있을 만큼의 힘으로 단번에 자르거나 베는 소리.'를 말한다. 쪽 찐 머리를 가위로 **싹둑** 자르는 순간 그녀는 야릇한 감회가 일면서 코가 아릿하였다.≪오유권, 대지의 학대≫ '법석'은 '소란스럽게 떠드는 모양.'을 나타낸다. 식구들이 일어나고 결혼식 날의 신부 집다운 **법석과** 혼란이 시작됐다.≪박완서, 도시의 흉년≫ 창을 부수고 문을 차는 등 **법석을** 떠는 바람에 전차는 얼마쯤 가다가 섰다.≪이병주, 지리산≫ '갑자기'는 '미처 생각할 겨를도 없이 급히.'라는 뜻이다. 그의 표정이 **갑자기** 굳어졌다. **갑자기** 브레이크를 밟는 바람에 온몸이 앞으로 쏠렸다. '몹시'는 '더할 수 없이 심하게.'라는 뜻이다. **몹시** 추운 날씨. 기분이 **몹시** 상하다.

그러나 하나의 형태소 내부에 있어서도 '똑똑(－하다), 쓱싹(～쓱싹), 쌉쌀(－하다)' 따위처럼 같은 음절이나 비슷한 음절이 거듭되는 경우에는 첫소리가 같은 글자로 적는다(13항 참조).

>>> 제2절 구개음화

구개음(口蓋音)이란 혓바닥[舌面]과 입천장[硬口蓋] 사이에서 파열(破裂), 또는 마찰(摩擦) 작용이 일어나면서 나는 소리를 말한다. 구개음화(口蓋音化)란 'ㅣ'의 조음 특징 때문에 'ㅣ'에 결합되는 치조음 'ㄷ, ㅌ'이나 연구개음 'ㄱ, ㅋ'이 경구개음 'ㅈ, ㅊ'으로 발음되는 현상을 일컫는다.

제6항 'ㄷ, ㅌ'받침 뒤에 종속적 관계를 가진 '-이(-)'나 '-히-'가 올 적에는 그 'ㄷ, ㅌ'이 'ㅈ, ㅊ'으로 소리나더라도 'ㄷ, ㅌ'으로 적는다 (ㄱ을 취하고, ㄴ을 버림).

ㄱ	ㄴ	ㄱ	ㄴ
맏이	마지	핥이다	할치다
해돋이	해도지	걷히다	거치다
같이	가치	닫히다	다치다
끝이	끄치	묻히다	무치다

"'맏이/마지'치고 **얼뜨기 아닌 것이 없다.**"는 속담을 생각한다. 그러나 음식 덜 먹고 말 없는 것이 좋다. 둘째놈은 성미가 팩하다. 재주있다. 허나 그보다 자존심이 강한 것이 좋다.

― 한설야『이녕』

속담은 '맏아들이나 맏딸은 순하디 순해서 마치 얼뜨기처럼 여겨진다.'는 뜻으로 빗대는 말이다.

"'같이/가치' 여행을 해보면 알 수 있다는 이도 있고," 같이 동업을 해보면 알 수 있다는 이도 있다. 어쩌면 그럴지도 모른다. 또 그럴 만한 근거가 있어서 나온 말이기도 할 것이다.

― 이문구『까치둥지가 보이는 동네』

속담은 '사람은 함께 어우러져 몇몇 가지를 겪어보면 품성을 알게 된다.'는 뜻으로 이르는 말이다.

종속적 관계(從屬的 關係)란 형태소(形態素, 의미를 가지는 요소로서는 더 이상 분석할 수 없는 가장 작은 말의 단위) 연결에 있어서 실질 형태소인 체언, 어근, 용언 어간 등에 형식 형태소인 조사, 접미사, 어미 등이 결합하는 관계를 말한다. 형식 형태소는 실질 형태소에 딸려 붙는 (종속되는) 요소이다.

예를 들면, ①명사 밑에 붙는 '조사'로써 'ㅣ': 맏이, 끝이, 밭이, 뭍이, ②용언(형용사)을 부사로 바꾸는 접미사 'ㅣ': 굳이, 같이, ③용언(동사)을 명사로 바꾸는 접미사 'ㅣ': 해돋이, 땀받이, ④용언(동사)을 사동 혹은 피동(수동)으로 만드는 선어말어미 '이'나 '히': 핥이다(핥음) 등이 있다.

한편, 명사 '맏이[마지, 昆]'를 '마지'로 적자는 의견이 있었으나 '맏-아들, 맏손자, 맏형' 등을 통하여 '태어난 차례의 첫 번'이란 뜻을 나타내는 형태소가 '맏'임을 인정하게 되므로 '맏이'로 적기로 하였다.

'맏이'는 '여러 형제자매 가운데서 제일 손위인 사람.'을 일컫는다. 아버지도 안 계신 데다가 내가 **맏이이니** 집에 의지할 장정 식구란 없는 셈이었다.≪박완서, 부끄러움을 가르칩니다≫ '굳이'는 '단단한 마음으로 굳게.', '고집을 부려 구태여.' 등의 뜻이다. 모든 풀, 온갖 나무가 모조리 눈을 **굳이** 감고 추위에 몸을 떨고 있을 즈음, 어떠한 자도 꽃을 찾을 리 없고….≪김진섭, 인생 예찬≫ 평양 성문은 **굳이** 닫혀 있고, 보통문 문루 위에는 왜적들이 파수를 보고 있었다.≪박종화, 임진왜란≫ 최 씨가 제법 목소리를 높였으나 **굳이** 따지려고 드는 것 같지는 않았다. ≪이문열, 변경≫

'핥이다'는 '혀가 물체의 겉면에 살짝 닿으면서 지나가게 하다.'라는 뜻이다. 개가 빈 그릇을 **핥고** 있다. 아이들이 아이스크림을 하나씩 들고 **핥으며** 걸어간다. '걷히다'는 '걷다'의 피동사이다. '구름이나 안개 따위가 흩어져 없어지다.'라는 뜻이다. 이제 양털 구름은 말짱히 **걷혀** 버려 산마루 뒤로 물러앉아 있었다.≪김원일, 불의 제전≫ 온기를 받아 뿌옇게 서렸던 등피의 습기가 **걷히며** 방 안이 밝아 왔다.≪한수산, 유민≫

'닫히다'는 '닫다'의 피동사이다. '열린 문짝, 뚜껑, 서랍 따위를 도로 제자리로 가게 하여 막다.', '굳게 다물다.' 등의 뜻이다. 열어 놓은 문이 바람에 **닫혔다**. 병뚜껑이 너무 꼭 **닫혀서** 열 수가 없다. 뒷실댁이 바락 바락 내질러도 뒷실 어른의 한번 **닫힌** 입은 조개처럼 다시는 열릴 줄을 모른다.≪김춘복, 쌈짓골≫ 한바탕 와글거린 후 처음보다 더 무겁게 말 문이 **닫힌다**. 다시는 아무도 입을 열지 않는다.≪최인훈, 광장≫ '묻히 다'는 '묻다'의 피동사이다. '물건을 흙이나 다른 물건 속에 넣어 보이지 않게 쌓아 덮다.'라는 뜻이다. 조상들이 **묻힌** 묘. 오랫동안 땅속에 **묻혀** 있었던 유물이 발견되었다. 마을 뒷산에 사태가 나 무려 다섯 집이 흙더미 속에 **묻혀** 몰살을 한 마을이었다.≪전상국, 달평 씨의 두 번째 죽음≫

≫≫ 제3절 'ㄷ'소리 받침

제7항 'ㄷ'소리로 나는 받침 중에서 'ㄷ'으로 적을 근거가 없는 것은 'ㅅ'으로 적는다.

덧저고리, 돗자리, 엇셈, 웃어른, 핫옷, 무릇, 사뭇, 얼핏, 자칫하면, 뭇[衆], 옛, 헛

천재두 닦아야만 그 천재가 발휘되는 것입니다. 하지만, **"나물 날 곳은 '첫/천' 이월부터 알아본단"** 말처럼 천재와 범인은 첨부터 다른것이니 까요.　　　　　　　　　　　　　　　　　　　　　　－채만식 『과도기』

속담은 '나물 날 곳은 첫 정월부터 안다 좋은 일이 있으려면 조짐부터 다르다.'는 뜻으로 빗대는 말이다.

더구나 충청도서 예까지 굴러와서 전봉준이 품에 안긴 년이라면 사내가 지나갔어도 몇 '뭇/묻'이 지나 갔는지 모르는데, 행실이 어쩐다니? **"하지 지난 장독에 골마지 같은 소리"** 작작하게…….

—송기숙『녹두장군』

속담은 '해묵은 소리.'라는 뜻으로 빗대는 말이다.

'ㄷ' 소리로 나는 받침 'ㅅ, ㅆ, ㅈ, ㅊ, ㅌ' 등이 음절 끝소리로 발음될 때에 [ㄷ]으로 실현되는 것을 말한다. 이 받침들은 뒤에 형식 형태소의 모음이 결합될 경우에는 제 소릿값대로 뒤 음절 첫소리로 내리어져 발음되지만, 단어의 끝이나 자음 앞에서 음절 말음으로 실현된 때에는 모두 [ㄷ]으로 발음된다.

'ㄷ'으로 적을 근거가 없는 것은 그 형태소가 'ㄷ' 받침을 가지지 않은 것을 말한다. 예를 들면, '갓—스물, 걸핏—하면, 그—까짓, 기껏, 놋—그릇, 덧—셈, 짓—밟다, 풋—고추, 햇—곡식' 등이 있다.

'덧저고리'는 '저고리 위에 겹쳐 입는 저고리.'를 말한다. **덧저고리** 앞섶을 여미다. 그 **덧저고리가** 깃과 동정도 없는 대신 목에 흰 단추가 달려 있고 그 단추가 어깨까지 연달아 있었다.≪안수길, 북간도≫ '엇셈'은 '서로 주고받을 것을 비겨 없애는 셈.'을 말한다. 외상값 대신에 고구마 **엇셈을** 했다. '핫옷'은 안에 솜을 두어 만든 옷이며 '솜옷'이라고도 한다. 옷이라는 건…솜뭉치가 비어 나오는 **핫옷이다**.≪채만식, 탁류≫

'무릇'은 '대체로 헤아려 생각하건대.'의 뜻이다. **무릇** 실패는 성공의 어머니이니 너무 실망하지 마라. **무릇** 나라는 백성이 있어 있는 것이요….≪유현종, 들불≫ 부모가 물려주는 거만의 유산은 **무릇** 불행을 낳기 쉽다.≪김유정, 생의 반려≫ '사뭇'은 '거리낌 없이 마구.', '내내 끝까지.'라는 뜻이다. 그는 선생님 앞에서 사뭇 술을 마셨다. 발소리는 **사뭇** 가까워 오고 있었다.≪이무영, 농민≫ 이제까지 침울하고 한가롭고 **사**

뭇 조용하기만 하던 병실 분위기가 갑자기 떠들썩해지며 생기를 되찾은 것 같았다.≪유주현, 하오의 연가≫

　'얼핏'은 '언뜻.'이라는 뜻이다. 먼 데서라도 **얼핏** 그림자만 뵈면 그게 자기네 소라는 걸 알 수 있을 것을….≪황순원, 별과 같이 살다≫ 저만큼 앞으로 다가오는 네거리 하나가 **얼핏** 눈에 띄었다.≪윤흥길, 제식 훈련 변천 약사≫ '뭇[衆]'은 '수효가 매우 많은.'을 뜻한다. **뭇** 백성들이 우리나라를 지킨다. 인기척 때문인지 풍성한 산속의 열매 탓인지 모습을 드러내지 않은 **뭇** 새들의 지저귐은 요란하고 수다스러웠다.≪박경리, 토지≫ '옛'은 '지나간 때의.'라는 뜻이다. 10년 뒤 찾은 고향은 **옛** 모습 그대로였다. 낮에 받은 자극으로 그날 밤늦도록 **옛** 기억들을 더듬던 그는 마침내 오래 잊고 있었던 사리원을 찾아냈다.≪이문열, 영웅시대≫ '첫'은 '맨 처음의.'라는 뜻이다. **첫** 단추를 끼우다. **첫** 사위가 오면 장모가 신을 거꾸로 신고 나간다. '헛'은 '이유 없는', '보람 없는'의 뜻을 더하는 접두사이다. **헛걸음, 헛고생, 헛소문, 헛수고.**

　'걷-잡다(거두어 잡다), 곧-장(똑바로 곧게), 낟-가리(낟알이 붙은 곡식을 쌓은 더미), 돋-보다(도두 보다) 등은 본디 'ㄷ' 받침을 가지고 있는 것으로 분석되고, '반짇-고리, 사흗-날, 숟-가락' 등은 'ㄹ' 받침이 'ㄷ'으로 바뀐 것으로 설명될 수 있다.

　사전에서 '밭-'형으로 다루고 있는 '밭사돈, 밭상제'를 '밧사돈, 밧상제'로 적자는 의견이 있었으나 '바깥'과의 연관성을 살리기 위하여 '밭-' 형을 취하기로 하였다. '표준말 모음'에서는 '바깥쪽→밭쪽'이 '밧쪽'으로 되어 있다. 그러나 현실적으로 '밧'은 '바깥'의 뜻으로 인식되지 않으므로, '밭벽, 밭부모, 밭사돈, 밭상제, 밭어버이, 밭쪽' 등과 같이 적기로 하였다.

≫≫ 제4절 모음

　모음(母音)은 일정한 모양을 취한 혀와 입천장 사이로 공기를 마찰 없이 통과시켜 입술로 빠져 나가게 함으로서 구강(口腔)이나 비강(鼻腔) 에서 공명(共鳴)이 되도록 하여 내는 소리를 말한다. 모음(母音)은 자음 (子音)과 달리 단독으로 하나의 음절을 이룬다. 모음(母音)의 구분 기준 으로는 혀의 전후 위치나 혀의 높낮이, 입술모양으로 나누어진다.

　제8항 '계, 례, 몌, 폐, 혜'의 'ㅖ'는 'ㅔ'로 소리나는 경우가 있더라도 'ㅖ'로 적는다(ㄱ을 취하고, ㄴ을 버림).

ㄱ	ㄴ	ㄱ	ㄴ
계수(桂樹)	게수	혜택(惠澤)	헤택
사례(謝禮)	사레	계집	게집
연몌(連袂)	연메	핑계	핑게
(행동을 같이하는 것)			
폐품(廢品)	페품	계시다	게시다

　자고로 "사내새끼가 **'계집/게집' 말 들어도 패가하고, 안들어도 망신한 다던가?**" 패가한들 이에서 더 줄일 게 어디에 있고 망신한들 쭈그러진 낯바대기에 똥칠하자고 덤빌 놈이 있을 성싶냐.

—백우암 『366일』

　속담은 '사내가 아내의 말을 냉철하게 판단하여 들을 것은 듣고, 말 것은 말아야 한다.'는 뜻으로 빗대는 말이다.

　김선달의 행동에 평양의 한 장자는 '사례금/사예금'으로 일만 금을 주 었음은 물론 서울의 이가 역시 그 뒤로 마음을 고쳐 바른 사람이 되었 다. 속담에 **"악을 쓰는 자는 결국 악으로 망한다"**는 말이 있지만 김선달 은 처음부터 황금에 눈이 어두운 이가에게 선수로서 황금 공세로 나갔던 것이다.   -이상비 『봉이 김선달』

   속담은 '악행으로 남을 괴롭히면, 결국 자신도 악으로 망하게 된다.'
는 뜻이다.

   '계, 례, 메, 폐, 혜'는 현실적으로 [게, 레, 메, 페, 헤]로 발음되고 있다.
결국 '예' 이외의 음절에 쓰이는 이중모음(二重母音, 소리를 내는 도중에
입술 모양이나 혀의 위치가 처음과 나중이 달라지는 모음이다. 'ㅑ, ㅕ,
ㅛ, ㅠ, ㅒ, ㅖ, ㅘ, ㅙ, ㅝ, ㅞ, ㅢ' 따위) 'ㅖ'는 단모음화(單母音化)하여
[ㅔ]로 발음되고 있는 것이다.

   '사례'는 '언행이나 선물 따위로 상대에게 고마운 뜻을 나타내다.'라는
뜻이다. 준은 이름을 빌려 준 귀국자에겐 적당히 **사례했다.**≪이원규,
훈장과 굴레≫ 허후의 어제의 고마운 말에 **사례하려** 왔던 바이지만….
≪김동인, 대수양≫ 두령께 와서 죽이지 않은 은혜를 **사례하고** 가신다
고 해서….≪홍명희, 임꺽정≫ '핑계'는 '내키지 아니하는 사태를 피하
거나 사실을 감추려고 방패막이가 되는 다른 일을 내세움.'을 뜻한다.
핑계를 삼다. 그는 바쁘다는 **핑계로** 모임에 참석하지 않았다. '계시다'
는 '있다'의 높임말이다. 시골에 **계시는** 부모님. 그럼 다음에 또 뵙겠습
니다. 안녕히 **계십시오.**

   다만, 다음 말은 본음대로 적는다.
   게송(偈頌), 게시판(揭示板), 휴게실(休憩室)

   한자어(漢字語) '게(偈), 게(揭), 게(憩)'는 본음인 'ㅔ'로 적기로 하였다.
'게송(偈頌)'은 '부처의 공덕을 찬미하는 노래.'를 일컫는다. 예를 들
면, '게구(揭句), 게기(揭記), 게방(揭榜), 게양(揭揚), 게재(揭載), 게판(揭
板)' 등이 있다. '게구(揭句)'는 가타(伽陀)의 글귀로 네 구(句)를 한 게(偈)
로, 5자나 7자를 한 구로 하여 한시(漢詩)처럼 지은 것이다. '게류(憩流)'

는 '흐름의 방향이 바뀌기에 앞서 잠시 정지하고 있는 상태의 조류(潮流)'를 말한다. '게식(憩息)'은 잠깐 쉬어 숨을 돌리는 것을 일컫는다. '게휴(憩休)'는 '휴게(休憩)'와 같은 뜻이다.

한편, '으례/케케묵다'는 표준어 규정에서 단모음화한 형태를 취하였으므로 '으레, 케케묵다'로 적어야 한다.

'으레'는 '두말할 것 없이 당연히.', '틀림없이 언제나.'라는 뜻이다. 그 면접관의 책상 위에는 **으레** 놓여 있어야 할 지원자들의 성적 증명서가 보이지 않았다. 오빠와 한자리에 있으면 **으레** 그렇듯 정애의 아름다운 얼굴엔 우수가 서려 있었다.≪이호철, 닳아지는 살들≫ '케케묵다'는 '물건 따위가 아주 오래되어 낡다.', '일, 지식 따위가 아주 오래되어 시대에 뒤떨어진 데가 있다.' 등의 의미이다. 자기의 아들딸들은 교회니 절간이니 교당이니 하는 **케케묵은** 집에 모여들어 가느다란 모가지를 **빼** 들고 장단도 안 맞는 노래를 부르다가는….≪김성한, 5분간≫ 그는 사고방식이 너무 **케케묵어서** 요즘 젊은이들과는 대화가 되지 않는다.

제9항 '의'나, 자음을 첫소리로 가지고 있는 음절의 'ㅢ'는 'ㅣ'로 소리 나는 경우가 있더라도 'ㅢ'로 적는다(ㄱ을 취하고 ㄴ을 버림).

ㄱ	ㄴ	ㄱ	ㄴ
의의(意義)	의이	닁큼	닝큼
본의(本義)	본이	띄어쓰기	띠어쓰기
무늬[紋]	무니	씌어	씨어
보늬	보니	틔어	티어
오늬	오니	희망(希望)	히망
하늬바람	하늬바람	희다	히다
닁리리	닁리리	유희(遊戲)	유히

이미 "**당겨진 활줄**", 과녁을 겨누고 깍지손을 떼기 전의 조마조마한 긴

장, 그 이외의 것은 벌써 아무런 '의의/의이'도 없는 것이었다.

-홍석중『높새바람』

속담은 '이미 저질러진 일이라서 돌이킬 수 없다.'는 뜻으로 빗대는 말이다.

"사람은 나를 저버릴지언정 나는 사람을 저버리지 말라 하였으니", 하·송·양인은 다시 말할 것 없거니와 권 첨사는 남에게 팔린 바되어 이익을 '희망/히망'하던 자라.　　　　　　　　　-구연학『설중매』

속담은 '누군가 나를 배신할지라도 나는 남을 배신하지 않도록 하라.'는 뜻으로 이르는 말이다.

'의'는 환경에 따라 몇 가지 다른 발음으로 실현되고 있다.
① 자음을 가지지 않는 어두의 '의': [의], '의의(의이)'
② 자음을 첫소리로 가지고 있는 음절의 '의': [이], '무늬(무니)'
③ 단어의 첫 음절 이외의 '의': [이], '본의(본이)'
④ 조사의 '의': [에], '우리의(우리의/우리에)'

'본의'는 '본지.'라는 뜻이다. 교육의 **본의**가 결코 졸업장이란 종잇조각에 있는 것이 아닌 다음에야….≪염상섭, 모란꽃 필 때≫ 일하는 근본과 **본의**와 주의를 옳게 잡고 시작하면 대개 일이 다 되는 법이요….≪독립신문≫ 치안에 협력하자는 **본의**를 저버린 책임은 댁에서부터 지셔야 할 것이죠.≪염상섭, 모략≫ '보늬'는 '밤 따위의 속껍질.'을 말한다. '오늬'는 '화살의 머리를 시위에 끼도록 오름을 낸 부분.'이다. 바람의 종류로 '東風'은 동쪽에서 불어오는 바람으로 '곡풍(谷風)'이라고도 한다. '샛바람'은 뱃사람이 동풍을 부르는 말이다. '西風'은 서쪽에서 불어오는 바람으로 농촌, 어촌에서 '하늬바람'을 '서풍'이라 한다. '南風'은 남쪽에서 불어오는 바람으로 뱃사람들이 '南風'을 이르는 말로, '경풍(景

風), 마풍(麻風), 앞바람, 오풍'이라고도 한다. '北風'은 북쪽에서 불어오는 바람으로 '광막풍(廣漠風), 뒤바람, 북새풍'이라고도 불린다.

'닐리리'는 '퉁소·나발·저 따위 관악기의 음을 입으로 흉내낸 소리.'이다. '닝큼'은 '머뭇거리지 않고 단번에 빨리 뛰는 것'을 말한다(냉큼의 큰말). 닝큼 일어나지 못하겠느냐? "자, 밤이 찬데 닝큼 들어가세." 두 노인이 한사코 웅보의 손을 잡아끌었다.≪문순태, 타오르는 강≫ '띄어쓰기'는 '글을 쓸 때, 각 낱말을 띄어 쓰는 일.'을 일컫는다. 아직 저학년의 글이라 **띄어쓰기가** 미흡하고 원고지 쓰는 법도 틀린 곳이 많다. 아무리 글씨를 크게 쓰고 **띄어쓰기를** 자주 한다 할지라도 한 장 반 이상은 넘지를 못했다.≪최인호, 무서운 복수≫

'씌어'는 '씌다'의 활용 형태이다. '귀신 따위에 접하게 되다.'라는 뜻이다. 나도 물귀신에 **씌면** 어느 날 밤에 문득 해무 자욱한 바닷물 속으로 걸어 들어가 버리게 될까.≪한승원, 해일≫ 손잡이를 잡고 터덜거리는 버스 속에서 준태는 무엇에 **씐** 듯한 얼떨떨함에 젖어 있었다.≪황순원, 움직이는 성≫ '틔어'는 '트이다'의 준말이다. 오직 서쪽만이 들판으로 **틔어** 있는데….≪유주현, 대한 제국≫ 버스가 대관령 휴게소에 닿고 잠시 뒤 마루턱에 올라서자 앞이 갑자기 확 **틔면서** 멀리 바다 밑의 청니(靑泥)가 그대로 드러난 듯 인디고 빛 바다가 모습을 나타냈다.≪윤후명, 별보다 멀리≫

'띄어(뜨이어), 씌어(쓰이어), 틔어(트이어)' 등은 'ㅡ, ㅣ'가 줄어진 형태이므로 'ㅢ'로 적으며, '희다, 희떱다, 희뜩거리다' 등은 관용에 따라 'ㅢ'로 적는다.

'닐리리, 닝큼, 무늬, 하늬바람' 등의 경우는 '늬'의 첫소리 'ㄴ'이 구개음화하지 않는 음으로 발음된다는 점을 유의한 표기 형식이다.

⋙ 제5절 두음 법칙

두음 법칙(頭音法則)이란 어두(語頭)에서 발음될 수 있는 음에 제약을 받는 규칙이다. 국어의 음운 구조상 어두에 발음될 수 없거나, 발음 습관상 기피하는 음은 세 가지가 있다.

① 'ㄴ'은 'ㅇ'으로(녀자 → 여자)
② 'ㄹ'은 'ㅇ'으로(력사 → 역사)
③ 'ㄹ'은 'ㄴ'으로(락원 → 낙원)

제10항 한자음 '녀, 뇨, 뉴, 니'가 단어 첫머리에 올 적에는 두음 법칙에 따라 '여, 요, 유, 이'로 적는다(ㄱ을 취하고 ㄴ을 버림).

ㄱ	ㄴ	ㄱ	ㄴ
여자(女子)	녀자	유대(紐帶)	뉴대
연세(年歲)	년세	이토(泥土)	니토
요소(尿素)	뇨소	익명(匿名)	닉명

"아기 밴 '여자/녀자' 세도 같다." 애 밴 며느리는 상전이듯 모시고 등의 속어가 전해질 정도로 임부에 대한 온 가족의 협조는 필수적이며 그 중에도 남편의 협조가 가장 중요하다.

― 유안진 『도리도리 짝자꿍』

속담은 '아기를 배면 자긍심이 생겨 몹시 위세를 부리게 된다.'는 뜻으로 빗대는 말이다.

단어(單語)의 첫머리에 위치하는 한자의 음이 두음 법칙(頭音法則, 일부의 소리가 단어의 첫머리에 발음되는 것을 꺼려 다른 소리로 발음되는 일)에 따라 달라지는 것은 달라지는 대로 적는다.

'유대(紐帶)'는 '둘 이상의 관계를 연결 또는 결합시키는 관계.'를 말한다. 그 두 사람은 친형제 이상으로 **유대가** 깊다. 예전에는 국가와 종교 계가 긴밀한 **유대** 관계를 맺고 있었다. 간도에 있을 때 혈육같이 짙고 강했던 동포들 사이의 **유대를** 지금 이곳에서는 찾아볼 수 없는 것이다. ≪박경리, 토지≫ '이토(泥土)'는 '물기가 많은 흙으로 '질흙'이라고도 한 다. '익명'은 '이름을 숨김. 또는 숨긴 이름이나 그 대신 쓰는 이름.'을 일컫는다. **익명의** 편지가 날아오다. 저는 며칠 후, **익명을** 밝혀 보겠다 고 영호네 집에서 가져온 그 봉투의 필적을 흉내 내 그 정도의 돈을 송금했지요.≪전상국, 음지의 눈≫

다만, 다음과 같은 의존 명사에서는 '냐, 녀' 음을 인정한다.
냥(兩), 냥쭝(兩-), 년(年), 몇 년

속에서는 쪼르륵 소리가 나면서 **천 '냥/양' 만 '냥/양' 판**"으로 돌아다 니거나 있는 집 사랑방 구석에서 바둑으로 세월을 보내는 조가의 떨거 지들이······.   －현진건 『삼대』
속담은 '노름판에서 거래되는 돈의 규모가 무척 크다.'는 뜻으로 빗대 는 말이다.

"첫 눈이 많이 오면 풍년"이라는데······ 뒷자리에서 누군가 말문을 열 었다. 말만 풍년이면 뭐해, 몇 '년/연' 동안 가물어도 너무 가물었어.
                                                           －은희경 『새의 선물』
속담은 '눈이 많이 오면 보리에 보온이 되고 수분도 충분하여 보리농 사도 잘 될 뿐만 아니라, 비도 많이 오게 되어 벼농사도 잘 된다.'는 뜻이다.

고유어(固有語) 중에서도 다음 의존 명사에는 두음 법칙이 적용되지 않는다. 예를 들면, '녀석(고얀 녀석), 년(괘씸한 년), 님(바느질 실 한

님), 닢(엽전 한 닢)' 등이 있다. 하지만 '년(年)'이 '연 3회'처럼 '한 해(동
안)'란 뜻을 표시하는 경우에는 의존 명사(依存名詞)가 아니므로 두음
법칙을 적용한다. 의존 명사는 분명히 단어이지만 실질적으로는 항상
다른 단어의 뒤에 쓰이게 되어 두음 법칙의 행사 영역 밖에 있기 때문
이다.

[붙임 1] 단어의 첫머리 이외의 경우에는 본음대로 적는다.
　남녀(男女), 당뇨(糖尿), 결뉴(結紐), 은닉(隱匿)

'결뉴(結紐)'는 끈을 매는 것 또는 얽어 맺는 것을 말한다. '은닉(隱匿)'
은 남의 물건이나 범죄인을 감추는 것을 일컫는다. 그 외에도 '소녀(少
女), 비구니(比丘尼), 탐닉(耽溺)' 등이 있다.

[붙임 2] 접두사처럼 쓰이는 한자가 붙어서 된 말이나 합성어에서,
뒷말의 첫소리가 'ㄴ'소리로 나더라도 두음 법칙에 따라 적는다.
　신여성(新女性), 공염불(空念佛), 남존여비(男尊女卑)

　장준장과 선장이가 노래의 사의를 몰라서 **"말 귀에 '공염불/공념불'
격"**으로 눈들이 멀뚱멀뚱해 앉았는 것을 보고 이춘근이 맹강녀가 만리
장성 쌓으러 간 남편을 그리는 노래하고 귀뜸해 주었다.

- 김학철 『격정시대』

　속담은 '둔하여 아무리 일러줘도 못 알아듣는다.'는 뜻으로 빗대는 말
이다.

　단어의 구성요소 가운데 적어도 일부가 독립된 단어로 쓰일 수 있는
파생어(派生語)나 합성어(合成語)는 어두가 아니라고 하더라도 두음 법
칙에 따른다. '신여성'은 '개화기 때에, 신식 교육을 받은 여자.'를 이르

던 말이다. 일 학년 담임 선생은 내가 처음 만난, 엄마가 말한 **신여성의** 구색을 한 몸에 갖춘 분이었다.《박완서, 엄마의 말뚝》 '공염불'은 '실천이나 내용이 따르지 않는 주장이나 말'을 비유적으로 이르는 말이다. **공염불에** 불과한 선거 공약. 아무리 좋은 말을 해도 그 사람에게는 **공염불에** 지나지 않았다.

[붙임 3] 둘 이상의 단어로 이루어진 고유 명사를 붙여 쓰는 경우에도 [붙임 2]에 준하여 적는다.

한국여자대학, 대한요소비료회사

제11항 한자음 '랴, 려, 례, 료, 류, 리'가 단어의 첫머리에 올 적에는 두음 법칙에 따라 '야, 여, 예, 요, 유, 이'로 적는다(ㄱ을 취하고 ㄴ을 버림).

ㄱ	ㄴ	ㄱ	ㄴ
예의(禮儀)	례의	용궁(龍宮)	룡궁
이발(理髮)	리발	유행(流行)	류행

복부인이나마나 '역사/력사' 시간에는 좀 들어가 줘. 까막눈에 대호알두 유만부동이지, **"콩새 앉는데 왜 촉새가 나스는 겨"** 나는 당최 무슨 소린지 경오를 모르겠응께 동네 유선방송들을 잠깐 들어가 주셔.

― 이문구 『우리동네』

속담은 '저와 전혀 관계없는 일에 주제를 모르고 나선다.'는 뜻으로 빗대는 말이다.

봉석이도 처음부터 지고 싶지 않았다. **"자슥은 내 자슥이구 짐생은 넘의 짐생이 좋아뵌다더니"**, 사람 '양심/량심'이 그리 움침허먼 쓰다 못 쓰는 거여.

― 이문구 『초부』

속담은 '누구나 제 자식이 남의 자식보다 귀하게 여겨지고, 물건은 내 것보다 남의 것이 좋게 여겨진다.'는 뜻으로 빗대는 말이다.

본음이 '랴, 려, 례, 료, 류, 리'인 한자가 단어 첫머리에 놓일 때에는 '야, 여, 예, 요, 유, 이'로 적는다. 성씨(姓氏)의 '양(梁), 여(呂), 이(李)' 등도 마찬가지이다.

단어의 어두에 오는 유음 'ㄹ'을 회피하기 위한 방법으로 'ㄹ→ㄴ', 'ㄹ→ㅇ'이 있는데 어두의 'ㄹ'이 'ㅣ' 모음이나 'ㅣ'가 선행한 'ㅑ, ㅕ, ㅛ, ㅠ' 등 이중 모음 위에서 탈락하는 'ㄹ→ㅇ'의 방법을 말하는 것이다.

'양심'은 '사물의 가치를 변별하고 자기의 행위에 대하여 옳고 그름과 선과 악의 판단을 내리는 도덕적 의식.'을 의미한다. 책 앞에서 **양심을** 속이는 자는 거울 속의 자기 얼굴을 바라보며 **양심을** 속이는 자보다 더 추악하다.≪조정래, 태백산맥≫ 그 일을 저지를 때만 해도 엄마에게 만 미안했지 **양심에** 꺼리진 않았었다.≪박완서, 도시의 흉년≫ '역사'는 '인류 사회의 변천과 흥망의 과정. 또는 그 기록.'을 일컫는다. 우리나라는 반만년 **역사를** 가지고 있다. 세종대왕은 **역사에** 길이 남을 많은 업적을 이루었다. '유행'은 '특정한 행동 양식이나 사상 따위가 일시적으로 많은 사람의 추종을 받아서 널리 퍼지게 되다.'라는 뜻이다. 할머니는 남학생들 사이에서 **유행되고** 있는 긴 머리를 못마땅해 하셨다.

다만, 다음과 같은 의존 명사는 본음대로 적는다.
리(里) : 몇 리냐?
리(理) : 그럴 리가 없다.

"차돌에 바람이 들면 삼만 '리/이'를 날아간다"는 말이 아니라, 크고 무거운 과오를 뉘우치면서 얻게 되는 깨달음은 사람을 참으로 넉넉하게 만든다는 말이 실감나게 하는 그런 한 증거처럼 보였다.

-정동주『백정』

속담은 '아주 야무진 사람이 바람이 들면 걷잡을 수 없는 지경에 이른다.'는 뜻으로 빗대는 말이다.

"큰 집이 망해도 삼 년"이라고, 천년의 역사를 가진 신라가 쇠잔했을망정 뱃놈 왕건에게 항복할 '리/이' 있겠느냐, 뜬소문이라고 하는 것이 공론이었다.   - 김성한 『왕건』

속담은 '잘 살던 집이 망한다 하더라도 삼 년 정도는 충분히 살아간다.'는 뜻으로 빗대는 말이다.

의존 명사(依存名詞) '량(輛), 리(里, 理, 厘)' 등은 두음 법칙에 따르지 않는다.

'리'는 '거리의 단위.'이며, 1리는 약 0.393km에 해당한다. 숲이 나타나고 황톳길이 나타나고 섬진강을 따라 굽이쳐 뻗은 삼십 **리**, 하동으로 가는 길이 나타난다.≪박경리, 토지≫ 집안 어른이나 가까이서 돌봐 줄 남자 친척 하나 없이 일찍부터 홀로가 된 그의 어머니는 인근 백 **리** 가까이에 뻗쳐 있는 들을 말에 의지해 돌보았다.≪이문열, 영웅시대≫ '리'는 '까닭', '이치'의 뜻을 나타내는 말이다. 운양 대감이나 나나 이미 허리 부러진 호랑인데, 저들이 위험을 무릅쓰면서까지 도와줄 **리** 있겠소?≪현기영, 변방에 우짖는 새≫ 외부에서 침입한 흔적이 없고 문은 잠겨져 있었으므로 나갔을 **리** 만무다.≪박경리, 원주 통신≫ 민기의 성격으로 그 비밀을 그의 처에게 고백하지 않았을 **리** 또한 없을 터였다.≪이정환, 샛강≫ '량'은 '전철이나 열차의 차량을 세는 단위.'을 말한다. 오늘 출근길에는 여섯 **량짜리** 지하철을 타서 무척 혼잡하였다. 기차는 스무 **량** 가까이나 달고 있었지만, 유개차(有蓋車)는 절반이 채 안 됐고….≪이문열, 영웅시대≫

[붙임 1] 단어의 첫머리 이외의 경우에는 본음대로 적는다.

개량(改良), 수력(水力), 협력(協力), 사례(謝禮), 와룡(臥龍), 쌍룡(雙龍), 하류(下流), 급류(急流), 도리(道理), 진리(眞理)

내가 성이 나서 이 계집 저 계집 **"말 갈아타듯"**하는 '혼례/혼예'에 뭔 짝에 축의금이냐고 쏘아 붙였더니 이 사람 누가 들으면 큰일 날 소리 한다고 입을 막더니 나가더구먼…….

－채길순『소설 동학』

속담은 '매우 자주, 그리고 쉽게 바꾼다.'는 뜻으로 빗대어 이르는 말이다.

선무당 사람잡고, 집안 귀신 집안 망치는 역천명 속에 죽어나는 것은 죄없고 '선량/선양'한 조선인이었다. 어머니도 말하자면 이런 악순환과 역천명의 표적으로서의 희생물이었다. 그러니 어찌 **"가슴에 돌무더기 구르는 소리"**가 안나겠는가.

－강준희『아아, 어머니』

속담은 뭔가 무너져 내리는 소리가 난다는 말로, '무척 심하게 놀란다.'는 뜻으로 빗대는 말이다.

'와룡(臥龍)'은 '누운 용'을 말하며, 초야(草野)에 묻혀 있는 큰 인물을 비유한다. '쌍룡(雙龍)'의 '쌍'은 수량 단위를 표시하지 않으며, '쌍룡'이 하나의 단어로 익어져 쓰이고 있음으로, '쌍룡'으로 적기로 하였다. '도리'는 '사람이 어떤 입장에서 마땅히 행하여야 할 바른 길.'을 일컫는다. 스승에게 제자 된 **도리를** 다했다. 여러 사람이 그렇게 애를 쓰니 그 마음을 받아서라도 먹어야 **도리가** 옳지 않은가?≪염상섭, 이심≫

다만, 모음이나 'ㄴ' 받침 뒤에 이어지는 '렬', '률'은 '열', '율'로 적는다 (ㄱ을 취하고 ㄴ을 버림).

ㄱ	ㄴ	ㄱ	ㄴ
나열(羅列)	나렬	분열(分裂)	분렬
비율(比率)	비률	전율(戰慄)	전률
실패율(失敗率)	실패률	백분율(百分率)	백분률

모음이나 'ㄴ'받침 뒤에 오는 '렬(烈, 裂, 劣, 列)'이나 '률(率, 慄)'은 '열', '율'로 적기로 하였다.

'나열'은 '죽 벌여 놓음. 또는 죽 벌여 있음.'을 뜻한다. 뉴스는 사실의 **나열만으로** 되는 것이 아니라 구성 작업도 중요하다. 세상엔 영리하고 유식한 허무주의자, 그럴 듯한 궤변을 일삼는 기회주의자들이 뭐라고 미사여구를 **나열해서** 청년들을 현혹하는 경우가 있으니 그런 자들에게 말려들어선 안 돼.≪이병주, 지리산≫ '분열'은 '찢어져 나뉨.'의 뜻이며, '갈라짐'으로 순화하였다. 해외에 있는 독립운동가 가운덴 공산당 문제 때문에 심각한 **분열과** 대립이 있는 것 같습니다.≪이병주, 지리산≫

그러나 '명중율, 합격율'은 '명중률, 합격률'로 적어야 한다.

[붙임 2] 외자로 된 이름을 성에 붙여 쓸 경우에도 본음대로 적을 수 있다.

신립(申砬), 최린(崔麟), 채륜(蔡倫), 하륜(河崙)

이름을 성(姓)에 붙여 쓰는 경우에는 두음 법칙(頭音法則)에 따라 적는다. 다만 외자로 된 사람들의 이름인 경우에는 단독으로 쓰이면 두음 법칙이 적용되지 않는다.

'신립'(1546~1592)은 조선 선조 때의 무장이며, 자는 입지(立之)이다. 한성부 판윤을 지냈으며, 임진왜란 때 왜군을 막다가 전사하였다.

'최린'(1878~?)은 독립운동가이며. 호는 고우(古友)이다. 3·1 운동 때 민족 대표 33인의 한 사람으로 독립 선언서에 서명하고 복역한 후 천도

교의 교세 확장에 힘썼다. 뒤에 친일파로 돌아서서 매일신보 사장을 지냈다.

'채륜'(?~121)은 중국 후한의 관리이며, 종이 제법(製法)의 대가로, 수피(樹皮)·마포(麻布)·어망(魚網) 따위로 채후지(菜侯紙)라는 종이를 만들었다.

'하륜'(1347~1416)은 고려 말기·조선 초기의 문신이며, 자는 대림(大臨), 호는 호정(浩亭)이다. 제일 차 왕자의 난 때 이방원을 도와 공을 세우고 정당문학에 올랐으며, ≪동국사략≫을 편수하고 ≪태조실록≫ 편찬을 지휘하였다. 저서에 ≪호정집≫이 있다.

[붙임 3] 준말에서 본음으로 소리 나는 것은 본음대로 적는다.
국련(국제연합), 대한교련(대한교육연합회)

둘 이상의 단어로 이루어진 말이 줄어서 두 개 단어로 인식되지 않는 것은 한자(漢字)의 본음대로 적는다. 한자는 하나의 단어가 아니기 때문에 두음 법칙을 적용하지 않는다.

[붙임 4] 접두사처럼 쓰이는 한자가 붙어서 된 말이나 합성어에서 뒷말의 첫소리가 'ㄴ' 또는 'ㄹ'소리가 나더라도 두음 법칙에 따라 적는다.
역이용(逆利用), 연이율(年利率), 열역학(熱力學), 해외여행(海外旅行)

독립성이 있는 단어에 접두사가 붙어서 쓰이는 한자어 형태소가 결합하여 된 단어나 두 개 단어가 결합하여 된 합성어의 경우는 두음 법칙이 적용된다. 예를 들면, '수학여행(修學旅行), 낙화유수(落花流水), 사육신(死六臣), 등용문(登龍門)' 등이 있다.

사람들의 발음 습관이 본음의 형태로 굳어져 있는 것은 예외 형식을 인정한다. 예를 들면, '미립자(微粒子), 소립자(素粒子), 수류탄(手榴彈),

파렴치(破廉恥)' 등이 있다.

'역이용'은 '어떤 목적을 위하여 쓰던 사물이나 일을 그 반대의 목적에 이용함.'을 뜻한다. 이용당할까 봐 지레 겁을 먹는 것보다 정신만 바로 박혀 있으면 이용당하는 척하면서 **역이용도** 할 수 있으리라고 제법 기대하는 마음까지 생겼다.≪박완서, 오만과 몽상≫

다만 고유어(固有語)뒤에 한자어가 결합한 경우는 뒤의 한자어 형태소가 하나의 단어로 인식되므로 두음 법칙을 적용하여 적는다. 예를 들면, '개-연(蓮), 구름-양(量), 허파숨-양(量)' 등이 있다.

[붙임 5] 둘 이상의 단어로 이루어진 고유 명사를 붙여 쓰는 경우나 십진법에 따라 쓰는 수(數)도 [붙임 4]에 준하여 적는다.
서울여관, 신흥이발관, 육천육백육십육(六千六白六十六)

'오륙도(五六島), 육륙봉(六六峰)' 등은 '오/육, 육/육'처럼 두 단어로 갈라지는 구조가 아니므로 본음대로 적는다.

제12항 한자음 '라, 래, 로, 뢰, 루, 르'가 단어의 첫머리에 올 적에는 두음법칙에 따라 '나, 내, 노, 뇌, 누, 느'로 적는다(ㄱ을 취하고 ㄴ을 버림).

ㄱ	ㄴ	ㄱ	ㄴ
낙원(樂園)	락원	뇌성(雷聲)	뢰성
누각(樓閣)	누각	능묘(陵墓)	릉묘

내가 이렇게 정치보위국 소속 연락원 편제에 끼여 있는 줄 소좌가 알까란 생각이 스친다. "**사람의 운명은 '내일/래일'을 모른다**"는 말이 실감난다.　　　　　　　　　　　　　　　　　　　　　－김원일『불의 제전』

속담은 '사람의 운명이란 갑자기 바뀔 수 있기에 앞날을 예측하기 어렵다.'는 뜻이다.

 "**하루 일이 모두 본전이라도 식전 하는 일 만큼은 이익**"이라는 속담이
말하듯이… '노인/로인'들은 그 시간에 개똥을 주우러 다녔다.

ㅡ이훈종 『민족생활어 사전』

 속담은 '이른 아침에 하는 일이 가장 알차게 여겨진다.'는 뜻으로 빗
대는 말이다.

 본음이 '라, 래, 로, 뢰, 루, 르'인 한자어가 어두에 놓일 때는 '나, 내,
노, 뇌, 누, 느'로 적는다는 규정이다.

 '낙원'은 '아무런 괴로움이나 고통이 없이 안락하게 살 수 있는 즐거운
곳.'을 일컫는다. 이 세상을 기쁘고 살기 좋은 **낙원으로** 만들려면 사랑
이 있어야 한다. 형님은 어느 자리에서 지주의 토지를 몰수하는 것은
조선 땅에 **낙원을** 이룩하기 위한 첫걸음이라고 연설까지 했다는 것이
다.≪유재용, 누님의 초상≫ '뇌성'은 천둥소리를 말한다. 그들이 집에
들어서자 하늘이 금방 먹구름으로 뒤덮이더니 **뇌성** 번개가 하늘을 찢으
며 소나기가 쏟아지기 시작했다.≪송기숙, 암태도≫ 밖에서는 폭우가
쏟아지는 모양이었다. **뇌성이** 요란했고 번개가 온 하늘을 태울 듯이
번쩍이고 있었다.≪황석영, 객지≫

 '누각'은 사방을 바라볼 수 있도록 문과 벽이 없이 다락처럼 높이 지
은 집이다. 성 앞에는 아홉 층이나 되는 **누각을** 두 군데나 하늘 높이
솟구쳐 지어 놓고 중국 사신을 이곳에 인도하여….≪박종화, 임진왜란≫
'능묘'는 능과 묘를 아울러 이르는 말이다.

 [붙임 1] 단어의 첫머리 이외의 경우는 본음대로 적는다.

 쾌락(快樂), 극락(極樂), 거래(去來), 부로(父老), 연로(年老), 지뢰(地
雷), 낙뢰(落雷), 고루(高樓), 광한루(廣寒樓), 동구릉(東九陵), 가정란(家
庭欄)

어쩌다 '왕래/왕내' 잦던 사람이 이금이나 할멈을 밖에서 만나면 까닭 없이 기겁을 해서 골목 안으로 피해버리거나 제 집 대문 안으로 숨어버렸다. **"아침에는 아저씨, 아재비요 저녁에는 쇠아들이라는 말"**이 바로 이런 서글픈 인정세태를 두고 하는 소리일 것이다.　　－홍석중『황진이』

　단어(單語)의 어두(語頭) 이외의 경우는 두음 법칙이 적용되지 않는다.
'쾌락'은 '유쾌하고 즐거움. 또는 그런 느낌.'을 의미한다. 한 권의 양서를 읽는다는 것은 우리 인간이 누릴 수 있는 **쾌락** 중 하나이다. 사람의 심리에는 남을 학대함으로써 **쾌락**을 느끼는 사디즘적 요소와 남에게서 학대받음으로써 **쾌락**을 느끼는 마조히즘적 요소가 있다.≪이문열, 시대와의 불화≫ '극락'은 '더없이 안락해서 아무 걱정이 없는 경우와 처지. 또는 그런 장소.'를 말한다. 참말로 내가, 내 일생을, 그때 그 집에 있었을 때가 **극락이었어요**.≪최명희, 혼불≫
　'부로(父老)'는 '한 동네에서 나이가 많은 남자 어른을 높여 이르는 말'이다. 송도 백성 중에 늙은 **부로**와 선비들을 불러 보고 백성들의 마음을 위로하자는 거다.≪박종화, 임진왜란≫ '고루(高樓)'는 '높은 다락집'을 뜻한다. '가정란'은 신문이나 잡지 따위에서 주로 가정생활에 관한 기사를 싣는 난을 일컫는다. 이 요리는 잡지 **가정란에** 있는 요리법을 따라 해 본 거야.

　위와 같은 예들은 '강릉(江陵), 태릉(泰陵), 서오릉(西五陵), 공란(空欄), 답란(答欄), 투고란(投稿欄)' 등이 있다.
　'서오릉'은 경기도 고양시에 있는 조선 시대의 다섯 능이다. 곧, 예종과 계비 안순 왕후의 창릉(昌陵), 숙종과 계비 인현 왕후와 인원 왕후의 명릉(明陵), 숙종 비 인경 왕후의 익릉(翼陵), 영조의 비 정성 왕후의 홍릉(弘陵), 덕종과 비 소혜 왕후의 경릉(敬陵)을 이른다. 사적 제198호이다.

그러나 '어린이-난, 어머니-난'과 같이 고유어(固有語)나 외래어(外來語) '가십난(gossip-난)'은 뒤에 결합하는 경우는 두음 법칙이 적용되지 않는다.

[붙임 2] 접두사처럼 쓰이는 한자가 붙어서 된 단어는 뒷말을 두음 법칙에 따라 적는다.
내내월(來來月), 상노인(上老人), 중노동(重勞動), 비논리적(非論理的)

두 개 단어가 결합한 합성어의 경우에는 두음 법칙에 따라 '르'은 'ㄴ'으로 적는다. 예를 들면 '반-나체(半裸體), 실-낙원(失樂園), 중-노인(中老人), 육체-노동(肉體勞動), 부화-뇌동(附和雷同), 사상-누각(砂上樓閣), 평지-낙상(平地落傷)' 등이 있다.

'내내월'은 '내달의 다음 달'을 말한다. '상노인'은 '상늙은이.'를 일컫는다. 육십을 갓 넘겼는데 그의 얼굴은 주름투성이였다. 칠십의 **상노인같이** 늙어 보였다.≪박경리, 토지≫ '중노동'은 '육체적으로 힘이 많이 드는 노동.'을 말한다. 낮은 낮대로 김을 매고 밤은 밤대로 물을 푸는 **중노동을** 되풀이하며 겨우 먹고살 정도라면 너무나 비참한 삶이 아닌가….≪이병주, 지리산≫ 이북에서는 육십까지 노동을 시킨다는데, 수사나 우면 끌려가는 거지. 우리 같은 건 끌려가면 **중노동이야**.≪염상섭, 취우≫ '비논리적'은 '논리적이지 않아 조리에 닿지 않는. 또는 그런 것.'을 말한다. 그의 이론은 **비논리적이다**. 남자와 여자 사이의 일처럼 미묘하고 **비논리적인** 것이 있을까.≪이청준, 조율사≫

≫≫ 제6절 겹쳐 나는 소리

한 낱말[單語] 안에서 같은 음절 또는 비슷한 음절이 중복되는 것을 말하며, 첩어(疊語)라고도 한다.

제13항 한 단어 안에서 같은 음절이나 비슷한 음절이 겹쳐 나는 부분은 같은 글자로 적는다(ㄱ을 취하고 ㄴ을 버림).

ㄱ	ㄴ	ㄱ	ㄴ
딱딱	딱닥	꼿꼿하다	꼿곳하다
쌕쌕	쌕색	놀놀하다	놀롤하다
씩씩	씩식	눅눅하다	눙눅하다
똑딱똑딱	똑닥똑닥	밋밋하다	민밋하다
쓱싹쓱싹	쓱삭쓱삭	싹싹하다	싹삭하다
연연불망(戀戀不忘)	연련불망	쌉쌀하다	쌉살하다
유유상종(類類相從)	유류상종	씁쓸하다	씁슬하다
누누이(屢屢—)	누루이	짭짤하다	짭잘하다

한 단어 안에서 같은 음절이나 비슷한 음절이 겹쳐 나는 경우에 같은 글자로 적음으로써 독서의 능률을 높이려는 목적이 있는 규정이라고 할 수 있다.

'연연불망(戀戀不忘)'은 '그리워서 잊지 못함'을 뜻한다. '꼿꼿하다'는 '다른 것의 영향을 받음이 없이 굳세다.'라는 의미이다. 목숨 같은 노를 놓치도록 그렇게 **연연불망할** 애인이나 있고 봐야죠!≪염상섭, 대를 물려서≫ '놀놀하다'는 (털이나 싹 등의 빛깔이) 노르스름하다.'라는 뜻으로 큰말은 '눌눌하다'이다. '눅눅하다'는 '물기나 기름기가 있어 딱딱하지 않고 조금 물렁물렁하다.'라는 뜻으로 작은말은 '녹녹하다'이다. '축축한 기운이 약간 있다.'의 뜻이다. 방에 습기가 차서 **눅눅하다**. 새벽의 희뿌연 안개가 마을과 들녘에 자욱이 퍼진 채 길바닥을 적시고, 축대와 그들의 옷을 **눅눅하게** 만들었다.≪이동하, 우울한 귀향≫

'밋밋하다'는 '경사나 굴곡이 심하지 않고 민틋하다.'라는 의미로 작은 말은 '맷맷하다'이다. 그 집 아들들은 모두가 **밋밋하고** 훤칠하여 보는 사람을 시원스럽게 해 준다. '싹싹하다'는 '성질이 상냥하고 눈치가 재빠르다.'라는 의미이며 큰말은 '썩썩하다'이다. 매장 점원은 **싹싹한** 태도로 손님들을 맞았다. 그는 부하 직원이나 손님에게는 **싹싹하고** 친절했지만 가정에서는 매우 무뚝뚝한 아버지였다.

'쌉쌀하다'는 '조금 쓴맛이 있다.'라는 뜻으로 큰말은 '씁쓸하다'이다. 커피보다는 **쌉쌀한** 맛이 있는 녹차가 좋다. 나는 수빈이 대신 그 **쌉쌀하면서도** 지독하게 단 꿀물을 마셨다. ≪박완서, 도시의 흉년≫ '씁쓸하다'는 '(맛이) 조금 쓰다.'라는 뜻으로 작은말은 '쌉쌀하다'이다. 인삼차가 **씁쓸하다.** 수용소에서 마시던 것보다 **씁쓸한** 맛이 나는 인도 차를, 별미라고 이렇게 가끔 불러서 내놓는다. ≪최인훈, 광장≫ '짭짤하다'는 '(음식이) 먹을 만하게 짜다.'라는 뜻으로 큰말은 '찝찔하다'이다. **짭짤하게** 끓인 된장국은 입맛을 돋운다. 참게야말로 게장을 담그면 그 상큼하고 **짭짤한** 맛을 따를 것이 없다. ≪유현종, 들불≫

그러나 한자가 겹치는 모든 경우에 같은 글자로 적는 것은 아니다. 예를 들면, '낭랑(朗朗)하다, 냉랭(冷冷)하다, 녹록(碌碌)하다, 늠름(凜凜)하다, 연년생(年年生), 염념불망(念念不忘), 역력(歷歷)하다, 인린(燐燐)하다, 적나라(赤裸裸)하다' 등이 있다.

'녹록하다'는 '평범하고 보잘것없다.'라는 뜻이다. '역력하다'는 '자취나 기미, 기억 따위가 환히 알 수 있게 또렷하다.'라는 뜻이다. '인린하다'는 '도깨비불이나 반딧불 따위가 번쩍거리다.'라는 뜻이다. '적나라하다'는 '있는 그대로 다 드러내어 숨김이 없다.'라는 뜻이다. 환자의 얼굴에 고통이 **적나라하게** 드러났다. 탈주자들에 의해 수용소의 비인간성과 잔악성이 **적나라하게** 폭로되었다.

제4장 형태에 관한 것

형태(形態)란 명사의 격(格), 수(數), 성(性), 동사의 인칭(人稱), 시제(時制), 법(法) 같은 문법 범주를 표시하기 위하여 변화하는 낱말[單語]의 모양이다. 격(格)은 문장 속에서 체언이 다른 단어들에 대하여 가지는 자격을 일컫는다. '주격, 서술격, 목적격, 보격, 관형격, 부사격, 호격' 따위가 있다.

수(數)는 대수와 소수로 나뉜다.

소수(小數)

배수	자리 이름	배수	자리 이름
1	일(一)	10^{-6}	미(微)
10^{-1}	분(分)	10^{-7}	섬(纖)
10^{-2}	이(厘)	10^{-8}	사(沙)
10^{-3}	모(毛)	10^{-9}	진(塵)
10^{-4}	사(絲)	10^{-10}	애(埃)
10^{-5}	홀(忽)		

대수(大數)

배수	자리 이름	배수	자리 이름
1	일(一)	10^{32}	구(溝)
10^{1}	십(十)	10^{36}	간(澗)
10^{2}	백(百)	10^{40}	정(正)
10^{3}	천(千)	10^{44}	재(載)
10^{4}	만(萬)	10^{48}	극(極)
10^{8}	억(億)	10^{52}	항하사(恒河沙)
10^{12}	조(兆)	10^{56}	아승기(阿僧祇)
10^{16}	경(京)	10^{60}	나유타(那由他)
10^{20}	해(垓)	10^{64}	불가사의(不可思議)
10^{24}	자(秭)	10^{68}	무량 대수(無量大數)
10^{28}	양(穰)		

성(性)은 인도-유럽어에서 명사·대명사 등의 문법상 성질의 하나로서 남성·여성·중성으로 나뉘는 것을 말한다. 인칭(人稱)은 행동이나 상태의 주체가 화자(話者)에 대하여 가지는 관계를 나타내는 대명사의 문법적 형태이다. 주체가 화자와 일치하는 경우는 1인칭, 상대방과 일치하는 경우는 2인칭, 제삼자와 일치하는 경우는 3인칭이다. 시제(時制)는 말하는 시간을 중심으로 사건이 일어난 시간의 앞뒤를 표시하는 문법 범주이다. 우리말 시제에는 과거·현재·미래가 있다. 활용어의 종결 어미나 관형사형 어미로 나타낸다. 법(法)은 문장의 내용에 대한, 말하는 사람의 심적 태도를 나타내는 동사의 어형 변화를 말한다.

형태(形態)란 일정한 의미를 가지고 있는 문법단위(文法單位)이고, 문법단위 가운데 최소의 단위를 '형태소(形態素)'라고 일컫는다.

≫≫ 제1절 체언과 조사

체언(體言)은 '명사, 대명사, 수사'를 말한다. '명사(名詞)'는 품사의 하나이며, 사람이나 사물의 이름을 나타내는 단어이다. 분류 기준에 따라 고유 명사·보통 명사·자립 명사·의존 명사 등으로 나뉘며, '이름씨'라고도 한다. '대명사(代名詞)'는 품사의 하나로 사람이나 사물의 이름을 대신하여 나타내는 단어이다. 인칭 대명사와 지시 대명사로 나뉘고, '대이름씨'라고도 일컫는다. '수사(數詞)'는 품사의 하나이고 사물의 수량이나 차례를 나타내는 단어이다. 양수사(量數詞)와 서수사(序數詞)가 있으며, '셈씨'라고도 한다.

'체언(體言)'이란 불교(佛敎)에서 쓰는 '체(體)'와 '용(用)'의 합성어이다. 본체와 작용이란 용어의 '체(體)'이며 문법상으로는 활용(活用, 어형의 문법상 변화)되지 않는 말이다. '조사(助詞)'는 품사의 하나이며, 체언이나 부사·어미 등의 아래에 붙어, 그 말과 다른 말과의 문법적 관계를 나타내거나 또는 그 말의 뜻을 도와주는 단어이다. 격조사·접속 조사·보조사로 크게 나뉘며, '관계사, 토씨'라고도 한다.

제14항 체언은 조사와 구별하여 적는다.

손이 손을 손에 손도 손만
옷이 옷을 옷에 옷도 옷만
넋이 넋을 넋에 넋도 넋만
삶이 삶을 삶에 삶도 삶만
값이 값을 값에 값도 값만

"차비 삼년에 제 '떡이/떠기' **쉰다"**구 언제 그때를 기다리겠소. 그래두 기다려야 하오. 지금은 물이 많아서 안되겠소.

─강학태 『소설 대동여지도』

속담은 '어떤 것을 준비하는데 시간을 다 보내고 정작 하려던 일은 하지 못한다.'는 뜻으로 빗대는 말이다.

"풍수의 눈에는 묘 '밖에/바께' **안보인다"**더니 길에서 곧잘 묘나 상여를 만날 수 있었고 도적들이 소굴, 아편쟁이들이 모여 사는 마을, 도망자들이 모여 사는 마을, 장수촌 등 여러 기이한 고을고을을 섭렵하며 풍수적 안목을 넓혔다.

─김종록 『소설 풍수』

속담은 '어떤 것에 빠지면 그것밖에는 눈에 보이는 게 없다.'는 뜻으로 빗대는 말이다.

'체언(體言)'과 '조사(助詞)'를 구별하여 적는다는 것은 소리 나는 대로 적지 않고 결국 어법에 맞추어 표기한다는 것이다. 체언과 조사를 함께 쓸 때 체언과 조사 사이의 경계를 분명하게 구별하도록 한 것이며, 체언과 조사를 구별하여 적는다는 것은 독서의 능률을 높일 수 있다는 이로운 점이 있다.

'옷'은 '몸을 싸서 가리거나 보호하기 위하여 피륙 따위로 만들어 입는 물건.'을 일컫는다. 입고 나갈 **옷이** 마땅찮다. 그 **옷은** 너한테 잘 어울린다. 그녀는 천을 떠서 손수 옷을 지어 입는다. '넋'은 '사람의 몸에 있으면서 몸을 거느리고 정신을 다스리는 비물질적인 것.'을 나타낸다. 돌아가신 아버지의 **넋이** 나를 지켜 주는 것 같다. 지리산에서 단풍잎보다 더 붉은 피를 흘리고 죽어간 수많은 사람들의 **넋들을** 생각했다.≪문순태, 피아골≫

≫⋙ 제2절 어간과 어미

'어간(語幹)'은 활용어가 활용할 때에 변하지 않는 부분이며, '어미(語尾)'는 용언 및 서술격 조사가 활용하여 변하는 부분을 말한다. 용언(用言)은 동사(動詞)나 형용사(形容詞)에 있어서, 의미적 근간이면서 문법적 기능을 지니지 아니하는 불변화 성분을 '어간(語幹)'이라고 한다.

'동사(動詞)'는 품사의 하나로 사물의 동작·작용을 나타내되, 활용을 하는 단어이다. 분류 기준에 따라, 본동사·보조 동사, 자동사·타동사, 규칙 동사·불규칙 동사 등으로 나뉘며, '움직씨'라고도 한다. '형용사(形容詞)'는 품사의 하나로 사물의 상태나 성질이 어떠한지를 나타내되, 활용을 하는 단어이다. 분류 기준에 따라 본형용사·보조 형용사, 성상 형용사·지시 형용사, 규칙 형용사·불규칙 형용사 등으로 나뉘고, '그림씨'라고도 일컫는다.

제15항 용언의 어간과 어미는 구별하여 적는다.

좇다	좇고	좇아	좇으니
깎다	깎고	깎아	깎으니
넓다	넓고	넓어	넓으니
훑다	훑고	훑어	훑으니
읊다	읊고	읊어	읊으니

그러나 그것은 마치 하늘에 "**마른 번개가 지나가듯**"이 짧은 순간이었다. 술꾼들은 너나 없이 그 늙은 악사의 번쩍이는 얼굴을 쉽게 '믿어/미더' 버릴 수는 없었다
　　　　　　　　　　　　　　　　　　　　　　－송기원『잠자는 갈매기』

　그러한 필요가 아니라도 병호가 없는 이상, "**막대를 잃어버린 장님 '같아/가타'**", 저 혼자서는 옴나위를 못하니까, 낮잠이 제일 만만합니다.
　　　　　　　　　　　　　　　　　　　　　　－채만식『태평천하』
속담은 '의지하던 것이 없어져 허둥댄다.'는 뜻으로 빗대는 말이다.

　'어간(語幹)'은 활용어의 활용에서 변하지 않는 부분으로 '읽는다, 읽느냐, 읽고, 읽지…' 등에서의 '읽－'을 말한다. '어미(語尾)'는 용언 및 서술격 조사의 어간에 붙어, 그 쓰임에 따라 여러 가지로 형태가 바뀌면서 다른 말과의 문법적 관계를 나타내는 말이다. 어미는 선어말 어미와 어말 어미로 나뉘고, '하고, 하니까, 하겠다'에서 '－고, －니까, －겠－, －다' 등이며, '씨끝'으로 불린다.
　'넘다'는 '일정한 시간, 시기, 범위 따위에서 벗어나 지나다.'라는 뜻이다. 할아버지의 연세가 일흔이 **넘으셨다**. 오늘 기온은 30℃를 훨씬 **넘은** 것 같다. 약속 시각이 한 시간이나 **넘어서야** 그는 어슬렁어슬렁 나타났다. '찾다'는 '현재 주변에 없는 것을 얻거나 사람을 만나려고 여기저기를 뒤지거나 살피다.'라는 뜻이다. 길을 잃은 아이가 지금 가족을 **찾고** 있습니다. 그에게서는 옛날의 자취는 **찾을** 수가 없었다. 서점을 한참 동안 뒤진 끝에야 구석에서 필요한 책을 **찾을** 수 있었다.
　'좇다'는 '목표, 이상, 행복 따위를 추구하다.'라는 뜻이다. 태초부터 사람은 살기 편한 것을 **좇게** 마련이오. 그래 연장이라는 것도 생겨나고 모든 것이 발전해 간다고 소생은 생각하오.≪박경리, 토지≫ '남의 말이나 뜻을 따르다.'라는 뜻이다. 아버지의 유언을 **좇다**. 장군께서 그렇게 말씀하시니 그대로 **좇겠습니다**.≪홍효민, 신라 통일≫ 우리는 국민 여

러분의 뜻을 **좇아** 우리들의 의향을 만방에 떨치는 바입니다. ≪이호철, 소시민≫

'훑다'는 '붙어 있는 것을 떼기 위하여 다른 물건의 틈에 끼워 죽 잡아 당기다.'라는 뜻이다. 최 씨네는 벼를 홀태에 **훑고** 쿵더쿵쿵더쿵 디딜방 아를 찧었다. ≪문순태, 피아골≫ '붙은 것을 깨끗이 다 씻어 내다.'라는 뜻이다. 썰물이 **훑고** 간 후의 갯바닥에서 보는 나문재들은 그 붉음이 더욱 진해 보였다. ≪윤흥길, 묵시의 바다≫ 펌프가에서 돼지 내장을 **훑던** 소년이 삼순네의 고함을 듣고 불쑥 몸을 일으킨다. ≪홍성원, 육이오≫ 어머니는 싹싹 **훑어** 바른 빈 크림 통을 내게 내밀고···. ≪오정희, 유년의 뜰≫

[붙임 1] 두 개의 용언이 어울려 한 개의 용언이 될 적에, 앞말의 본뜻이 유지되고 있는 것은 그 원형을 밝히어 적고, 그 본뜻에서 멀어진 것은 밝히어 적지 아니한다.

(1) 앞말의 본뜻이 유지되고 있는 것
늘어나다, 돌아가다, 되짚어가다, 들어가다, 떨어지다, 벌어지다, 엎어지다, 접어들다, 틀어지다, 흩어지다

옳은 말씀입니다만 다짐들을 호기하며 칠자들이 자복한 것과 마가의 용모 파기에 서로 비각이 없습니다. **"한 넝쿨에 두 번 걸려** '넘어질/너머질' **수야 있겠습니까."**   - 김주영 『활빈도』
속담은 '한 번 저지른 실수를 거듭하지 않는다.'는 뜻으로 빗대는 말이다.

"바늘 끝만한 일을 보면 쇠공이만큼 '늘어/느러' 놓는 게" 인정과 세태다.
                    - 박종화 『다정불심』

속담은 '작은 일을 가지고 큰일인 것처럼 허풍을 떤다.'는 뜻으로 빗대는 말이다.

'늘어나다'는 '부피나 분량 따위가 본디보다 커지거나 길어지거나 많아지다.'라는 뜻이다. 수출이 작년보다 두 배나 **늘어났다**. 김 중사의 두 눈에 조금씩 흰자위가 **늘어나는** 것 같았다.≪이상문, 황색인≫ '돌아가다'는 '물체가 일정한 축을 중심으로 원을 그리면서 움직여 가다.'라는 뜻이다. 바람개비가 **돌아가다**. 잔디밭에는 물을 주는 스프링클러가 원을 그리면서 **돌아가고** 있었다. '일이나 형편이 어떤 상태로 진행되어 가다.'라는 뜻이다. 형편만 잘 **돌아가면** 내가 좀 도와줄 텐데. 전세가 어떻게 **돌아가고** 있는가를 자세히 설명하면서 인민군의 헛약속에 속고 있음을 깨우치려 애를 썼다.≪윤흥길, 장마≫

'되짚어가다'는 '오던 길로 다시 가거나 도로 가다.', '지난 일을 다시 살피거나 생각하다.' 등의 뜻이다. 딸에 대한 자지러질 듯한 애정으로 태임은 자신의 시간을 사라져 버린 유년기로 마냥 **되짚어가며** 그리운 소꿉 노래를 떠올렸다.≪박완서, 미망≫ '들어가다'는 '밖에서 안으로 향하여 가다.'라는 뜻이다. 추우니 어서 안으로 **들어가세요**. 그는 평생 세상을 등지고 산속으로 **들어가** 살았다. '떨어지다'는 '위에서 아래로 내려지다.'라는 뜻이다. 굵은 빗방울이 머리에 한두 방울씩 **떨어지기** 시작했다. 그는 발을 헛디뎌서 구덩이로 **떨어졌다**. '엎어지다'는 '서 있는 사람이나 물체 따위가 앞으로 넘어지다.'라는 뜻이다. 모필태는 어깨와 등짝이 찢어져 피를 줄줄이 흘리며 개구리처럼 땅바닥에 **엎어져** 있었다.≪김원일, 불의 제전≫ 그 다음으로 권하고 싶은 것은 **엎어진** 놈 꼭지 누르기, 아니 밟힌 놈 짓뭉개기다.≪이문열, 시대와의 불화≫

'접어들다'는 '일정한 때나 기간에 이르다.'라는 뜻이다. 음력으로 섣달에 **접어들면서** 마을은 아예 적막해진다.≪송기원, 월문리에서≫ 그믐으로 **접어드는** 때라서 별빛이 한결 밝다. '틀어지다'는 '꾀하는 일이 어그러지다.'라는 뜻이다. 계획이 **틀어지다**. 저 친구 믿다 일이 **틀어지**

는 날엔 내 형편이 뭐가 되는가. ≪황순원, 신들의 주사위≫ '흩어지다'
는 '한데 모였던 것이 따로따로 떨어지거나 사방으로 퍼지다.'라는 뜻이
다. 가족이 전국 곳곳에 **흩어져** 살았다. 그들은 사방으로 **흩어져** 도망
쳤다.

　(2) 본뜻에서 멀어진 것
　드러나다, 사라지다, 쓰러지다

　"가까운 데 집은 깎이고 먼 데 절은 비친다"는 늘 가까이 보면 뛰어남
이 '드러나지/들어나지' 않고,　오히려 먼 곳의 것이 좋아 보이기 쉬운
사실을 일깨운다.　　　　　　　　　　　－김광언『한국의 집지킴이』
　속담은 '가까운 데 있는 것은 흠이 많이 보이지만, 먼 데 있는 것은
좋게만 보인다.'는 말이다.

　"큰 바람에 고목이 '쓰러진다/쓸어진다'고" 바람을 멈출 수는 없소. 단
일 민족의 진정한 해방이 되는 그날까지 우리는 어떠한 고생도 참고
견디어야 되어.　　　　　　　　　　　　　　　　－정강우『무당』
　속담은 '거센 힘이라야 큰일을 이룰 수 있다.'는 뜻으로 빗대는 말이다.

　'드러나다' '가려 있거나 보이지 않던 것이 보이게 되다.'라는 뜻이다.
구름이 걷히자 산봉우리가 **드러났다**. 썰물 때는 드넓은 갯벌이 **드러난
다.** '알려지지 않은 사실이 널리 밝혀지다.'라는 뜻이다. 진실은 반드시
드러난다.
　'사라지다' '현상이나 물체의 자취 따위가 없어지다.'라는 뜻이다. 꼴
도 보기 싫으니 당장 내 눈앞에서 **사라져라**. 인파 가운데 소안의 흰
아오자이가 팔랑대며 **사라져** 가고 있었다. '생각이나 감정 따위가 없어
지다.'라는 뜻이다. 집안에 걱정이 **사라지다**. 오빠가 무사히 돌아와 어

머니의 시름이 **사라졌다**.

'쓰러지다' '힘이 빠지거나 외부의 힘에 의하여 서 있던 상태에서 바닥에 눕는 상태가 되다.'라는 뜻이다. 술 취한 행인이 길에 **쓰러졌다**. 아이는 엄마 품에 **쓰러져** 잠이 들었다. '사람이 병이나 과로 따위로 정상 생활을 하지 못하고 몸져눕는 상태가 되다.'라는 뜻이다. 친구가 과로로 **쓰러졌다**. 할아버지가 뇌졸중으로 **쓰러졌다**.

[붙임 1]에 적용되는 세 가지 조건은 첫째, 두 개 용언이 결합하여 하나의 단어로 된 경우, 둘째, 앞 단어의 본뜻이 유지되고 있는 것은 그 어간의 본 모양을 밝히어 적고, 셋째, 본뜻에서 멀어진 것은 원형을 밝혀 적지 않는다. '본뜻에서 멀어진 것'이란 그 단어가 단독으로 쓰일 때에 표시되는 어휘적 의미가 제대로 인식되지 못하거나 변화되었음을 말한다.

[붙임 2] 종결형에서 사용되는 어미 '－오'는 '요'로 소리 나는 경우가 있더라도 그 원형을 밝혀 '오'로 적는다(ㄱ을 취하고 ㄴ을 버림).

ㄱ	ㄴ
이것은 책이오.	이것은 책이요.
이리로 오시오.	이리로 오시요.
이것은 책이 아니오.	이것은 책이 아니요.

'종결형(終結刑)'은 활용어에 있어서, 종결 어미로 끝나는 활용형이다.

[붙임 3] 연결형에서 사용되는 '이요'는 '이요'로 적는다(ㄱ을 취하고 ㄴ을 버림).

ㄱ. 이것은 책이요, 저것은 붓이요, 또 저것은 먹이다.
ㄴ. 이것은 책이오, 저것은 붓이오, 또 저것은 먹이다.

'연결형(連結刑)'은 활용어에 있어서, 연결 어미가 붙는 활용형을 말한다.

[붙임 2], [붙임 3]은 현행 표기에서는 연결형은 '이요'로, 종결형은 '이오'로 적고 있어서 관용 형식을 취한 것이다. 이는 형태소 결합에서 나타나는 'ㅣ' 모음 동화를 표기에 반영하지 않는다는 것을 뜻한다. 이것은 결합하는 형태소들의 원래 모습을 최대한 살려 주는 것이다.

제16항 어간의 끝음절 모음이 'ㅏ, ㅗ'일 때에는 어미를 '-아'로 적고, 그 밖의 모음일 때에는 '-어'로 적는다.

1. '-아'로 적는 경우
　나아　나아도　나아서
　돌아　돌아도　돌아서
　보아　보아도　보아서

동학도인들의 입장에서 본다하더라고 지금 상소를 하고 있는 것은 속되게 말하면 **"태풍이 불고 있는데 창구멍 막는 꼴"**이오. 태풍이 몰아쳐 집이 무너지고 있는 판에 창구멍을 '막아/막어' 무얼 하겠소?"

－송기숙 『녹두장군』

속담은 '하찮은 힘으로 엄청난 재앙을 막으려 한다.'는 뜻으로 빗대는 말이다.

민 선생이 거짓말을 하고 있는 것이라면 그것은 사람이 **"처지가 궁한 때일수록 귀가** '얇아/얇어' **진다"**는 것을 노리는, 사기의 제일장 제일절에 해당되는 것이다.　　　　　　　　　－양선규 『그해 겨울의 동업』

속담은 '아주 궁한 처지에 몰린 사람은 남의 말에 잘 현혹된다.'는 뜻으로 빗대는 말이다.

‘어간(語幹)’의 끝 음절의 모음이 ‘ㅏ, ㅗ’(양성 모음)일 때에는 어미를 ‘－아’ 계열로 적는다. 양성모음(陽性母音)은 음색·어감이 밝고 산뜻한 모음이며, 비교적 입을 크게 벌려서 소리를 내고, ‘ㅏ, ㅗ, ㅑ, ㅛ, ㅐ, ㅘ, ㅚ, ㅒ’ 등이 있고 ‘강모음(强母音)’이라고도 한다.

2. ‘－어’로 적는 경우
   개어   개어도   개어서
   쉬어   쉬어도   쉬어서
   저어   저어도   저어서
   피어   피어도   피어서

"사람이란 ‘겪어/겪아’**봐야지 안다구**." 오늘따라 네가 예뻐보이니 아게 다이 오래 묵은 매실주 탓인지도 모르겠다.
－김소진『달팽이 사랑』

속담은 ‘사람을 그냥 보고는 알 수가 없고, 직접 겪어 봐야 한다.’는 뜻이다.

"**푸른 소나무의 절개는 겨울이** ‘되어/되아’**야 알 듯이**" 어려운 때를 당하고야 사람의 마음을 알게 된다더니…… 참, 대장부 한번 먹은 마음이야 한결같아야지.   －박태원『갑오농민전쟁』

속담은 ‘고난의 시대라야 올곧은 사람을 알게 된다.’는 뜻으로 비유하는 말이다.

‘음성모음(陰性母音)’은 발음이 어둡고, 어감이 큰 모음이며, ‘ㅓ, ㅜ, ㅕ, ㅠ, ㅖ, ㅝ, ㅟ, ㅞ, ㅡ, ㅣ’ 등이 있으며, ‘약모음(弱母音)’이라고도 한다. 어간 끝 음절의 모음이 ‘ㅐ, ㅓ, ㅔ, ㅚ, ㅜ, ㅔ, ㅝ, ㅡ, ㅓ, ㅣ’(음성 모음)일 때에는 ‘－어’계열로 적는다. ‘모음조화(母音調和)’란 한 개 낱말 안에서 모음의 연결에 있어서, 양성모음(陽性母音)은 양성모음(陽性母音)끼리, 음성모음(陰性母音)은 음성모음(陰性母音)끼리 잘 어울리는 현상을 일컫는다. 모음조화의 파괴를 보이는 것은 '깡충깡충, 오순도순' 등이 있다.

> **제17항** 어미 뒤에 덧붙는 조사 '-요'는 '-요'로 적는다.
>
> 읽어   읽어요
> 참으리   참으리요
> 좋지   좋지요

'-요'는 그것만으로 끝날 수 있는 어미 뒤에 결합하여 높임의 뜻을 더하는 성분인데, 어미에 결합하는 조사로 설명되고 있다. 조사 '-요'는 체언 뒤에 결합되어 청자를 높이는 뜻을 나타내며 '저-요, 책상-요' 등이 있다.

> **제18항** 다음과 같은 용언들은 어미가 바뀔 경우, 그 어간이나 어미가 원칙에 벗어나면 벗어나는 대로 적는다.

어휘적 형태소(語彙的 形態素)인 어간(語幹)이 문법적 형태소(文法的 形態素)인 어미(語尾)와 결합하여 이루어지는 활용의 체계에는 다음과 같은 원칙이 있다. '첫째, 어간의 모양은 바뀌지 않고 어미만이 변화한다. 둘째, 어미는 모든 어간에 공통되는 형식으로 결합한다.'라는 원칙이 있다.

'원칙에 벗어나면'이란, 이 두 가지 조건에 맞지 않음을 뜻하는 것으로 다음과 같은 두 가지 형식이 있다. '첫째, 어미가 예외적인 형태로 결합하는 것, 둘째, 어간의 모양이 달라지고, 어미도 예외적인 형태로 결합하는 것' 등이다.

1. 어간의 끝 'ㄹ'이 줄어질 적

갈다 :	가니	간	갑니다	가시다	가오
놀다 :	노니	논	놉니다	노시다	노오
불다 :	부니	분	붑니다	부시다	부오
둥글다 :	둥그니	둥근	둥급니다	둥그시다	둥그오
어질다 :	어지니	어진	어집니다	어지시다	어지오

일본인들이 한문글자 쓰는 것을 보고 그대로 따라서 쓰고 싶어 하는 것은 전혀 사정을 모르는 짓이며, **"남들이 방아 찧으러 '가는/간' 것을 보고 거름 지고 따라가는 꼴이다."** ―이오덕『우리 글 바로 쓰기』

속담은 '남들이 하니까 영문도 모르면서 무조건 따라하는 것.'을 빗대어 이르는 말이다.

'ㄹ' 변칙 용언(變則用言)이란 'ㄹ' 받침으로 끝나는 어간에 어미가 연결될 때 'ㄹ' 받침이 줄어져 발음되지 않는 경우로 'ㄹ' 받침이 줄어지는 어미는 'ㄴ, ㄹ, ㅂ, 시, 오' 등이 있다.

첫째, 'ㄴ'어미는 'ㄴ, 는, 냐'와 같이 'ㄴ'으로 시작하는 어미가 연결되면 '놀은, 놀는, 놀으냐'가 아니라 '논, 노는, 노냐'와 같이 된다.

둘째, 'ㄹ'어미는 'ㄹ, ㄹ까'와 같이 'ㄹ'로 시작하는 어미가 연결되면 '놀을, 놀을까'가 아니라 '놀, 놀까'와 같이 된다.

셋째, 'ㅂ'어미는 'ㅂ니다, ㅂ시다'와 같이 'ㅂ'으로 시작하는 어미가 연결되면 '놀습니다, 놀읍시다'가 아니라 '놉니다, 놉시다'와 같이 된다.

넷째, '시'어미는 주체 존대 선어말어미 '시'가 연결되면 '놀으시다, 놀으시니, 놀으시면' 등이 아니라 '노시다, 노시니, 노시면' 등과 같이 된다.

다섯째, '오'어미는 '오, 오니' 등의 어미가 연결되면 '놀으오, 놀으오니' 등이 아니라 '노오, 노오니' 등과 같이 된다.

'갈다'는 '이미 있는 사물을 다른 것으로 바꾸다.'라는 뜻이다. 주인

남자인 듯한 사내가 연탄불을 **갈고** 있다가 얼굴을 내밀고 여자를 자세히 들여다보았다.≪황석영, 몰개월의 새≫ 그 애는 성만 일본식으로 **갈고** 이름은 복순이라는 촌스러운 본명 그대로였다.≪박완서, 그 많던 싱아는 누가 다 먹었을까≫ '불다'는 '바람이 일어나서 어느 방향으로 움직이다.'라는 뜻이다. 저녁때가 되자 세찬 바람이 **불기** 시작했다. 빗줄기가 폭포수처럼 쏟아져 내리는데 바람마저도 맹렬히 **불어** 굵은 나뭇가지들이 뚝뚝 부러지는 소리가 요란했다.≪홍성암, 큰물로 가는 큰 고기≫ '둥글다'는 '원이나 공과 모양이 같거나 비슷하게 되다.'라는 뜻이다. 초하루 그믐에는 이지러졌다가 보름이면 다시 **둥그는** 달. 초승달이 점점 **둥글어** 가는 열흘째 밤이다.≪이기영, 봄≫ '어질다'는 '마음이 너그럽고 착하며 슬기롭고 덕행이 높다.'라는 뜻이다. 그녀는 어딘지 위엄을 풍기면서도 조용하고 **어질어** 보였다. 강포한 힘이 도저히 **어진** 덕을 이겨 내지 못하는 법이라, 장군은 어찌 남의 나라를 강포한 위력으로만 무찌르기를 주장하는가.≪박종화, 임진왜란≫

[붙임] 다음과 같은 말에서도 'ㄹ'이 준 대로 적는다.
마지못하다, 마지않다, (하)다마다, (하)자마자

[붙임]은 '(하)지 마라, (하)지 마'의 경우에 '(하)지 말라, (하)지 말아, (하)지 말아요'와 같이 'ㄹ' 받침이 발음되기도 한다는 것이다. '(하)지 마라, (하)지 마'가 일반적으로 사용되는 형식이지만 문어체의 명령이나 간접 인용의 형식에서는 '(하)지 말라'와 같이 쓰기도 하고, 권위를 세워 점잖게 타이르는 상황에서는 '(하)지 말아라, (하)지 말아요'와 같이 쓰기도 하는 것이다.

2. 어간의 끝 'ㅅ'이 줄어질 적
   긋다 : 그어   그으니   그었다

낫다 :　나아　나으니　나았다
짓다 :　지어　지으니　지었다.

제호는 이건 좀 창피한 고패로 다고 어름어름하는데, '이어/잇어' 초
봉이아저씨 바쁘실 텐데. 머, 그만하면 "**다 팔아도 내 땅**"이다.

─ 채만식『탁류』

속담은 '어떻게 하든지 결국에 가서는 다 내 이익이 된다.'는 뜻으로
빗대는 말이다.

어간(語幹)에 'ㅅ'받침을 가진 용언으로는 '긋다, 낫다, 잇다, 짓다' 등
은 그 받침이 발음되는 경우도 있고 그렇지 않는 경우도 있다. '긋고,
긋는, 긋지' 등에서 자음으로 시작하는 어미가 연결되면 'ㅅ'이 발음되
고, '그어서, 그어야, 그으니, 그으면' 등에서 모음으로 시작되는 어미가
연결되면 'ㅅ'이 발음되지 않는다.

'긋다' '어떤 일정한 부분을 강조하거나 나타내기 위하여 금이나 줄을
그리다.'라는 뜻이다. 바닥에 금을 **긋다**. 중요한 단어에 밑줄을 **그어라**.
'성냥이나 끝이 뾰족한 물건을 평면에 댄 채로 어느 방향으로 약간 힘을
주어 움직이다.'라는 뜻이다. 그는 벽에 딱성냥을 **그어** 불을 붙였다. 짓
궂은 친구 하나가 그의 뺨에 색연필을 **그어** 놓았다.

'낫다' '병이나 상처 따위가 고쳐져 본래대로 되다.'라는 뜻이다. 병이
씻은 듯이 **나았다**. 감기가 **낫는** 것 같더니 다시 심해졌다.

'짓다' '재료를 들여 밥, 옷, 집 따위를 만들다.'라는 뜻이다. 밥을 **짓다**.
아침을 **짓다**. '여러 가지 재료를 섞어 약을 만들다.'라는 뜻이다. 약을
짓다. 몸이 허한 것 같아서 보약을 **지어** 먹었다.

3. **어간의 끝 'ㅎ'이 줄어질 적**
　　까맣다 :　까마니　까말　　까마면　　까맙니다　까마오
　　동그랗다 : 동그라니 동그라면　동그랍니다 동그랍니다 동그라오

퍼렇다 : 퍼러니   퍼럴   퍼러면   퍼럽니다   퍼러오

　'그러니/그렇니' 말씀이죠. "**한 일을 보면 열 일을 안다**"고 약달이는 것도 꼭 아랫것들에게만 맡겨 두고 모른 척 하니.

－염상섭『삼대』

　속담은 '해놓은 일 하나를 보면 그것을 통해 그 사람의 모든 것을 알게 된다.'는 뜻으로 빗대는 말이다.

　'ㅎ' 변칙 용언(變則用言)은 어간의 끝에 'ㅎ'을 가진 용언은 파열음 'ㄱ, ㄷ, ㅂ'이나 파찰음 'ㅈ'과 만나면 그 존재가 분명히 드러나게 된다. '하얗다'의 경우 '하야케, 하야코, 하야타, 하야치' 등으로 발음되어 'ㅎ'이 발음에 반영되는 것이다. 그 외의 자음이나 모음으로 시작하는 어미와 만나게 되면 '하야니, 하얀, 하야면' 등과 같이 발음되어 'ㅎ' 받침이 전혀 나타나지 않는다. 그러나 '좋다'와 같은 규칙 용언의 경우는 '좋으니, 좋을, 좋으면, 좋습니다'와 같이 'ㅎ'이 발음된다.
　'그렇다'는 '상태, 모양, 성질 따위가 그와 같다.'라는 뜻이다. 다 사정이 **그런** 걸 제가 유심한들 소용이 있겠어요.≪송영, 군중 정류≫ 상황이 **그러니** 어찌하겠나? 저번 사건은 네 소행이지. **그렇지?**
　'퍼렇다'는 '다소 탁하고 어둡게 푸르다.'라는 뜻이다. 오랫동안 사용하지 않은 연장에는 **퍼렇게** 녹이 슬어 있었다. 구석에 곰팡이가 **퍼렇게** 피었다. '하얗다'는 '깨끗한 눈이나 밀가루와 같이 밝고 선명하게 희다.'라는 뜻이다. 그 아이는 얼굴이 너무 **하얘서** 꼭 아픈 사람 같다. 일 년 사이에 그는 검불처럼 말라 있었고 머리칼은 **하얗게** 세어 있었다.≪최인호, 지구인≫

　4. 어간의 끝 'ㅜ, ㅡ'가 줄어질 적
　　푸다 :   퍼   펐다

끄다 :   꺼   껐다
담그다 : 담가 담갔다
고프다 : 고파 고팠다
바쁘다 : 바빠 바빴다

하찮은 "**가매한 나도 앞 교군 '따라/딸아' 잰 걸음 느린 걸음인데,**" 처음에 나서기가 불행이제 동네 임직 명색이 파임을 내면 먼 꼴이 되겠어?
— 송기숙 『녹두장군』

속담은 '무슨 일을 하든지 앞장 선 사람에 따라 일의 과정이 좌지우지된다.'는 뜻으로 빗대는 말이다.

어간(語幹)이 모음 'ㅜ'로 끝나는 동사 '푸다'와 어간이 모음 'ㅡ'로 끝나는 용언 가운데 8, 9에 해당하는 단어 이외의 단어들은 뒤에 어미 'ㅡ어'가 결합하면 'ㅜ, ㅡ'가 줄어진다.

'푸다'는 '속에 들어 있는 액체, 가루, 낟알 따위를 떠내다.'라는 뜻이다. 밥통에서 밥을 **푸다**. 삼태기로 흙을 **퍼** 나르다. '끄다'는 '타는 불을 못 타게 하다.'라는 뜻이다. 담뱃불을 **끄다**. 엄마가 불을 **끄는** 걸 잊었던 모양으로, 구석 자리에 석유 등잔이 가물대고 있었다.≪이동하, 우울한 귀향≫ '담그다'는 '김치·술·장·젓갈 따위를 만드는 재료를 버무리거나 물을 부어서, 익거나 삭도록 그릇에 넣어 두다.' 것을 말한다. 김치를 **담그다**. 이 젓갈은 6월에 잡은 새우로 **담가서** 육젓이라고 한다.

'고프다'는 '배 속이 비어 음식을 먹고 싶다.'라는 뜻이다. 아침 점심을 굶었는데도 이상하게 배가 **고프지** 않았다. 배가 **고팠지만** 내 손으로 저녁을 찾아 먹고 싶은 생각은 없었다.≪안정효, 하얀 전쟁≫ '바쁘다'는 '일이 많거나 또는 서둘러서 해야 할 일로 인하여 딴 겨를이 없다.'라는 의미이다. 그는 밀린 일을 하느라 정신없이 **바쁘다**. 농민이 관객의 대부분인 사정이고 보면 **바쁜** 계절에 농사일만으로도 일손이 달리기

마련인데….≪한수산, 부초≫

5. 어간의 끝 'ㄷ'이 'ㄹ'로 바뀔 적

듣다[聽] :　들어　들으니　들었다

묻다[問] :　물어　물으니　물었다

싣다[載] :　실어　실으니　실었다

"큰 수레가 짐을 '실어/싣어'도 많이 싣고 큰 나무가 큰 집을 짓는다."
그건 날 두고 하는 소리네. 엄장이 그래도 나만은 해야지.

－한수산『까마귀』

속담은 '사람 됨됨이가 커야 크게 쓰인다.'는 뜻으로 빗대는 말이다.

"털어서 먼지 안 나는 사람 어딨고 쥐 없는 집 어딨으며 가시없는 찔래
꽃이 어디 있습니까?" 모두 무서워 하여 대감에게 잘 보이려는 무리가
생기날 것입니다. 그들을 흡수하고 걸림돌이 되는 자는 비위 사실을 '들
어/듣어' 가차 없이 치는 겁니다."

－유현종『사설 정감록』

속담은 '세상의 모든 것들이 단점 없는 것이 없다.'는 뜻으로 빗대는
말이다.

어간(語幹)이 'ㄷ'으로 끝나는 용언 중에는 모음 어미와 만나면 'ㄷ'이
'ㄹ'로 변하는 것이다. '걷다'와 같은 용언은 자음으로 시작하는 어미와
만나면 '걷고, 걷게, 걷는, 걷다가' 등과 같이 받침 'ㄷ'이 유지되지만,
모음으로 시작하는 어미와 만나면 '걸어서, 걸으니, 걸으면' 등과 같이
받침 'ㄷ'이 'ㄹ'로 바뀌는 것이다. 이러한 활용을 보이는 동사는 '긷다,
깨닫다, 붇다, 일컫다' 등이 있다. 그러나 항상 'ㄷ' 받침을 유지하는 용
언은 '걷다[收], 닫다[閉], 묻다[埋]' 등이 있다.

'실다[載]'는 '차·배·비행기·수레 등에 다소 무게가 나가는 물체를 운반하기 위해 올리다.'라는 뜻이다. 그 동네에서는 아직도 연탄을 수레로 **실어** 나르고 있었다. 내가 짐 보따리를 리어카에 **싣고** 떠나던 그 일요일까지 아무런 연락이 없었다.

6. 어간의 끝 'ㅂ'이 'ㅜ'로 바뀔 적

깁다 :	기워	기우니	기웠다
괴롭다 :	괴로워	괴로우니	괴로웠다
무겁다 :	무거워	무거우니	무거웠다
쉽다 :	쉬워	쉬우니	쉬웠다

"**사위 '미워/밉워'하는 장모가 없고**" 며느리 이쁘다는 시어머니가 없다고, 그것두 성적 관계인가?   −최서해 『호외시대』
　속담은 장모와 사위의 관계는 아주 좋지만, 시어머니와 며느리 관계는 아주 좋지 않다.'는 뜻으로 빗대는 말이다.

　'ㅂ' 변칙 용언(變則用言)은 어간이 'ㅂ'으로 끝나는 용언 중에는 모음어미와 만났을 때 'ㅂ'이 분명히 발음되지 않는 것이 있다. 'ㅂ'이 '오'로 바뀌느냐 '우'로 바뀌느냐 하는 것은 모음조화(母音調和, 앞 음절의 모음과 뒤 음절의 모음이 같은 종류끼리 만나는 음운현상)에 의해 결정되는데 모음조화에 따라 '막아, 먹어'로 활용되는 것과 마찬가지로 어간의 모음에 따라 '고와[麗], 구워[炙]'로 활용된다.
　'깁다' '떨어지거나 해어진 곳에 다른 조각을 대거나 또는 그대로 꿰매다.'라는 뜻이다. 언니는 찢어진 옷을 곱게 **기웠다**. 비록 다 떨어진 누더기를 골백번 **기워** 입은 남루를 걸쳤다 하더라도 깨끗이 빨아서 푸새하여 더럽지 않으면 부끄러운 일 아니었으나….≪최명희, 혼불≫ '글이나 책에서 내용의 부족한 점을 보충하다.' 전에 출판한 책을 이번에 새로 고치고 **기워** 펴냈다.

　다만, '돕-, 곱-'과 같은 단음절 어간에 어미 '-아'가 결합되어 '와'
로 소리 나는 것은 '-와'로 적는다.
　돕다[助]：　도와, 도와서, 도와도, 도왔다
　곱다[麗]：　고와, 고와서, 고와도, 고왔다

　"부지깽이도 덤벙이는 모내기철이나 가을걷이 때," 꽃치에게 일 좀 '도
와/도워' 달라고 하면 꽃치는 그 말을 듣고서 좋다 싫다 말은 한 마디도
없지만, 말은커녕 고개 한 번 끄덕이는 일도 없지만, 무슨 일을 해야
하는지 다 알고 일을 시작한다.
－박상률『봄바람』
　속담은 '가을철 추수에는 하도 바빠서 모든 사람들이나 뭇 사물들이
다 그냥 있지 못할 정도.'라는 뜻으로 빗대는 말이다.

　"가루는 칠수록 '고와/고워'지지만 말은 할수록 거칠어진댔으니까," 우
리 없었던 걸로 합시다.　　　　　　　　　　－오찬식『도깨비 놀음』
　속담은 '말을 많이 하다보면 점점 경박스럽고 쓸모없는 말을 하게 된
다.'는 뜻으로 빗대는 말이다.

　7. '하다'의 어미 활용에서 어미 '-아'가 '-여'로 바뀔 적
　　하다：　하여 하여서 하여도 하여라 하였다

　'하다'는 '밥을 하다, 연구를 하다'에서처럼 독립된 용언으로 사용되기
도 하고, '밥하다, 연구하다, 착하다'에서처럼 용언의 일부로 사용되기도
한다. 그러나 활용에서 보이는 양상은 동일해서 어미 '-아'가 연결되면
항상 '-여'로 바뀐다.

'하다'는 '사람이나 동물, 물체 따위가 행동이나 작용을 이루다.'라는 뜻이다. 운동을 **하다**. 공부를 **하다**. 싸움을 **하다**. 넌 내일 무엇을 **할** 계획이니?

8. 어간의 끝음절 '르'뒤에 오는 어미 '－어'가 '－러'로 바뀔 적

이르다[至] :	이르러	이르렀다
노르다 :	노르러	노르렀다
누르다 :	누르러	누르렀다
푸르다 :	푸르러	푸르렀다

'이르－, 노르－' 뒤에는 이미 '－아'가 결합되어야 한다. 그런데, '이르다, 누르다, 푸르다' 따위의 경우는 분명히 [레로 발음되기 때문에 예외적인 형태인 '러'로 적는다.

'이르다' '어떤 장소나 시간에 닿다.'라는 뜻이다. 자정에 **이르러서**야 집에 돌아왔다. 전쟁이 끝난 뒤 이들은 서로 소식도 모른 채 오늘에 **이르게** 되었다. '어떤 정도나 범위에 미치다.'라는 뜻이다. 죽을 지경에 **이르다**. 그는 열다섯에 이미 키가 육 척에 **이르렀다**.

'노르다' '달걀노른자의 빛깔과 같이 밝고 선명하다.'라는 뜻이다. '누르다' '물체의 전체 면이나 부분에 대하여 힘이나 무게를 가하다.'라는 뜻이다. 초인종을 **누르다**. 바람에 날아가지 않도록 서류를 책으로 **눌러** 덮었다. 사모님은 인두로 비단 저고리 도련을 누르고 있는 중이었다.≪박완서, 미망≫ '마음대로 행동하지 못하도록 힘이나 규제를 가하다.'라는 뜻이다. 윗사람이라고 아랫사람을 힘으로 **눌러서**는 함께 일을 하기가 어렵다. 법에서까지 우리를 이렇게 **누르기**만 하면 살길이 막막해진다.

9. 어간의 끝음절 '르'의 'ㅡ'가 줄고, 그 위에 오는 어미 '－아/－어'
   가 '－라/－러'로 바뀔 적

가르다 : 갈라 갈랐다

벼르다 : 별러 별렀다

오르다 : 올라 올랐다

지르다 : 질러 질렀다

"사람이 많으면 하늘을 이긴다"고 했다. 다시 사람들을 '불러/불어/부러' 일으키리라! 이놈들! 내 이제 더는 속지 않는다. 이때 멀지 않은 곳에서 뻐꾸기 울었다.　　　　　　　　　　　−박태원『갑오농민전쟁』

속담은 '많은 사람들의 힘을 합하면 무슨 일이라도 해낼 수 있다.'는 뜻이다.

'르' 변칙(變則)은 어간의 끝 음절 '르'에서 'ㅡ'가 줄고 어미의 'ㅡ아/ㅡ어'가 'ㅡ라/ㅡ러'로 바뀌는 것을 말한다. 이는 어간과 어미가 모두 불규칙하게 바뀐다는 점에서 'ㅡ' 변칙이나 '러' 변칙과는 구별되며 어떤 면에서는 이 둘이 복합적으로 나타나는 것처럼 이해될 수도 있다.

'가르다' '쪼개거나 나누어 따로따로 되게 하다.'라는 뜻이다. 편을 셋으로 **가르다**. 마을 사람들을 여자와 남자로 **갈랐다**. '물체가 공기나 물을 양옆으로 열며 움직이다.'라는 뜻이다. 비행기가 굉음과 함께 허공을 **가르며** 날아올랐다. 화살이 과녁을 향하여 바람을 **가르고** 날아갔다.

'벼르다' '어떤 일을 이루려고 마음속으로 준비를 단단히 하고 기회를 엿보다.'라는 뜻이다. 일전을 **벼르다**. 그는 영감 대신에 아직 들어오지도 않은 며느리를 벌써부터 **벼르고** 있었다.≪이기영, 신개지≫

▒ 제3절 접미사가 붙어서 된 말

접미사(接尾辭)는 파생어를 만드는 형태소의 하나이다. 어떤 단어의 끝에 붙어 새로운 단어가 되게 하는 말이다. '끝가지, 뒷가지, 발가지, 접미어'라고도 한다.

제19항 어간에 '-이'나 '-음/-ㅁ'이 붙어서 명사로 된 것과 '-이'나 '-히'가 붙어서 부사로 된 것은 그 어간의 원형을 밝히어 적는다.

1. '-이'가 붙어서 명사로 된 것
길이, 깊이, 높이, 다듬이, 땀받이, 달맞이, 미닫이, 벼훑이, 쇠붙이

뭐 '살림살이/살림사리'랄 게 있습니까. 기실 한양주인 댁에들 있을 때보다는 고생이지요. 그야, 편하기로는 오뉴월 개팔자, **"잔치 전의 도야지"**아닌가.　　　　　　　　　　　　　　　－황석영 『장길산』
속담은 '잘 먹고 잘 산다.'는 뜻으로 빗대어 이르는 말이다.

'길이'(명사)는 '한끝에서 다른 한끝까지의 거리'를 나타낸다. 치마의 **길이**. 품이 크고 저고리 **길이**가 길다 하여 퇴짜를 놓았던 것이다.≪김원일, 불의 제전≫ '어느 때로부터 다른 때까지의 동안'을 일컫는다. 밤과 낮의 **길이**가 같은 춘분. 오늘은 낮의 **길이**가 한결 짧게 느껴진다.
'길이'(부사)는 '오랜 세월이 지나도록'이라는 뜻이다. **길이** 보전하다. 그분의 업적은 역사에 **길이** 남을 것이다.
'다듬이'는 '다듬잇감'을 뜻한다. 먼 데서 **다듬이** 두드리는 낭랑한 소리와 이따금 개 짖는 울림뿐 사방은 조용했다.≪김원일, 불의 제전≫ '다듬이질'이라는 뜻이다. 빨라지고 늘어지는 **다듬이** 소리는 단조롭고 권태스럽게 반복된다.≪박경리, 토지≫
'벼훑이'는 '두 개의 나뭇가지나 수숫대 또는 댓가지의 한끝을 동여매어 집게처럼 만들고 그 틈에 벼 이삭을 넣고 벼의 알을 훑는 농기구'를 말한다.

2. '-음/-ㅁ'이 붙어서 명사로 된 것
묶음, 믿음, 엮음, 울음, 웃음, 졸음, 죽음, 앎, 만듦

이 사람아, 아무리 "**한 발 앞선 '걸음/거름'이 천 리를 먼저 간다지만**," 마실 건 마시고 떠나야제." 눌보의 심통 사나운 말을 귀밖으로 들으며 장씨는 술값 셈부터 치렀다.　　　　　　　　　　　　　－김원일 『일출』

속담은 '조금 앞선 것이 계속되면 큰 차이를 내게 된다.'는 뜻으로 빗대는 말이다.

"**나막신 신고 압록강 '얼음/어름'판을 건너간다**"는 속담처럼 정성껏 따르고 삼가 지켜야 할 것인데도 불구하고 감히 이처럼 상반되는 행위를 한 것은 과연 무슨 속셈이란 말인가.

　　　　　　　　　　　　　　　　　－『조선왕조실록(정조)』

속담은 '아주 끈질기고 성실하게 노력하여 어려운 일을 이루어낸다.'는 뜻으로 빗대는 말이다.

1, 2는 원형(原形)을 밝혀 적는다는 조항이다. 명사화 접미사(名詞化 接尾辭) '-음/-ㅁ'이 붙어서 만들어진 말을 적을 때에 원형을 밝혀서 적어야 한다.

'묶음'은 '한데 모아서 묶어 놓은 덩이.'를 말한다. 상품을 **묶음** 단위로 판매하다. 내려오면서 약초밭 모퉁이에서 갓 피어난 자주색 목련 한 송이도 꺾어 **묶음으로** 만들었다.≪문순태, 타오르는 강≫

'믿음'은 '어떤 사실이나 사람을 믿는 마음.'을 뜻한다. 동영에 대한 본능적인 **믿음과** 막연한 기대를 버리지 않고 있던 그녀들은….≪이문열, 영웅시대≫ 이 아저씨는 불난 곳에 돈을 던지면 장사가 잘된다는 이상한 **믿음을** 가졌답니다.≪김승옥, 서울, 1964년 겨울≫ '엮음'은 '엮는 일. 또는 엮은 것.'을 의미한다. 별수 없이 장바닥에서 약쑥 한 **엮음을** 사들고 집에 돌아왔다.≪박경리, 토지≫

'앎'은 '아는 일.'을 뜻한다. 나의 믿음이 너의 **앎이** 되었으리니 이제는 행함이 있어라.≪장용학, 역성 서설≫ 대의명분은 뚜렷하나 지배층이

그걸 실천할 성의가 없고 민중은 힘과 **앎이** 모자란다는 거야.≪최인훈, 회색인≫

3. '-이'가 붙어서 부사로 된 것
   같이, 굳이, 많이, 실없이, 짓궂이

이놈들 무슨 수작들 하려는 게냐. 만약 배의 목정 한 개라도 다쳤다 간 네놈들은 지물동이와 '**같이**/같히' "**하백의 동무가 될 터이니**" 명을 부지하려거던 배에는 손끝도 대지 마라.   ─김주영『객주』
   속담은 '물에 **빠져** 죽는다.'는 뜻으로 빗대는 말이다.

   '같이'(부사) '둘 이상의 사람이나 사물이 함께'라는 뜻이다. 친구와 **같이** 사업을 하다. 모두 **같이** 갑시다. '어떤 상황이나 행동 따위와 다름이 없이'라는 뜻이다. 선생님이 하는 것과 **같이** 하세요. 예상한 바와 **같이** 주가가 크게 떨어졌다.
   '같이'(조사) '앞말이 보이는 전형적인 어떤 특징처럼'의 뜻을 나타내는 격 조사이다. 얼음장**같이** 차가운 방바닥. 소**같이** 일만 하다. 때를 나타내는 일부 명사 뒤에 붙어 '앞말이 나타내는 그때를 강조하는 격 조사이다' 새벽**같이** 떠나다. 매일**같이** 지각하다.
   '굳이' '단단한 마음으로 굳게'라는 뜻이다. 모든 풀, 온갖 나무가 모조리 눈을 **굳이** 감고 추위에 몸을 떨고 있을 즈음, 어떠한 자도 꽃을 찾을 리 없고….≪김진섭, 인생 예찬≫ 평양 성문은 **굳이** 닫혀 있고, 보통문 문루 위에는 왜적들이 파수를 보고 있었다.≪박종화, 임진왜란≫ '고집을 부려 구태여'라는 뜻이다. **굳이** 따라가겠다면 할 수 없지. 최 씨가 제법 목소리를 높였으나 **굳이** 따지려고 드는 것 같지는 않았다.≪이문열, 변경≫
   '짓궂이' '장난스럽게 남을 괴롭고 귀찮게 하여 달갑지 아니하게'라는 뜻이다. **짓궂이** 놀리다. 어떻게 들으면 말을 만들어 보려고 **짓궂이** 비꼬는 강강한 어투가 또 들린다.≪염상섭, 삼대≫

4. '-히'가 붙어서 부사로 된 것
밝히, 익히, 작히

3, 4의 부사화 접미사(副詞化 接尾辭) '-이/-히'도 원형을 밝혀서 적는다.

'밝히'는 '불빛 따위가 환하게.', '일정한 일에 대하여 똑똑하고 분명하게.'라는 뜻이다. 엎드려 생각하옵건대 성상께서는 **밝히** 살피옵소서.≪박종화, 임진왜란≫ 그들은 한결같이 나의 생각과 나의 행적을 **밝히** 알고 있었던 듯한 거동들이었다.≪이청준, 조율사≫

'익히'는 '어떤 일을 여러 번 해 보아서 서투르지 않게.', '어떤 대상을 자주 보거나 겪어서 처음 대하는 것 같지 않게.'라는 뜻이다. 나의 돈줄은 물론이거니와 그 보수를 받는 날짜까지도 익히 꿰차고 있는 터였다.≪김원우, 짐승의 시간≫ **익히** 다닌 길이라 어둠 속에서도 그는 대중으로 더듬어 나갔다.≪유주현, 대한 제국≫ '작히'는 '어찌 조금만큼만', '얼마나'의 뜻으로 희망이나 추측을 나타내는 말이며, 주로 혼자 느끼거나 묻는 말에 쓰인다. 그렇게 해 주시면 **작히** 좋겠습니까? 나쁜 놈들이 해코지를 하려 했다니 마님께서 **작히** 놀라셨습니까?

다만, 어간(語幹)에 '-이'나 '-음'이 붙어서 명사로 바뀐 것이라도 그 어간의 뜻과 멀어진 것은 그 원형을 밝히어 적지 아니한다.
굽도리, 다리[髢], 목거리[목病], 코끼리, 거름[肥料], 고름[膿]

그쪽에서도 자칫하면 방에 갇혀 몰매를 맞겠다는 공산이 컸는지 슬그머니 손을 내리고 말았다. **"마패는 하난데 출또야 소리는 사방일세"** 기분 상하여 '노름/놀음' 못하겠군! ―황석영 『장길산』

속담은 '하나의 힘을 믿고 여럿이 대든다.'는 뜻으로 빗대는 말이다.

으음, 개새끼. 나도 저하고 한 쫓 뿌리에서 떨어진 종잔디 울 어매가 첩이라고 니가 나를 "**참새 '무녀리/문열이' 만큼도**" 안 봤겄다. 오냐, 두고 보자. 니놈 살림 반쪽은 절딴내고 말 거이다.
―송기숙『녹두장군』

속담은 '사람을 아주 하찮게 여긴다.'는 뜻으로 비유하는 말이다.

명사화 접미사 '―이'나 '―음'이 결합하여 된 단어라도 그 어간의 본 뜻과 멀어진 것은 원형을 밝힐 필요가 없이 소리 나는 대로 적는다. '굽도리'는 '방 안 벽의 아랫도리'를 말한다. 벽에 벽지를 먼저 바르고 **굽도리했다**. 벽지와는 다른 색의 도배지로 방을 **굽도리해서** 한껏 멋을 부렸다. '다리'는 '어떤 속성의 사람이나 사물 따위를 홀하게 나타내는 말'이며, 늙다리, 키다리라고도 한다. '무녀리'는 '한 태의 새끼 중 맨 먼 저 나온 새끼'를 일컫는다. 주인네 되는 사람이 동네 집집에 강아지를 나눠주게 되었고, 금순네도 그중의 **무녀리** 한 마리를 공짜로 얻어다 기 르게 된 것이다.≪윤흥길, 묵시의 바다≫ '말이나 행동이 좀 모자란 듯 이 보이는 사람을 비유적'으로 이르는 말이다. 영두만 한 **무녀리가** 없는 줄 알았는데 의곤이에 대면 영두는 오히려 씨억씨억하고 실팍한 터수였 다.≪이문구, 산 너머 남촌≫ 순평이 같은 그런 **무녀리는** 이따금 그렇 게 혼이 나야만 사람이 돼 갈 것 같기도 했다.≪이문구, 장한몽≫ '노름' 은 '돈이나 재물 따위를 걸고 주사위, 골패, 마작, 화투, 트럼프 따위를 써서 서로 내기를 하는 일.'을 말한다. 그는 **노름으로** 전 재산을 날렸다. 추 서방은 술과 담배도 별로 즐기지 않았고, **노름** 같은 것에는 아예 눈 도 돌리지 않는 색시 같은 사람이었다.≪하근찬, 야호≫

[붙임] 어간에 '―이'나 '음'이외의 모음으로 시작된 접미사가 붙어서

다른 품사로 바뀐 것은 그 어간의 원형을 밝히어 적지 아니한다.

(1) 명사로 바뀐 것
귀머거리, 까마귀, 뜨더귀, 마감, 마개, 마중, 비렁뱅이, 쓰레기, 올가미, 주검

예전버팀 "**처삼춘 '무덤/묻엄'에 벌초허는 늠 없다길래**" 왜 그런가 했더니 오늘 보니 알겠구먼." 하며 내가 남긴 엽차를 마저 마시고는…….
　　　　　　　　　　　　　　　　　　　　　　　　－이문구 『관촌수필』
속담은 '아주 멀게 느껴지는 친척의 일에 누구나 무관심하다.'는 뜻으로 빗대는 말이다.

"**척 하면 담 '너머/넘어' 호박 떨어진 줄 알라**"는 민간의 속언도 있다면서? 자네는 어떤땐 이마에 송곳을 꽂아도 진물 한 방울 나지 않을 위인인가 하면 이둔할 땐 앞뒤가 꼭막힌 위인이 아닌가.
　　　　　　　　　　　　　　　　　　　　　　　　－김주영 『객주』
속담은 '아주 작은 조짐이나 실마리로 일의 결과를 충분히 안다.'는 뜻으로 빗대는 말이다.

'너머'는 '높이나 경계를 나타내는 명사 다음에 쓰여, 높이나 경계로 가로막은 사물의 저쪽'을 의미한다. 뒤뜰 돌담 **너머**, 붉은 지붕의 건물이 바로 그가 경영하는 모란 유치원이다.≪박경리, 토지≫ 들창 **너머**, 파랗다 못해 보라색을 머금은 하늘이 눈에 싱싱했다.≪장용학, 위사가 보이는 풍경≫ '뜨더귀'는 '조각조각 뜯어 내거나 가리가리 찢는 짓 또는 그 물건'을 말한다. 아이가 창호지 문을 **뜨더귀로** 만들어 놓았다. '마감'은 '하던 일을 마물러서 끝냄. 또는 그런 때.'를 일컫는다. **마감** 뉴스. 공사가 **마감** 단계에 있다. '무덤'은 '송장이나 유골을 땅에 묻어 놓은

곳.'을 말한다. **무덤** 속으로 들어가다. 그는 추석을 맞아 아버지의 **무덤**
에 벌초를 하러 갔다. '비렁뱅이'는 '거지'를 낮잡아 이르는 말이다. 쪽박
차고 문전 문전을 빌어먹고 다니는 **비렁뱅이** 아들이 상급 학교가 웬
말인가.≪박경리, 토지≫ 근기의 백성들은 정든 고향, 살기 좋은 낙토
를 떠나 하루아침에 유리개걸하는 발가벗은 **비렁뱅이**가 되었다.≪박종
화, 금삼의 피≫ 유리걸식하다가 허기져 먹던 밥이라도 한 숟갈 얻어
요기하러 기웃한 **비렁뱅이**란 사실을 안 사람은, 오로지 가짜 무당 그
자신뿐이었다.≪이문구, 해벽≫ '쓰레기'는 '비로 쓸어 낸 먼지나 티끌,
또는 못쓰게 되어 내다 버릴 물건이나 내다 버린 물건'을 통틀어 이르는
말이다. 각종 **쓰레기**로 환경 오염 문제가 심각하게 되었다. '도덕적, 사
상적으로 타락하거나 부패하여 쓰지 못할 사람'을 낮잡아 이르는 말이
다. 한 여자가 **쓰레기**로 전락되어 가는 일과는 무관했던 그들에게 대체
진실이란 무엇일까….≪박경리, 토지≫ '올가미'는 '새끼나 노·철선 같
은 것으로 고를 맺어 짐승을 잡는 장치'를 일컫는다. '활고자'라고도 한
다. 어떤 짐승들은 언제나 다니는 길로만 다닌다고 했다. 그래서 사냥
꾼들은 그 길목을 알아 **올가미**를 만들어 놓거나 함정을 파 놓는다고
했다.≪윤후명, 별보다 멀리≫

(2) 부사로 바뀐 것
거뭇거뭇, 도로, 뜨덤뜨덤, 바투, 불긋불긋, 비로소, 오긋오긋, 차마

나는 그 얘기를 자주 하지 않았다. **"가지 좋은 꽃구경도 한두 번이라"**
는 말이 있듯 '너무/넘우' 자주 말하게 되면 오히려 역효과만 억게 될
뿐이기 때문이다.　　　　　　　　　　　　　－김춘삼『거지왕 김춘삼』
속담은 '아무리 좋은 일이라 해도 흥미를 끄는 것은 잠깐.'이라는 뜻
으로 빗대는 말이다.

나한테는 절호의 기회야. 축하해줘. 하지만 앞으로 육 개월 동안은 **"코가 어디에 붙었는지도 모르게 바쁠 거야."** 너한테 '자주/잦우' 전화도 못하겠지.   —조창인『등대지기』
속담은 '정신없이 바쁘다.'는 뜻으로 빗대는 말이다.

'도로' '향하던 쪽에서 되돌아서'라는 뜻이다. 학교에 가다가 도로 집으로 왔다. 우스꽝스러운 앞잡이의 곁을 따라, 오던 길을 도로 가는 아이들도 있었다.≪하근찬, 야호≫ '먼저와 다름없이 또는 본래의 상태대로'라는 뜻이다. 책을 보고 **도로** 갖다 놓았다. 중년 사내는 불쾌하지만 참아 준다는 듯 철을 흘겨보던 눈을 **도로** 감으며 객석 등받이에 머리를 기댔다. ≪이문열, 변경≫ '바투'는 '두 물체의 사이가 썩 가깝게'를 의미한다. 어머니는 아들에게 **바투** 다가가 두 손을 움켜쥐었다. 그는 농구화의 코끝을 적실 듯이 찰랑대는 물가에 **바투** 붙어 섰다.≪윤흥길, 완장≫
'비로소'는 '그제야 처음으로, 어떤 일이나 현상이 다른 일이나 현상이 있고 난 후에야 처음으로 이루어짐'을 나타내는 말이다. 아들이 무사하다는 소식이 전해지자 **비로소** 어머니의 굳은 얼굴이 환해졌다. 지팡이 소리가 등 뒤에서 멎는 순간에야 **비로소** 그는 상대방이 누군지를 알아차릴 수가 있었다.≪윤흥길, 완장≫ 마시고 나야 **비로소** 그 맛을 알 수 있으며, 따라 놓고 봐야 그 빛깔을 볼 수가 있다.≪이어령, 흙 속에 저 바람 속에≫
'오긋오긋'은 '여럿이 다 오긋한 모양'을 일컫는다. 큰말은 '우굿우굿'이다. '차마'는 '애틋하고 안타까워서 감히 어찌'의 뜻이다. 양심이 있는 사람이라면 **차마** 그런 짓은 못 할 거야. 연산은 **차마** 거사를 멀리할 수 없었다.≪박종화, 금삼의 피≫

   (3) 조사로 바뀌어 뜻이 달라진 것
     나마, 부터, 조차

그거야말로 "사람 살 곳은 골골마다 있다든지," 윤직원 영감의 그다지
도 뜻 두고 이루지 못하는 대원을 적이'나마/남아' 훑어주는 게 있으니,
라디오와 명창대회가 바로 그것입니다.
-채만식 『태평천하』

속담은 '사람들이 서로 도와주는 본성이 있기 때문에 어디서든지 살
수 있게 된다.'는 뜻으로 이르는 말이다.

"**나물 날 곳은 첫 이월 '부터/붙어' 알아본단**" 말처럼 천재와 범인은
첨부터 다른것이니까요. -채만식 『과도기』

속담은 '나물 날 곳은 첫 정월부터 좋은 일이 있으려면 조짐부터 다르
다.'는 뜻으로 빗대는 말이다.

동사 '남다, 붙다, 좇다'의 부사형 '남아, 붙어, 좇아'가 허사화[形式 形
態素]한 것인데, 형식 형태소인 조사이므로 소리 나는 대로 적는다.
'나마'는 '모음으로 끝나는 체언에 붙어, 불만스럽지만 아쉬운 대로
양보함'을 나타내는 보조사이다. 이렇게 **전화로나마** 목소리를 들으니
한결 마음이 놓이는구나. 그런대로 그녀는 **한때나마** 가문의 사랑을 한
몸으로 독차지하며 최씨 집안의 보배였을 건 말할 나위가 없다 할 거였
다.≪이문구, 장한몽≫
'부터'는 '차례의 시작이나, 시간 또는 공간의 한계'를 나타내는 보조
사이다. 특히 축구를 잘해서 **중학교부터** 대학교까지는 늘 선수로 뽑혀
다녔다.≪윤흥길, 장마≫ 자신은 어렸을 **때부터** 그저 무당 딸이었을 뿐
이다.≪조정래, 태백산맥≫ 하지만 이 두 배가 **생기고부터는** 제주 가는
바닷길이 무른 메주 밟듯 쉬워졌지요.≪현기영, 변방에 우짖는 새≫
'조차'는 '역시의 뜻으로 극단의 경우까지 양보하여 포함시킴'을 나타
내는 보조사이다. 그는 자기 **자식들에게서조차** 버림받는 신세가 되었
다. 그녀와 헤어진다는 것은 생각할 **수조차** 없는 일이다. 그가 어디서

왔는지조차 아무도 모른다.

　제20항 명사 뒤에 '-이'가 붙어서 된 말은 그 명사의 원형을 밝히어
적는다.

　1. 부사로 된 것
　　곳곳이, 낱낱이, 몫몫이, 샅샅이, 앞앞이, 집집이

　'부사(副詞)'는 품사의 하나이다. 동사나 형용사, 또는 체언·수식
언·구·절·문장 등의 앞에 놓여, 뒤에 오는 말을 꾸밈으로써 그 의미를
더욱 분명하게 해주는 단어이다. 크게 성분 부사와 문장 부사로 나뉜다.
　'곳곳이'는 '곳곳마다'를 나타낸다. 진달래가 남쪽 산자락에 **곳곳이** 피
어 있다. 동산에 **곳곳이** 아름다운 꽃을 가꾸었다. '낱낱이'는 '하나하나
빠짐없이 모두.'라는 뜻이다. 수업 내용을 하나도 빠짐없이 **낱낱이** 기록
해 두어라. 반성 시간에 녀석은 급우들의 잘못을 **낱낱이** 담임에게 고해
바쳤다.≪박영한, 머나먼 송바 강≫ '몫몫이'는 '한 몫 한 몫으로.'라는
뜻이다. 교자상이 **몫몫이** 나와서 주전자를 든 아이들은 손님 사이를 간
신히 비비고 다닌다.≪심훈, 상록수≫ 있는 재산 **몫몫이** 나눠서 저울에
달아도 안 틀리게 갈라 줘도 뭣한 마당에….≪한수산, 유민≫
　'샅샅이'는 '틈이 있는 곳마다 모조리. 또는 빈틈없이 모조리.'를 뜻한
다. 신문을 **샅샅이** 읽었지만 그런 기사는 없었다. 언제 기회가 있으면
지리산 일대의 동굴을 **샅샅이** 찾아보았으면 하는 충동이 있었다.≪이
병주, 지리산≫ '앞앞이'는 '각 사람의 앞에.', '각 사람의 몫으로'라는 뜻
이다. 심진학은 네 사람 **앞앞이** 놓인 찻잔에 고루 뜨거운 차를 따른다.
≪최명희, 혼불≫ 제 머리 굵은 애들은 **앞앞이** 다 통장이 있더라던데
요.≪이문열, 사람의 아들≫ '집집이'는 '모든 집마다.'라는 뜻이다. 내가
어렸을 적엔 집에서 감자만 쪄도 **집집이** 나눠 먹곤 했다. 명절이 되어

화려한 고깔에 채복을 두른 농악대가 **집집이** 돌아가면서 지신을 밟아
주면 정성껏 차린 음식과 술이 푸짐하게 나왔었다.≪김춘복, 쌈짓골≫

2. 명사로 된 것
　곰배팔이, 바둑이, 삼발이, 애꾸눈이, 절뚝발이/절름발이

"닭 잡을 나그네 소 잡아 겪는 셈" 치고 내가 거둘 수밖에 없지 않은가.
길게 한숨을 쉬듯이 '육손이'가 말했다.

－한수산 『까마귀』

　속담은 '서둘러 조금만 손을 썼더라면 작은 대가를 치르고 끝냈을 일
을, 내버려뒀다가는 큰 대가를 치른다.'는 뜻으로 빗대는 말이다.

　'곰배팔이' '팔이 꼬부라져 붙어 펴지 못하거나 팔뚝이 없는 사람을
낮잡아 이르는 말' 아버지는 한쪽 엉덩이를 쑥 빼더니 한쪽 다리를 저는
시늉을 하고 다시 한쪽 팔을 **곰배팔이처럼** 오그라뜨렸다.≪박완서, 도
시의 흉년≫ '삼발이'는 '둥근 쇠 테두리에 발이 세 개 달린 기구.'를 말
한다. 화로(火爐)에 놓고 주전자, 냄비, 작은 솥, 번철 따위를 올려놓고
음식물을 끓이는 데 쓴다. 재를 헤치자 뜬숯은 물론 눌렸던 재까지 장밋
빛으로 살아났다. 혜정이가 그 위에다 **삼발이를** 놓고 찌개 뚝배기를 얹
는 걸 보면서….≪박완서, 미망≫ '애꾸눈이'는 '한쪽 눈이 먼 사람'을
낮잡아 이르는 말이다. 볼호령 소리가 나서 돌아다보니 과연 **애꾸눈이**
한 놈이 길옆 숲 앞에 칼을 잡고 나섰다.≪홍명희, 임꺽정≫
　[붙임] '－이' 이외의 모음으로 시작된 접미사가 붙어서 된 말은 그
명사의 원형을 밝히어 적지 아니한다.
　꼬락서니, 모가치, 바깥, 사타구니, 싸라기, 지푸라기, 짜개
　점을 보러가는 사람이 보재기로 구름 잡을 생각을 허고 가닝게 점쟁
이도 거그다 궁짝을 맞추는 것이여. 그리서 옛말에 이르기를 **"한양 말세**

에는 풀'이파리/잎아리'도 신이 들린다" 하였어.

- 정강우『무당』

속담은 '세상 말세가 되면 온갖 것들이 신이 들린듯 들뜨게 된다.'는 뜻으로 빗대는 말이다.

옛말에도 있지 않습니까. **"사람을 사랑하면 그 집 '지붕/집웅' 위에 앉은 까마귀까지 사랑한다"**고, 하물며 우리 고을 원님을 하등으로 매기셨으니 어찌 이다지도 박정하십니까!

- 박찬수『유머 속의 지혜』

속담은 '누구든지 누군가를 사랑하게 되면 그와 관계된 모든 것을 사랑하게 된다.'는 뜻으로 빗대는 말이다.

'꼬락서니' 겉으로 보이는 사물의 모양 '사람의 모양새나 행태'를 낮잡아 이르는 말이다. 비에 젖은 **꼬락서니**가 가관이다. 날림으로 만들어진 뗏목을 타고서 주걱 모양의 노를 휘저어 열심히 물장구를 치는 그 우스꽝스러운 **꼬락서니**는 미친놈으로 오해받는 것도 무리가 아닐 만큼 진기한 풍경이었다.≪윤흥길, 완장≫

'모가치'는 '몫'에 '-아치'가 붙어서 된 단어이다. 따라서 본 규정을 적용하여 '목사치'로 적을 것이지만 사람들이 그 어원적인 형태를 인식하지 못하며, 또한 발음 형태도 [모가치]로 굳어져 있기 때문에 관용에 따라 '모가치'로 적는다. 몇 사람의 **모가치만** 남기고 나머지 물건들은 처분하였다. 이 재산을 제대로 못 지킬 것 같아서 이제 나도 이 재산 더 축나기 전에 내 **모가치를** 찾아서 쓰겠다는….≪송기숙, 녹두장군≫

'사타구니'는 '샅'을 낮잡아 이르는 말이다. '샅'은 '두 다리의 사이.'를 말한다. **샅** 밑은 익을 대로 익은 홍시 감이 됐는지 얼얼하기만 할 뿐 별로 뜨거운 것을 모르겠다.≪유현종, 들불≫ **샅에서** 요령 소리가 나고 궁둥짝에서 비파 소리가 나게끔 달려오는 동안에….≪윤흥길, 완장≫

그는 두 손을 **사타구니** 속에 찌르고 몸을 웅크리면서 작은아버지에게 갈까 말까 하고 망설였다.≪한승원, 해일≫ 그는 수리봉 쪽을 향해 **사타구니까지** 차오르는 여울목 물을 옷을 입은 채 철벙철벙 건너고 있었던 것이다.≪전상국, 하늘 아래 그 자리≫

'싸라기'는 '부스러진 쌀'을 의미한다. 수탈이 심해 타작마당 쓸고 난 검부러기 속의 **싸라기까지** 골라 바쳐야 했다. 하루 품삯이 오 전, 십 전, 아니면 **싸라기** 됫박이나 얻어서 시래기죽이니 두만이가 뽐낼 만도 하지.≪박경리, 토지≫ '지푸라기'는 '낱낱의 짚. 또는 부서진 짚의 부스러기.'을 말한다. 타작을 하고 난 마당에는 **지푸라기가** 여기저기 널려 있다. 새끼를 꼬고 있었던지 옷에 묻은 **지푸라기를** 떨어낸다.≪박경리, 토지≫ '짜개'는 '콩·팥 등을 둘로 쪼갠 것의 한쪽'을 일컫는다.

제21항 명사나 혹은 용언의 어간 뒤에 자음으로 시작된 접미사가 붙어서 된 말은 그 명사나 어간의 원형을 밝히어 적는다.

1. 명사 뒤에 자음으로 시작된 접미사가 붙어서 된 것
   값지다, 홑지다, 빛깔, 옆댕이

"사람은 죽어서도 '넋두리'가 있는 법인데" 산 입 두었다가 뭐하려고 말을 안허냐?"   ─이문구 『산너머 남촌』
속담은 '사람은 죽어서라도 이런저런 방법으로 넋두리를 하게 된다.' 는 뜻으로 빗대는 말이다.

나무는 '잎사귀'가 떨어져 뿌리만 남게 된 뒤에라야 꽃 핀 가지가 무성하던 잎새가 다 헛된 영화였음을 비로소 알게 되고, **"사람은 죽어서 관뚜껑을 덮은 뒤에라야 자손가 재물이 쓸 데 없음을 알게 된다"**는 말을 덧붙여 줬네.   ─한승원 『갯비나리』

속담은 '아무리 소중하게 여기던 것도 죽게 되면 아무 소용이 없다.'
는 뜻으로 빗대는 말이다.

'값지다'는 '물건 따위가 값이 많이 나갈 만한 가치가 있다.'라는 뜻이
다. **값진** 보석. '홑지다'는 '복잡하지 아니하고 단순하다.'라는 뜻이다.
홑진 세 식구가 불과 하루 사이에 자그마치 20여 명으로 늘어났다.≪김
정한, 인간 단지≫ '빛깔'은 '물체가 빛을 받을 때 빛의 파장에 따라 그
거죽에 나타나는 특유한 빛.'을 일컫는다. 그녀는 울긋불긋 **빛깔이** 요란
한 옷을 입었다. 노을이 비친 호수는 온통 붉은 **빛깔을** 띠고 있다. '옆댕
이'는 '옆'을 속되게 이르는 말이다. 원, 이게 글자람……! 쌍디근에 리을
을 하고, 또 그 **옆댕이다가** ㅎ을 붙이고, 이게 무슨 놈의 천하 괴벽들이
람!≪채만식, 냉동어≫ 비스듬히 마주 보이는 담배 가게 **옆댕이의** 사진
관을 쳐다본다.≪염상섭, 무화과≫ '잎사귀'는 '낱낱의 잎.' 주로 넓적한
잎을 이른다. 감나무 **잎사귀**. 할머니는 떡갈나무 **잎사귀를** 몇 잎 뜯어
다가 그 앞에 깔고 쌀을 부었다.≪김성동, 잔월≫

2. 어간 뒤에 자음으로 시작된 접미사가 붙어서 된 것
늙정이, 덮개, 뜯게질, 갉작갉작하다, 갉작거리다, 뜯적거리다, 뜯적
뜯적하다, 굵다랗다, 굵직하다, 넓적하다, 높다랗다, 늙수그레하다, 얽
죽얽죽하다

"'**낚시**'로 안 잡히고 **고기** 작살로 잡히겠느냐?" 미쓰 조는 네 놈의 심보
를 물 속 들여다 보듯 훤히 들여다 보고 네 놈 대가리 위에 앉아 있다.
－강준희 『쌍놈열전』
속담은 '미끼로 꾀어서도 안 되는 일이 강제로 되겠느냐.'는 뜻으로
빗대는 말이다.

지분덕거릴 때 몰려왔던 정기가 마치 **"가물 만난 보릿대"**처럼 새까맣게 죽어버린 것은 물론이요, 자라 모가지가 좀처럼 **빠져** 나오지 않듯이 사타구니 '깊숙한' 곳으로 잦아들어 잔뜩 움츠러들고 있었다.

— 황석영 『장길산』

속담은 '가뭄에 보릿대가 타 죽어버리듯, 일의 추세나 사람의 힘이 꺾이어 약하게 된다.'는 뜻이다.

어간(語幹)이나 명사(名詞) 아래에 자음으로 시작하는 접미사가 연결되는 경우에는 그 명사나 어간의 형태를 밝히어 적는다.

'늙정이'는 '늙은이를 속되게 이르는 말'이다. '뜯게질'은 '해지고 낡아서 입지 못하게 된 옷이나 빨래할 옷의 솔기를 뜯어내는 일'을 의미한다. '갉작갉작하다'는 '날카롭고 뾰족한 끝으로 자꾸 바닥이나 거죽을 문지르다.', '되는대로 자꾸 글이나 그림 따위를 쓰거나 그리다.' 등의 뜻이다. '뜯적거리다'는 '손톱이나 칼끝 따위로 자꾸 뜯거나 진집을 내다.'라는 뜻이다. 마른 입술을 손톱으로 **뜯적거려** 피가 난다. '늙수그레하다'는 '꽤 늙어보이다.'라는 뜻이다.

'굵다랗다'는 실이 단추를 꿰매기엔 너무 **굵다랗다**. 부지깽이처럼 **굵다란** 몽둥이를 몇 자루 다듬어서는…≪김유정, 형≫ '넓적하다'는 '편편하고 얇으면서 꽤 넓다.'라는 뜻이다. **넓적한** 얼굴. 밀가루 반죽을 홍두깨로 **넓적하게** 편다. '높다랗다'는 '썩 높다.'라는 뜻이다. 울타리가 **높다랗다**. 아직도 해가 **높다랗게** 남아 있었다.≪황석영, 섬섬옥수≫ '늙수그레하다'는 '꽤 늙어 보이다.'라는 뜻이다. 그는 머리가 하얗고 주름이 있어 나이보다 **늙수그레하다**. 어느덧 그는 사십 대 후반의 **늙수그레한** 중년 남자로 변해 있었다. '얽죽얽죽하다'는 '얼굴에 잘고 굵은 것이 섞이어 깊게 자국이 많은 모양'을 뜻한다. **얽죽얽죽한** 얼굴. 그의 얼굴은 **얽죽얽죽하다**.

다만, 다음과 같은 말은 소리대로 적는다.

 (1) 겹받침의 끝소리가 드러나지 아니하는 것
  할짝거리다, 널따랗다, 널찍하다, 말쑥하다, 말짱하다, 실쭉하다, 실
큼하다, 얄따랗다, 얄팍하다, 짤따랗다, 짤막하다

  저만은 영생불사할 줄 아는 멍텅구리가 곧 사람이요, **"남 곯리는 게
저 곯는 게요."** 남 잡이가 저 잡인 줄을 '말끔/맑끔'히 들여다보면서도,
남 잡고 남 곯려서 저만 살찌겠다는 욕심쟁이가 곧 사람이다.

-이희승『묘한 존재』

  속담은 '남의 속을 상하게 하는 게 결국 제 속을 상하게 하는 것이라.'
는 뜻으로 빗대는 말이다.

  벌써 '실컷/싫컷' 자구 일어났수다. 이 할멈처럼 귀가 어깨를 넘게 오
래 사느라면 **"닭의 모가지를 베구 자게 된다우."** 첫닭이 운 게 언제라구.

-홍석중『황진이』

  속담은 '새벽닭 우는 소리를 듣기 위하는 행동으로 여겨 부지런한 사
람.'이라는 뜻으로 빗대어 이르는 말이다.

 (1) 겹받침에서 뒤엣것이 발음되는 경우에는 그 어간의 형태를 밝히어 적고,
    앞의 것만 발음되는 경우에는 어간의 형태를 밝히지 않고 소리 나는
    대로 적는다는 것이다.
  '할짝거리다'는 '혀끝으로 잇따라 조금씩 가볍게 핥다.'라는 뜻이다.
'널따랗다'는 '꽤 넓다.'라는 뜻이다. 아기가 **널따란** 아빠 품에 안겨 잠이
들었다. 작은 문 옆에 차가 드나들 수 있을 만큼 **널따란** 문이 나 있다.
'말쑥하다'는 '지저분함이 없이 말끔하고 깨끗하다.'라는 뜻이다. 아버지
와 나는 휴일에 낙서로 뒤덮여 있던 담벼락을 **말쑥하게** 새로 페인트칠
했다. 빛과 그늘의 경계가 차츰 그 자리를 옮겨 가면서도 선명하게 그어

진 뜰은 **말쑥하게** 비질이 되어 있고, 그 뜰 가득히 가을의 아침이 상냥하게 서렸다.≪이병주, 지리산≫

'말짱하다'는 '정신이 맑고 또렷하다.'라는 뜻이다. 취중에도 정신은 **말짱하시더군요**. 운명할 때까지 의식이 말짱한 병인은 이러한 장황한 감회와 부탁을 남겨 놓고 여러 사람의 기도와 축복 속에 운명을 하였던 것이었다.≪염상섭, 삼대≫ '실쭉하다'는 '어떤 감정을 나타내면서 입이나 눈이 한쪽으로 약간 실그러지게 움직이다.'라는 뜻이다. 남 경사의 말이 채 끝나기도 전에 노파의 눈초리가 실쭉하며 전에 없이 얼굴이 굳어졌다.≪이문열, 사람의 아들≫ 그는 내 말이 듣기 싫은지 입아귀를 실쭉하였다.

'실큼하다'는 '싫은 생각이 있다.'라는 뜻이다. '얄따랗다'는 '꽤 얇다.'라는 뜻이다. 방 안의 나직나직한 속삭임이 **얄따란** 들창의 백지 한 장을 격하여 들리는 것은 분명 남자의 목소리다.≪심훈, 영원의 미소≫ 입술이 **얄따란** 데다 목이 길고, 어딘지 어두운 그늘이 져 있는 듯한 인상이 그 누님들하고 다를 뿐이었다.≪한승원, 해일≫ '얄팍하다'는 '생각이 깊이가 없고 속이 빤히 들여다보이다.'라는 뜻이다. 나는 며칠 후의 **얄팍한** 타산을 계산하고 있었다.≪최인호, 처세술 개론≫ **얄팍하고** 치사스럽게 영악하고 좁은 그 소시민적 생활 자체가 답답하고 따분하기 이를 데 없었다.≪박태순, 어느 사학도의 젊은 시절≫

'짤따랗다'는 '매우 짧거나 생각보다 짧다.'라는 뜻이다. **짤따란** 나무. 키가 **짤따랗다**. '짤막하다'는 '조금 짧은 듯하다.'라는 뜻이다. **짤막한** 인사말. 홍 서방은 만족스럽게 몸을 좌우로 흔들어 대다가 **짤막해진** 꽁초를 버린다.≪박경리, 토지≫

(2) 어원이 분명하지 아니하거나 본뜻에서 멀어진 것

넙치, 올무, 골막하다

봉비천인에 기불탁속이란 말을 누가 한 말인고. 하고 종태는 장풍의 **"코를 '납작하게' 만들어 버렸다."**   ―이병주 『바람과 구름과 비』

속담은 '부끄러워 잔뜩 주눅이 들게 한다.'는 뜻으로 빗대는 말이다.

(2) 어원이 분명하지 않거나 본뜻에서 멀어진 것은 소리 나는 대로 적는다.

'넙치'는 '광어'이다. 고달근이가 씨근거리면서 거사를 일으키는데 그 야말로 **넙치**가 되도록 얻어맞아 몰골이 배추겉절이 꼬락서니였다.≪황석영, 장길산≫ '올무'는 '사람을 유인하는 잔꾀.'라는 뜻이다. 마귀의 **올무에서** 벗어날 방도는 없을까. 지금이라도 예방하는 방법만 있다면 곧 실천을 하고 싶었다.≪이문구, 해벽≫ '골막하다'는 '담긴 것이 가득 차지 아니하고 조금 모자란 듯하다.'는 뜻이다. 뜨거운 죽을 그릇에 담을 때에는 넘지 않도록 **골막하게** 담아라. 주인 여편네는 부엌으로 내려가서 **골막하게** 담긴 시아주비의 밥사발을 들고….≪염상섭, 밥≫ '납작하다'는 '말대답을 하거나 무엇을 받아먹으려고 입을 냉큼 벌렸다가 닫다.', '몸을 바닥에 바짝 대고 냉큼 엎드리다.' 등의 뜻이다. 그는 몸을 **납작하더니** 땅에 엎드렸다.

제22항 용언의 어간에 다음과 같은 접미사들이 붙어서 이루어진 말들은 그 어간을 밝히어 적는다.

1. '―기―, ―리―, ―이―, ―히―, ―구―, ―우―, ―추―, ―으키―, ―이키―, ―애―'가 붙는 것

맡기다, 뚫리다, 쌓이다, 굽히다, 솟구다, 돋우다, 갖추다, 맞추다, 돌이키다, 없애다

"사돈이 물에 빠졌나 왜들 돌아서서 '웃기/우끼'는 왜 웃나" 그래. 내말

정녕 못 믿겠거든 당사자인 형수님께 물어들 보구료 밤 사이에 바지괴춤 한 번 내린 적이 없으니.　　　　　　　　　　　－김주영『객주』

속담은 '괜스레 웃는 사람.'을 두고 빗대어 이르는 말이다.

"사람이 많으면 하늘을 이긴다"고 했다. 다시 사람들을 불러 '일으키/이르키'리라! 이놈들! 내 이제 더는 속지 않는다. 이때 멀지 않은 곳에서 뻐꾸기 울었다.　　　　　　　　　　－박태원『갑오농민전쟁』

속담은 '많은 사람들의 힘을 합하면 무슨 일이라도 해낼 수 있다.'는 뜻이다.

'맡기다' '맡다'의 사동사이며, '어떤 일에 대한 책임을 지고 담당하다.'라는 뜻이다. 소년에게 중요한 임무를 **맡기다.** 집안 살림을 어린 딸에게 **맡기다.** '뚫리다'는 '뚫다'의 피동사이며, '구멍을 내다.'라는 뜻이다. 터널이 **뚫려** 고향 가는 길이 편해졌다. 목적하는 곳이 골목 안에 있을 때 남편은 그 골목이 **뚫려** 있는 곳에서 정확하게 길을 꺾는다.≪한무숙, 어둠에 갇힌 불꽃들≫ '쌓이다'는 '쌓다'의 피동사이며, '여러 개의 물건을 겹겹이 포개어 얹어 놓다.'라는 뜻이다. 책상에 먼지가 **쌓이다.** 발밑에는 옷이 한 무더기 **쌓여** 있었다.≪안정효, 하얀 전쟁≫

'굽히다'는 '굽다'의 사동사이며, '한쪽으로 휘어져 있다.'라는 뜻이다. 허리를 **굽히다.** 나는 우쭐해지는 어깨를 바로 가누며 그들을 향해 두어 번 굽실 허리를 **굽혀** 보였다.≪전상국, 하늘 아래 그 자리≫ '솟구다'는 '몸 따위를 빠르고 세게 날 듯이 높이 솟게 하다.'라는 뜻이다. 산이라야 모두 올망졸망, 어깨를 한번 기껏 **솟구고** 오만을 피워 보려고 하는 것은 하나도 없다.≪이양하, 이양하 수필선≫ 철봉을 하듯 몸을 **솟구어** 창틈을 붙잡고 지붕으로 올라가려다….≪심훈, 상록수≫ '돋우다'는 '돋다'의 사동사이며, '감정이나 기색 따위가 생겨나다.'라는 뜻이다. 화를 **돋우다.** 노인네들의 그 노래도 한탄도 아닌 흥얼거림처럼, 혹은 그 느릿느

릿 젖어 드는 필생의 슬픔처럼 취흥을 **돋울** 만한 소리는 아니었다.≪이청준, 이어도≫

'갖추다'는 '필요한 자세나 태도 따위를 취하다.', '지켜야 할 도리나 절차를 따르다.' 등의 뜻이다. 언제라도 출동할 수 있도록 만반의 태세를 **갖추고** 대기하라. 그는 재빨리 팔뚝으로 그 철없는 풀 모기를 쫓고 다시 후려칠 자세를 **갖추었다.**≪한승원, 해일≫ 홍이와 한복은 상청으로 들어가서 죽은 봉기 노인을 위하여 예를 **갖추고** 난 뒤 상주에게도 인사를 하고 마루로 나왔다.≪박경리, 토지≫

'맞추다'는 '서로 떨어져 있는 부분을 제자리에 맞게 대어 붙이다.'라는 뜻이다. 떨어져 나간 조각들을 제자리에 잘 **맞춘** 다음에 접착제를 사용하여 붙였더니 새것 같았다. 그는 부러진 네 가닥의 뼈를 잡고 그것을 **맞추기** 시작했다.≪김성일, 비워 둔 자리≫ '돌이키다'는 '원래 향하고 있던 방향에서 반대쪽으로 돌리다.'라는 뜻이다. 발길을 **돌이키다.** 정 장군은 돌연히 말 머리를 **돌이켜** 긴 휘파람을 불면서 동구 밖을 향하여 말을 달렸다.≪박종화, 임진왜란≫

다만, '-이-, -히-, -우-'가 붙어서 된 말이라도 본뜻에서 멀어진 것은 소리대로 적는다.

도리다(칼로 ~), 드리다(용돈을 ~), 고치다, 바치다(세금을 ~), 부치다(편지를 ~), 거두다, 미루다, 이루다

교무실에 칼라 테레비 사다 '바치/받치'는 건 큰 호사구 대사업이구먼? 허기는 그려. 원제 **"큰 것을 봤으야 즉은 것을 알지."**

　　　　　　　　　　　　　　　　　　　　　　　－이문구『우리동네』

속담은 '견문이 풍부해야 사리를 제대로 판단할 수 있다.'는 뜻이다.

능동사(能動詞, 주어가 제 힘으로 행하는 동작을 나타내는 동사)에 접

미사가 연결되어 사동사(使動詞, 문장의 주체가 자기 스스로 행하지 않고 남에게 그 행동이나 동작을 하게 함을 나타내는 동사)나 피동사(被動詞, 남의 행동을 입어서 행하여지는 동작을 나타내는 동사)가 되는 경우에는 어간을 밝히어 적는다. 다만 동사의 어원적인 형태는 어간에 접미사 '-이-, -히-, -우-'가 결합한 것으로 해석되더라도 본뜻에서 멀어졌기 때문에 피동이나 사동의 형태로 인식되지 않는 것은 소리 나는 대로 적는다.

'고치다'는 '고장이 나거나 못 쓰게 된 물건을 손질하여 제대로 되게 하다.'라는 뜻이다. 고장 난 시계를 **고치다**. 태석이 부엌 옆의 헛간을 **고치고** 나서 바닥에 지하 창고를 들인 것은 개나리가 필 무렵이었다.≪한수산, 유민≫ '거두다'는 '곡식이나 열매 따위를 수확하다.'라는 뜻이다. 곡식을 **거두다**. 고추를 **거두다**.

'미루다'는 '정한 시간이나 기일을 나중으로 넘기거나 늘이다.'라는 뜻이다. 오늘 일을 내일로 **미루지** 말자. 혼사를 봄으로 **미루게** 됐다는 말을 들은 뒤부터는 닷새 간격 혹은 열흘 간격으로 만났다.≪송기숙, 암태도≫ '이루다'는 '뜻한 대로 되게 하다.'라는 뜻이다. 뜻을 **이루다**. 소원을 **이루다**. 할아버지의 유언을 못 **이룬다면** 나는 죽어서도 그분께 면목이 서질 않는다.

2. '-치-, -뜨리-, -트리-'가 붙는 것

덮치다, 부딪치다, 부딪뜨리다/부딪트리다, 쏟뜨리다/쏟트리다, 젖뜨리다/젖트리다, 찢뜨리다/찢트리다, 흩뜨리다/흩트리다

우리가 여기서 소동을 피워보았자 살범을 가려 낼 방도가 있을지도 의문이고 설령 "한 마라의 토끼는 잡는다손 **치더라고** 그 뒤에 앉은 호랑이는 '놓치/놓이'고 말게 되지." ─ 김주영 『객주』

속담은 '하찮은 앞잡이는 잡아도 뒤에 도사린 큰 세력은 잡지 못한

다.'는 뜻으로 빗대는 말이다.

행렬의 앞에 선 허욱과 김장손과 유춘만이가 소리치자 군정들의 무리는 "**터진 봇물**이 메밀밭을 '덮치/덮이'**듯**" 삽시간에 총통 잡물고를 덮치고 말았다.   - 김주영 『객주』

속담은 '어떤 것들이 거센 힘으로 몰라 덮친다.'는 뜻으로 비유하는 말이다.

'덮치다'는 '들이닥쳐 위에서 내리누르다.'라는 뜻이다. 해일이 부두를 **덮치다**. 육교가 무너지면서 행인을 **덮쳤다**. '부딪치다'는 '부딪다'를 강조한다. '눈길이나 시선 따위가 마주치다.'라는 뜻이다. 김 과장은 무슨 잘못을 저질렀는지 사장과 눈길을 **부딪치기**를 꺼려 했다. 그 젊은 남녀는 시선을 부딪치며 사랑을 속삭이고 있었다. '부딪뜨리다/부딪트리다'는 '세차게 물체와 물체가 마주 닿게 하다.'라는 뜻이다. 콘크리트 벽에다 그의 이마를 무지스럽게 꽝꽝 **부딪뜨렸다**.≪손창섭, 낙서족≫ '쏟뜨리다/쏟트리다'는 '쏟다'를 강조하여 이르는 말이다. 그녀는 이 소설이 그녀의 마지막 소설임을 절감한 듯 이 소설에 심혈을 **쏟뜨렸다**.

'젖뜨리다/젖트리다'는 '힘을 주어 뒤로 기울이다.'라는 뜻이다. 고개를 한껏 뒤로 **젖뜨리다**. 안방 문을 열어 **젖뜨리니까** 병화가 모자를 쓴 채 앉았다가 헤헤 웃어 보이며 일어나 나온다.≪염상섭, 삼대≫ '찢뜨리다/찢트리다'는 '무심결에 찢어지게 하다.'라는 뜻이다. 그 웃음소리는 방 안의 공기를 조각조각 **찢뜨리며**, 창밖의 달빛과 어우러져 싸늘하게 흩어졌다.≪현진건, 적도≫ '흩뜨리다/흩트리다'는 '태도, 마음, 옷차림 따위를 바르게 하지 못하다.'라는 뜻이다. 자세를 **흩뜨리다**. 그는 반 분위기를 **흩뜨리는** 문제아이다.

[붙임] '-업-, -읍-, -브-'가 붙어서 된 말은 소리대로 적는다.

미덥다, 우습다, 미쁘다

늦바람이 용마름 벗긴다는 속담도 있고, 늦바람이나 일바람이나 "**난
봉장이 마음 잡았자 사흘이라고**"도 했으니, 아무려나 '우습/우웁'게 여길
일만은 아닌 것 같았다.　　　　　　　　　　　　　　　－이문구『보리밥』
　속담은 '이미 고질병이 든 사람인지라 마음 고쳐 먹어봤자 얼마 가지
못한다.'는 뜻이다.

　뜻을 강하게 하는 접미사(接尾辭, 파생어를 만드는 접사로, 어근이나
단어의 뒤에 붙어 새로운 단어가 되게 하는 말)가 연결되는 경우에 어간
을 밝히어 적는다. 다만 '－업－, －읍－, －브－'가 붙어서 된 말은 '미
덥다, 우습다, 미쁘다'처럼 소리대로 적는다.
　'미덥다'는 '믿음성이 있다.'라는 뜻이다. 그는 아들이 **미덥지**가 않았
다. 이장수 씨는 그 사실을 보는 것만으로도 든든하고 **미더웠다**.≪최일
남, 거룩한 응답≫ '우습다'는 '재미가 있어 웃을 만하다.'라는 뜻이다.
나는 그의 행동이 **우스워서** 웃음을 참을 수가 없었다. 여자는 함지박의
멍청스러운 얼굴을 **우스워** 못 견디겠다는 듯이 짓궂게 들여다보며….
≪이문희, 흑맥≫ '미쁘다'는 '믿음성이 있다.'라는 뜻이다. 여기저기 눈
치를 살피는 모습이 도무지 **미쁘게** 보이지 않는다. 더욱이 선생께서는
천여 명의 많은 군사로 우리를 도와주신다 하니 **미쁘고** 든든하기 한량
이 없습니다.≪박종화, 임진왜란≫

　제23항 '－하다'나 '－거리다'가 붙는 어근에 '－이'가 붙어서 명사가
된 것은 그 원형을 밝히어 적는다(ㄱ을 취하고 ㄴ을 버림).

ㄱ	ㄴ	ㄱ	ㄴ
깔쭉이	깔쭈기	꿀꿀이	꿀꾸리
눈깜짝이	눈깜짜기	더펄이	더퍼리

배불뚝이	배불뚜이	삐죽이	삐주기
살살이	살사리	쌕쌕이	쌕쌔기
오뚝이	오뚜기	코납작이	코납자기
푸석이	푸서기	홀쭉이	홀쭈기

'ㅡ이'가 붙어서 명사가 된 경우에 그 원형을 밝혀서 적도록 한 것으로 'ㅡ하다'나 'ㅡ거리다'가 붙는 것은 원형을 밝히어 적는다.

'(더펄거리다)더펄이', '(삐죽거리다)삐죽이', '(살살거리다)살살이', '(푸석하다)푸석이'는 통일안에서 '더퍼리, 삐주기, 살사리, 푸서기'로 하였던 것을 이번에 바꾸었다.

'깔쭉이'는 '둘레가 톱니처럼 깔쭉깔쭉하게 생긴 은전(銀錢)'을 속되게 이르는 말이다. '더펄이'는 '성미가 침착하지 못하고 더펄거리는 사람'을 일컫는다. '푸석이'는 '무르고 부스러지기 쉬운 물건'으로 아주 무르게 생긴 사람을 놀림조로 이르는 말이다. **푸석이인** 남편과 달라서 앓지는 않았으나 십여 일이나 갇히었던 동안에 여자의 마음이라….≪염상섭, 삼대≫

'오뚝이[不倒翁]'는 사전에서 '오똑이'로 다루던 것인데 표준어 규정에서 '오뚝이'로 바꾸었으며, 부사도 '오뚝이'로 적는다. 실망하지 말고 **오뚝이처럼** 다시 일어서서 새로 시작해 봐. 결박을 당하고 떼구루루 굴러서 **오뚝이처럼** 벌떡 일어나 앉던 것을 생각해 보고는 혼자 웃었다. ≪염상섭, 무화과≫

[붙임] 'ㅡ하다'나 'ㅡ거리다'가 붙을 수 없는 어근에 'ㅡ이'나 또는 다른 모음으로 시작되는 접미사가 붙어서 명사가 된 것은 그 원형을 밝히어 적지 아니한다.

귀뚜라미, 기러기, 깍두기, 꽹과리, 날라리, 누더기, 동그라미, 두드러기, 딱따구리, 매미, 뻐꾸기, 얼루기, 칼싹두기 그 젊은 친구는 "**낙양의 지가를 올린**" 천재 작가요 나는 번역 '부스러기/부스럭이'나 하는 뭐 그런 처지지만 적어도 문필에 뜻을 두고 있는데 그만한 이래를 못하겠나. ─박경리 『토지』

속담은 '책이 무척 많이 팔린다.'는 뜻으로 비유하는 말이다.

댁네는 지금 나를 심심파적으로 기롱이나 하자고 그러는지는 모르겠으나 "**아이는 장난일지언정 '개구리/개굴이'는 죽을 지경이더라고**" 나는 등골에 식은땀이 흐릅니다. …… ─김주영 『객주』

속담은 '한쪽에서는 가볍게 장난을 치는 일이지만, 상대방은 삶과 죽음의 기로가 된다.'는 뜻으로 빗대어 이르는 말이다.

'꽹과리'는 '풍물놀이와 무악 따위에 사용하는 타악기의 하나.'를 일컫는다. **꽹과리를** 두드리다. 명절이면 마을 사람들이 모여 **꽹과리** 장단에 맞춰 춤을 추기도 하였다. '날라리'는 '언행이 어설프고 들떠서 미덥지 못한 사람을 낮잡아 이르는 말'을 일컫는다. 그 사람은 하는 말을 믿을 수 없는 순 **날라리야**. '누더기'는 '누덕누덕 기운 헌 옷.'을 일컫는다. 거지가 **누더기를** 걸치다.

'얼루기'는 '얼룩얼룩한 점이나 무늬. 또는 그런 점이나 무늬가 있는 짐승이나 물건.'을 말한다. 흰 점이 듬성듬성 박힌 **얼루기는** 형이 좋아하는 말이다. 우리 집 강아지 중에 **얼루기가** 제일 영리하다. 그녀는 늘 **얼루기** 포플린 치마를 입고 있었다. '칼싹두기'는 '밀가루 따위를 반죽하여 굵직굵직하고 조각 지게 썰어서 물에 끓인 음식'을 말한다(수제비).

제24항 '─거리다'가 붙을 수 있는 시늉말 어근에 '─이다'가 붙어서 된 용언은 그 어근을 밝히어 적는다(ㄱ을 취하고 ㄴ을 버림).

ㄱ	ㄴ	ㄱ	ㄴ
깜짝이다	깜짜기다	꾸벅이다	꾸버기다

끄덕이다	끄덕이다	뒤척이다	뒤처기다
들먹이다	들머기다	망설이다	망서리다
번득이다	번드기다	번쩍이다	번쩌기다
속삭이다	속사기다	숙덕이다	숙더기다
울먹이다	울머기다	움직이다	움지기다
지껄이다	지껄이다	퍼덕이다	퍼더기다
허덕이다	허더기다	헐떡이다	헐떠기다

이미 싹수가 노랑 싹수여. 그래도 명색이 한나라 정치를 한다는 놈덜이, "**다람쥐 살림에도 규모가 있고, 뚜께비 눈 '깜짝/깜짜기'에도 요량이 있는 것인디.**"　　　　　　　　　　　　　　　－송기숙『자랏골의 비가』
　　속담은 '어떤 일을 해도 규모와 요령이 있게 해야지, 막무가내로 하는 것이 아니라.'는 뜻으로 빗대는 말이다.

　　이건 한다는 소리가 거짓말을 한다는 등 또 죽은 부모를 "**편삿놈이 널 머리 '들먹거리/들머거리'듯**" 들먹거리는 데야 누군들 좋아할 이치가 있다구요.　　　　　　　　　　　　　　　－채만식『태평천하』
　　속담은 '이치에 맞지 않은 것을 들춰내어 말썽을 부린다.'는 뜻으로 빗대는 말이다.

　　'시늉말(흉내말)'은 '어떠한 사물이나 현상의 소리, 모양, 동작 따위를 흉내 내는 말이며, 의성어와 의태어 따위'가 있다.
　　'깜짝거리다'에서와 같이 '－거리다'가 붙는 어근 '깜짝'에 '－이다'가 연결되는 경우에 '깜짝이다'와 같이 어근의 원형을 밝혀 적음으로써 '깜짝거리다'와 '깜짝이다' 사이의 관련성을 표기에 반영하도록 한 것이다.
누나의 눈이 **깜짝이더니** 이내 조그맣게 웃었다.≪이동하, 우울한 귀향≫
네댓 가지의 신문을 한꺼번에 들이밀면서 녀석은 눈을 **깜짝이며** 물었

다.《조해일, 왕십리》 '꾸벅이다'는 '머리나 몸을 앞으로 많이 숙였다
가 들다.'라는 뜻이다. 머리를 **꾸벅이며** 인사하다. 나는 아주 그들이 내
혐의를 벗겨 주어 기쁘다는 표정으로 서서 연방 **꾸벅이며** "고맙습니다."
라고 인사를 차리고 난 후 홀로 밖으로 나왔다.《최인호, 무서운 복수》
　'들먹이다'는 '어깨나 엉덩이 따위가 자꾸 들렸다 놓였다 하다. 또는
그렇게 되게 하다.'라는 뜻이다. 어깨가 **들먹이고** 있는 것으로 보아 아
직 살아 있는 것이 분명했다.《선우휘, 사도행전》 그녀는 어깨를 **들먹**
이며 울고 있었다. '번득이다'는 '물체 따위에 반사된 큰 빛이 잠깐 나타
나는 모양'을 말한다. 금목걸이가 햇빛에 **번득인다.** 비행기가 햇빛에
은빛 날개를 **번득인다.** '숙덕이다'는 '남이 알아듣지 못하도록 낮은 목소
리로 은밀하게 이야기하다.'라는 뜻이다. 우리는 엄마를 찾아서 우는
아이의 울음소리가 들리면 자식을 버리고 도망간 아이 엄마의 이야기를
숙덕이곤 했다. 그녀는 사람들이 무어라고 **숙덕이든** 전혀 신경을 쓰지
않았다.
　'퍼덕이다'는 '큰 새가 가볍고 크게 날개를 치다.'라는 뜻이다. 새가
날개를 **퍼덕였다.** '허덕이다'는 '힘에 부쳐 쩔쩔매거나 괴로워하며 애쓰
다.'라는 뜻이다. 숨이 차서 **허덕이다.** 물가가 폭등하자 서민들은 생활
고에 **허덕이게** 되었다. 산발을 하고 가슴을 헤친 채 피 흐르는 맨발의
여자가 **허덕이며** 뛰어가는 모습을 보는 것 같았다.《박경리, 토지》

　제25항 '－하다'가 붙는 어근에 '－히'나 '－이'가 붙어서 부사가 되거
나, 부사에 '－이'가 붙어서 뜻을 더하는 경우에는 그 어근이나 부사의
원형을 밝히어 적는다.

　'－하다'가 붙는 어근에는 '급하다, 꾸준하다'처럼 접미사(接尾辭) '－
하다'가 결합하여 용언(用言, 문장의 주체를 서술하는 기능을 가진 동사
와 형용사를 통틀어 이르는 말)이 파생되는 어근 형태소를 말한다. 부

사(副詞, 용언 또는 다른 말 앞에 놓여 그 뜻을 분명하게 하는 품사)에 '-이'가 붙어서 뜻을 더하는 경우란 품사는 바뀌지 않으면서 발음 습관에 따라 혹은 감정적 의미를 더하기 위하여 독립적인 부사 형태에 '-이'가 결합하는 형식을 말한다.

'-하다'는 '1. (일부 명사 뒤에 붙어) 동사를 만드는 접미사. 공부하다/생각하다/밥하다/사랑하다/절하다/빨래하다. 2. (일부 명사 뒤에 붙어) 형용사를 만드는 접미사. 건강하다/순수하다/정직하다/진실하다/행복하다. 3. (의성, 의태어 뒤에 붙어) 동사나 형용사를 만드는 접미사. 덜컹덜컹하다/반짝반짝하다/소근소근하다. 4. (의성, 의태어 이외의 일부 성상 부사 뒤에 붙어) 동사나 형용사를 만드는 접미사. 달리하다/돌연하다/빨리하다/잘하다. 5. (몇몇 어근 뒤에 붙어) 동사나 형용사를 만드는 접미사. 흥하다/망하다/착하다/따뜻하다. 6. (몇몇 의존 명사 뒤에 붙어) 동사나 형용사를 만드는 접미사. 체하다/척하다/뻔하다/양하다/듯하다/법하다' 등이 있다.

1. '-하다'가 붙는 어근에 '-히'나 '-이'가 붙는 경우
   급히, 꾸준히, 도저히, 딱히, 어렴풋이, 깨끗이

충남은 달놀이에서 돌아온 친구들이 왁작 떠들어대는 소리를 '어렴풋이/어렴풋히' 들으며 **코를 베어가도 모를** 만큼 깊은 잠에 곯아떨어지고 말았다.   -홍석중『황진이』

속담은 '어떤 짓을 해도 정신을 못차릴 만큼 깊이 빠졌다.'는 뜻으로 빗대는 말이다.

'급히'는 '사정이나 형편이 조금도 지체할 겨를이 없이 빨리 처리하여야 할 상태로.'라는 뜻이다. 돈이 **급히** 필요하다. 지금 **급히** 쓸 일이 있는데 저금한 돈을 찾아가야 되겠소.≪한용운, 흑풍≫ '꾸준히'는 '한결

같이 부지런하고 끈기가 있는 태도로.'라는 뜻이다. **꾸준히** 준비하다. 줄기찬 연구로 새로운 것을 **꾸준히** 개척할 능력을 지니고 있는 한에서 교수다운 교수가 될 수 있는 것이다.≪이숭녕, 대학가의 파수병≫ '도저히'는 '아무리 하여도.'라는 뜻이다. **도저히** 참을 수가 없다. 그러나 지금의 섭의 수입으로서는 경이의 낭비에 가까운 생활의 사치를 **도저히** 감당해 낼 수 없었다.≪오영수, 비오리≫

'딱히'는 '사정이나 처지가 애처롭고 가엾게.'라는 뜻이다. 처지를 **딱히** 여기다. '어렴풋이'는 '기억이나 생각 따위가 뚜렷하지 아니하고 흐릿하게.'라는 뜻이다. 옛일을 **어렴풋이** 기억해 내다.

[붙임] '-하다'가 붙지 않는 경우에는 반드시 소리대로 적는다.
갑자기, 반드시(꼭), 슬며시

"다 된 농사에 낫들고 덤빈다"더니 누군 아니랍니까. 하지만 '갑자기/갑짜기/갑작이' 광주부중에서 공사를 열어 접장을 다시 차정하고 보부청으로 이문을 올리라는 엄칙이 추상같았으니 봉행할 수밖에 없소.
― 김주영 『객주』
속담은 '일이 다 끝난 다음에 괜히 참견을 한다.'는 뜻으로 빗대는 말이다.

가권을 거두어 연명하는 방도에는 '반드시/반듯이' 그런 고통이 뒤따르지 않으면 **"창공을 날던 매가 오얏나무 가지에 걸린 것"**처럼 평생을 남의 입초에 올라 손가락질만 받고 살게 된다.
― 김주영 『객주』
속담은 '대단한 위세를 부리던 사람이 큰 실수를 한다.'는 뜻으로 빗대는 말이다.

'ㅡ이'나 'ㅡ히'는 규칙적으로 널리 여러 어근(語根, 단어를 분석할 때, 실질적 의미를 나타내는 중심이 되는 부분)에 결합하는 부사화 접미사이다. 명사화 접미사 'ㅡ이'나 동사, 형용사화 접미사 'ㅡ하다', 'ㅡ이다' 등의 경우와 마찬가지로 그것이 결합하는 어근의 형태를 밝히어 적는다. 다만 'ㅡ하다'가 붙지 않는 경우에는 소리 나는 대로 적는다.

'갑자기'는 '미처 생각할 겨를도 없이 급히.'라는 뜻이다. **갑자기** 소나기가 쏟아지기 시작했다. **갑자기** 브레이크를 밟는 바람에 온몸이 앞으로 쏠렸다. '반듯이'는 '작은 물체, 또는 생각이나 행동 따위가 비뚤어지거나 기울거나 굽지 아니하고 바르게.'라는 뜻이다. 원주댁은 **반듯이** 몸을 누이고 천장을 향해 누워 있었다.≪한수산, 유민≫ 머리단장을 곱게 하여 옥비녀를 **반듯이** 찌르고 새 옷으로 치레한 화계댁이….≪김원일, 불의 제전≫ '슬며시'는 '행동이나 사태 따위가 은근하고 천천히.'라는 뜻이다. **슬며시** 눈을 감다. 흉흉하던 민심은 **슬며시** 가라앉고 말았다.≪현기영, 변방에 우짖는 새≫

2. 부사에 'ㅡ이'가 붙어서 역시 부사가 되는 경우
곰곰이, 더욱이, 생긋이, 오뚝이, 일찍이, 해죽이

발음 습관에 따라 혹은 감정적 의미를 더하기 위하여 독립적인 부사 형태에 'ㅡ이'가 결합된 경우는 그 부사의 본 모양을 밝히어 적는다.

'생긋이'는 '눈과 입을 살며시 움직이며 소리 없이 가볍게 웃는 모양.'을 의미한다. 새로 들어온 여사원이 **생긋이** 웃으며 경쾌하게 지나간다. '해죽이'는 '마음이 흐뭇하여 귀엽게 웃는 모양'을 일컫는다. 큰말은 '히죽이', 센말은 '해쭉이'이다. 그 사이에 겨울도 가고 목련(木蓮)이 벌써 하얀 웃음을 **해죽이** 내뿜고 있었습니다.≪최정희, 인맥≫ 세 번째 찾아갔을 때는 원구를 보자 동옥은 **해죽이** 웃어 보인 것이었다.≪손창섭, 비 오는 날≫

제26항 '-하다'나 '-없다'가 붙어서 된 용언은 그 '-하다'나 '없다'를 밝히어 적는다.

1. '-하다'가 붙어서 용언이 된 것
딱하다, 숱하다, 착하다, 텁텁하다, 푹하다

'-하다'는 어근 뒤에 결합하여 동사(動詞, 사물의 동작이나 작용을 나타내는 품사)나 형용사(形容詞, 사물의 성질이나 상태를 나타내는 품사)가 파생되게 하는 요소이므로 이 단어들에서의 '딱, 착' 따위도 어근으로 다루어지는 것이다. 그러므로 '-하다'가 결합된 형식임을 밝히어 적음으로써 형태상의 체계를 유지하는 것이다. '숱하다'는 '썩 많다'라는 뜻이다.
'딱하다'는 '사정이나 처지가 애처롭고 가엾다.'라는 뜻이다. 일에 지친 그의 모습은 보기에도 **딱했다**. 추위에 떨며 구걸하는 아이가 하도 **딱해** 보여서 집 안으로 들어오게 했다. '숱하다'는 '아주 많다.'라는 뜻이다. 하늘에 별이 **숱하게** 있다. 그녀는 얼굴에 엷은 주름살이 **숱하다**. '텁텁하다'는 '입안이 시원하거나 깨끗하지 못하다.'라는 뜻이다. 아버지는 입이 **텁텁해서** 차가운 물을 마셨다.

2. '-없다'가 붙어서 용언이 된 것
부질없다, 상없다, 시름없다, 열없다, 하염없다

'-없다'는 널리 사용되는 것이기 때문에 그 원형을 밝혀 적는 것이 의미를 파악하기에 좋다.
'부질없다'는 '대수롭지 아니하거나 쓸모가 없다.'라는 뜻이다. 이제 와서 이야기해 보았자 **부질없는** 일이긴 하지만 내가 그 일을 했어야 했다. 아무리 애걸해 봐야 **부질없는** 노릇이다. 후성이한테도 저런 형이나 삼촌이 있었으면 좀 좋을까 싶은 **부질없는** 욕심으로 해주댁의 잠자리도 편치가 못했다.≪박완서, 미망≫ '상없다'는 '행동이 보통의 도리에서 벗어나 막되다.'라는 말이다. 어른에게 함부로 그런 **상없는** 소리를 하지 마라. 남의 일에 일일이 참견하고 잔소리를 하는 것도 **상없는** 짓이다. **상없는** 말만 아니면 내 앞에서 말하기 어려울 것 무엇 있소?≪이인직, 모란봉≫

'시름없다'는 '근심 걱정으로 맥이 없다.'라는 뜻이다. 그는 **시름없는** 얼굴로 힘겹게 터벅터벅 걷는다. 모친은 여전히 **시름없는** 목소리로 간신히 대꾸한다.≪이기영, 신개지≫ '열없다'는 '어떤 일이나 사실에 대해 마음이 겸연쩍고 부끄럽다.' 또는 '공연스럽고 멋쩍다.'라는 의미이다. 나는 내 실수가 **열없어서** 얼굴이 붉어졌다. 그는 하릴없이 앉아 있기가 **열없어서** 곁에 있던 잡지를 뒤적거리기 시작했다. '하염없다'는 '한참 동안 어떤 행동을 하면서 특별히 무엇을 한다는 의식이 없는 상태에 있다.'라는 뜻이다. 태임이는 울적하고 **하염없는** 기분으로 치유될 것 같지 않은 그의 의욕 상실을 지켜보았다.≪박완서, 미망≫ 웅보는…흙바닥에 퍼지르고 앉아서 **하염없는** 눈으로 바다의 먼 끝만을 바라보았다.≪문순태, 타오르는 강≫

≫ 제4절 합성어 및 접두사가 붙은 말

합성어(合成語)란 두 개 이상의 실질 형태소(實質形態素)가 모여 따로 한 단어가 된 말이다. 접두사(接頭辭)는 파생어를 만드는 형태소의 하나이다. 어떤 단어의 앞에 붙어 새로운 단어가 되게 하는 말이다.

제27항 둘 이상의 단어가 어울리거나 접두사가 붙어서 이루어진 말은 각각 그 원형을 밝히어 적는다.

국말이, 꺾꽂이, 꽃잎, 끝장, 물난리, 밑천, 부엌일, 싫증, 옷안, 웃옷, 젖몸살, 첫아들, 칼날, 팥알, 헛웃음, 홀아비, 홀몸, 흙내, 값없다, 겉늙다, 굶주리다, 낮잡다, 맞먹다, 받내다, 벋놓다, 빗나가다, 빛나다, 새파랗다, 샛노랗다, 시꺼멓다, 싯누렇다, 엇나가다, 엎누르다, 엿듣다, 옻오르다, 짓이기다, 헛되다

바람과 함께 사라진 지가 언제라구요. **"나비 날자 '꽃잎/꽃닢' 날기"** 아니에요?　　　　　　　　　　　　　　 -이문구『산너머 남촌』
속담은 '남자가 떠나면 여자 또한 떠난다.'는 뜻으로 빗대는 말이다.

때마침 춘궁들 겪느라고 몰골들이 말이 아니랍니다. **"가난의 구제는 나라도 못 당할 일이라더니,"** 매년 이맘때만 되면 여지없이 찾아오는 '굶주림/굼주림'이건만 거기에 대비할 방책이 없으니 참으로 비통한 일이 아닙니까.　　　　　　　　　　　　　 -김주영『활빈도』
속담은 '가난한 사람들을 잘 먹이는 일은 어느 누구도, 심지어는 나라에서도 할 수 없는 일.'이라는 뜻으로 이르는 말이다.

눈만 하나 퀭하게 남겨놓고, '새파랗게/샛파랗게' 사색을 뒤집어 쓴 자랏골 사람들을, **"푸줏간에 소 몰아 넣듯"** 분견소 뒷마당에다 몰아넣어 꿇어앉혀 놓고, 한놈씩 끌어내다 쇠좆몽둥이로 조져댔다.
　　　　　　　　　　　　　　　　　　 -송기숙『자랏골의 비가』
속담은 '어떤 일을 억지로 하게 한다.'는 뜻으로 비유하는 말이다.

둘 이상의 어휘 형태소(語彙形態素, 구체적인 대상이나 동작, 상태를 표시하는 형태소)가 결합하여 합성어를 이루거나 어근에 접두사가 결합하여 파생어를 이룰 때 그 사이에서 발음 변화가 일어나더라도 실질 형태소의 본 모양을 밝히어 적음으로써 그 뜻이 분명히 드러나도록 하

는 것이다. 접두사(接頭辭)가 결합한 것은 '웃옷, 헛웃음, 홀몸, 홀아비, 맞먹다, 빗나가다, 새파랗다, 샛노랗다, 시꺼멓다, 싯누렇다, 엇나가다, 엿듣다, 짓이기다, 헛되다' 등이다.

'국말이'는 '국에 만 밥이나 국수나 밥을 국에 마는 일'을 말한다. 석서방 댁은 톱톱한 **국말이** 밥이라도 한 그릇 먹어 가며 깔깔댔을 것이다. ≪방영웅, 분례기≫ '끝장'은 '일의 마지막.'을 뜻한다. 서두르다가 결정적인 순간을 그르치면 만사는 **끝장이다**. **끝장에** 가서 이긴 자는 함성을 올리고 진 자는 서로 얼싸안고 비탄에 잠긴다.≪선우휘, 사도행전≫ '홀몸'은 '배우자나 형제가 없는 사람.'을 말한다. 사고로 아내를 잃고 **홀몸이** 되었다. 내가 부모도 없고 형제도 없고 **홀몸이니깐** 이 집칸이나 있는 것을 탐내는 놈도 있을 것이고….≪이광수, 흙≫

'낮잡다'는 '제값보다 낮게 치다.'나 '사람을 함부로 낮추어 대하다.'라는 뜻이다. 물건값을 **낮잡아** 부르다. '받내다'는 '몸을 움직이지 못하는 사람의 대소변을 받아 내다.'라는 뜻이다. '벋놓다'는 '벋가게 내버려두다.'나 '잠을 자야 할 때 자지 않고 지내다.'라는 의미이다. 부모가 자식을 너무 **벋놓아서** 버릇이 없다. '싯누렇다'는 '매우 누렇다.'라는 뜻이다. 구석방에서 나온 얼굴이 **싯누런** 사내는 어서 가라는 듯이 손짓해 보인다.≪박경리, 토지≫ 며칠씩 퍼부은 소나기로 홍수가 졌다가 감탕물이 휩쓸고 빠져나간 자리처럼 들판은 온통 **싯누렇다**. ≪유현종, 들불≫

'엎누르다'는 '억지로 내리눌러 못 일어나게 하다.'라는 뜻이다. 모진 돌들은 더펄이의 장딴지며, 넓적다리 엉덩이까지 그대로 **엎눌렀다**.≪김유정, 노다지≫ '짓이기다'는 '함부로 마구 이기다.'라는 뜻이다. 칡뿌리를 **짓이겨** 즙을 내다. 네 얼굴을 이렇게 **짓이겨** 놓은 놈이 누구냐? '헛되다'는 '아무 보람이나 실속이 없다.'라는 뜻이다. 나의 실험이 **헛되었다는** 실책감만이 덩그렇게 남아서 뜬 눈을 감지 못하고 엎치락뒤치락하는 것이었다.≪최인훈, 가면고≫ 그동안 나에게 쏟은 엄마의 정성과 소망을 **헛되게** 하는 건 참 안되었지만 나는 다시 학교에 갈 생각이 없었다.

≪박완서, 그 많던 싱아는 누가 다 먹었을까≫

[붙임 1] 어원은 분명하나 소리만 특이하게 변한 것은 변한 대로
적는다.
할아버지, 할아범

그래서 **"사람은 겉만 보고 모른다고 하는 거야."** 저어기 다리 아래에
자루들 보이지. 그게 다 '할아버지/한아버지'가 주워 모은 깡통과 빈 병
들이야. — 김향이 『달님은 알지요』
속담은 '외모만으로 사람을 판단할 수는 없다.'는 뜻으로 이르는 말이다.

[붙임 1]의 '할아버지', '할아범'은 '한아버지', '한아범'이 바뀐 형태이
다. '큰'이란 뜻을 표시하는 '한'이 '아버지, 아범'에 결합한 형태가 바뀐
것이다.

[붙임 2] 어원이 분명하지 아니한 것은 원형을 밝히어 적지 아니한다.
골병, 골탕, 끌탕, 며칠, 아재비, 오라비, 업신여기다, 부리나케

"가을일 서둘러서 이익 볼 게 없다"지만 뺌만은 해에 할 일은 많으니
서숙 모가지 따는 일 같은 것은 '며칠/몇 일'을 두고 등불 켜놓고 밤에
식구들이 죄다 들러붙어서 한다.
 — 박형진 『모항 막걸리집의 안주는 사람 씹는 맛이제』
속담은 '수확을 하는데 덤벙덤벙했다가는 손실이 많기 때문에 찬찬하
게 해야 한다.'는 뜻으로 이르는 말이다.

이 지게는 무겁지만, 워낙 단단해서 소나무 지게처럼 쉽게 부러지지
않는다. **"참나무 지게 3년이면 '골병/곯병'들어 죽는다."**는 말은 이에서

나왔다.   — 김광언 『지게 연구』

속담은 '참나무 지게는 워낙 단단하고 무겁다.'는 뜻으로 빗대는 말이다.

[붙임 2]는 어원이 분명하지 않은 경우는 당연히 원형을 밝히어 적지 않는다.

'골병(—病)'은 '겉으로 드러나지 아니하고 속으로 깊이 든 병'을 말한다. 오랜 타향살이 때문에 **골병을** 얻었다. 궂은 날이면 허리뼈가 쑤셔 뜨거운 장판에 지져 대곤 했는데, 생각하면 그게 다 그때 얻은 **골병임에** 틀림없었다.≪현기영, 순이 삼촌≫ '골탕'은 '소의 등골이나 머릿골에 녹말이나 밀가루 따위를 묻혀 기름에 지지고 달걀을 씌운 후 이를 맑은 장국에 넣어서 다시 끓여 익힌 국'을 의미한다.

'끌탕'은 '걱정거리로 속을 끓이거나 애를 태우는 것'을 말한다. 누가 어떤 불만으로 **끌탕** 중인지, 이런 자리가 오랜 시간 계속돼 줬으면 하는 건 누군지 물어보지 않고라도 알 만하겠던 것이다.≪이문구, 장한몽≫ '며칠'은 '몇—일(日)'로 분석하기 어려운 것이니 실질형태소인 '몇'과 '일' 이 결합한 형태라면 [면닐→며닐]로 발음되어야 하는데 형식형태소인 접미사나 어미, 조사가 결합하는 형식에서와 마찬가지로 'ㅊ'받침이 내리어져 [며칠]로 발음된다. 이 일은 **며칠이나** 걸리겠니? 지난 **며칠** 동안 계속 내리는 장맛비로 개천 물은 한층 불어 있었다.≪최인호, 지구인≫ '아재비'는 '아저씨의 낮춤말'이다. 서얼에다 손아래인 주제에 촌수 따져 **아재비** 노릇 하려는 것도 꼴 사나왔거니와….≪박완서, 미망≫ '오라비'는 '오라버니의 낮춤말'이다. 아기 아버지가 있을 텐데 **오라비인** 자네가 왜 산모 수발을 맡게 됐나?≪홍성원, 육이오≫ '부리나케'는 '몹시 서둘러서 아주 급하게'라는 뜻이다. 빗방울이 떨어져서 **부리나케** 산을 내려왔다. 나의 떨리는 목소리에 놀란 종형이 큰 부엌으로부터 **부리나케** 방으로 뛰어 들어왔다.≪송영, 투계≫

[붙임 3] '이[齒, 虱]'가 합성어나 이에 준하는 말에서 '니' 또는 '리'로
소리날 때에는 '니'로 적는다.

간니, 덧니, 사랑니, 송곳니, 앞니, 젖니, 틀니, 가랑니, 머릿니

"가래장부는 동네 존위도 몰라본다지." 진이는 놈이를 거들떠보지 않
고 '어금니/어금이'를 찾았다.   —홍석중 『황진이』

속담은 '가랫장부'는 가래질을 할 때 가랫자루를 쥐는 사람. '존위(尊
位)'나 '좌수(座首)'는 마을의 어른을 말한다. '무척 무례하고 분수없는
사람.'을 두고 빗대어 이르는 말이다.

합성어(合成語)나 이에 준하는 구조의 단어에서 실질 형태소는 본 모
양을 밝히어 적는 것이 원칙이지만 '이'의 경우는 예외이다. 독립적 단
어인 '이'가 주격조사 '이'와 형태가 같음으로 해서 생길 수 있는 혼동을
줄이고자 하는 것이다.

'간니'는 '유치(乳齒)가 빠진 뒤 그 자리에 나는 영구치' 또는 '대생치
(代生齒)'라고 한다. '덧니'는 '제 위치에 나지 못하고 바깥쪽으로 나오거
나 안쪽으로 들어간 상태로 난 이'이며, '송곳니'라고도 한다. '송곳니'는
'상하 좌우의 앞니와 어금니 사이에 있는 뾰족한 이'를 말한다. '사랑니'
는 '17세에서 21세 사이에 입의 맨 안쪽 구석에 나는 뒤어금니'를 일컫는
다. '지치(智齒)'라고도 한다. '앞니'는 '앞쪽으로 아래위에 각각 네 개씩
난 이'를 말하며, '문치(門齒), 전치(前齒)'라고도 한다.

'어금니'는 '송곳니의 안쪽으로 있는 모든 큰 이'를 말한다. '구치(臼
齒), 아치(牙齒)'라고도 한다. '윗니'는 '윗잇몸에 난 이', '상치(上齒)'라고
도 한다. '젖니'는 '출생 후 6개월에서부터 나기 시작하여 3세 전에 모두
갖추어지는, 유아기에 사용한 뒤 갈게 되어 있는 이'를 말하며, '젖니,
배냇니'라고도 한다. '톱니'는 '톱의 날을 이룬 뾰족뾰족한 이'로서 '거치
(鋸齒)'라고도 한다. '가랑니'는 '서캐에서 깨어 나온 지 얼마 안 되는 새
끼 이'를 말한다. 머리에는⋯**가랑니와** 서캐가 들끓었고 그 위엔 사철

부스럼 딱지를 벗을 날이 없었다.≪김주영, 객주≫ '머릿니'는 '이목(目) 잇과의 곤충'으로 옷엣니(옷에 있는 이를 머릿니에 상대하여 이르는 말) 보다 작고, 사람의 머리에서 피를 빨아먹는다.

제28항 끝소리가 'ㄹ'인 말과 딴 말이 어울릴 적에 'ㄹ'소리가 나지 아니하는 것은 아니 나는 대로 적는다.

다달이(달−달−이), 따님(딸−님), 마되(말−되), 마소(말−소), 무 자위(물−자위), 바느질(바늘−질), 부나비(불−나비), 부삽(불−삽), 부손(불−손), 소나무(솔−나무), 싸전(쌀−전), 여닫이(열−닫이), 우 짖다(울−짖다), 화살(활−살)

"'마소/말소'의 새끼는 시골로 사람의 새끼는 서울로"의 속담을 그대로 쫓아, 아직 나이 어린 자식의 몸 우에 천만가지 불안을 품었으면서도 ,…….　　　　　　　　　　　　　　　　　　　　−박태원『천변풍경』

속담은 '각기 부류에 걸맞은 좋은 곳으로 보내서 자라도록 해야 한 다.'는 뜻으로 이르는 말이다.

"푸른 '소나무/솔나무'의 절개는 겨울이 되어야 알듯이" 어려운 때를 당하고야 사람의 마음을 알게 된다더니…… 대장부 한번 먹은 마음이 야 한결같아야지.　　　　　　　　　　　　　　−박태원『갑오농민전쟁』

속담은 '고난의 시대라야 올곧은 사람을 알게 된다.'는 뜻으로 비유하 는 말이다.

합성어(合成語)나 파생어(派生語, 실질 형태소에 접사가 붙은 말)에서 앞 단어의 'ㄹ' 받침이 발음되지 않는 것은 발음되지 않는 형태대로 적 는다. 'ㄹ'은 대체로 'ㄴ, ㄷ, ㅅ, ㅈ'앞에서 탈락된다. '무자위'는 '물을 자아올리는 기계'이며, '수차(水車), 양수기(揚水機)'라고도 한다. '부삽' 은 '아궁이나 화로의 재를 치거나, 숯불이나 불을 담아 옮기는 데 쓰는 조그마한 삽'을 말한다. 쇠붙이 따위로 네모가 지거나 둥글게 만들었는데, 바닥이 좀 우긋하고 자루가 달려 있다. 그녀는 아궁이에서 **부삽으로** 불씨를 퍼내어 화로에 담았다 '부손'은 '화로에 꽂아 두고 쓰는 작은 부삽'을 일컫는다. 한 첨지는 손잡이가 부러진 **부손으로** 방 가운데 놓인 놋화로의 벌건 불더미를 헤쳤다.≪김원일, 불의 제전≫

'싸전'은 '쌀과 그 밖의 곡식을 파는 가게.'를 말한다. **싸전** 앞에는 마차가 서 있었고 일꾼들이 **싸전** 안을 들락날락거리며 마차에다 쌀가마를 싣고 있었다.≪김용성, 도둑 일기≫ 상당한 부자로 추측했던 남 경사는 약간 실망한 기분으로 양곡 상회보다는 **싸전으로** 부르는 게 더 알맞을 허름한 점포의 문을 열었다.≪이문열, 사람의 아들≫ '우짖다'는 '울며 부르짖다.'라는 뜻이다. 닭도 개도 **우짖지** 아니하는 첩첩 심산유곡. 짐승들의 **우짖는** 소리만 산에 가득하다. 김 서방은 **우짖듯이** 소리를 내질렀다. 불끈 쥔 두 주먹도 부르릉 떨었다.≪박경리, 토지≫

한자어에서 일어나는 'ㄹ' 탈락의 경우에는 소리대로 적는데 '부당(不當), 부덕(不德), 부자유(不自由)'에서와 같이 'ㄷ, ㅈ' 앞에서 탈락되어 '부'로 소리 나는 경우에는 'ㄹ'이 소리 나지 않는 대로 적는다.

제29항 끝소리가 'ㄹ'인 말과 딴 말이 어울릴 적에 'ㄹ' 소리가 'ㄷ' 소리로 나는 것은 'ㄷ'으로 적는다.

반짇고리(바느질∼), 사흗날(사흘∼), 삼짇날(삼질∼), 섣달(설∼), 숟가락(술∼), 이튿날(이틀∼), 잗주름(잘∼), 푿소(풀∼), 섣부르다(설∼), 잗다듬다(잘∼), 잗다랗다(잘∼)

"한 '숟가락/술가락/숫가락'으로 온 솥의 맛을 알 것이라." 근래에 덕의가 끊어지고 인도가 없어져서 세상이 결딴난 일을 이루다 말할 수 없소.
－안국선『금수회의록』

속담은 '어떤 것의 한 부분을 통해 전체를 짐작한다.'는 뜻으로 이르는 말이다.

길가의 대꾸가 "**차갑기는** '섣달/설달/섯달' **냇물**"인데 이놈아, 고쟁이 열 두 벌을 껴입어도 보일 것은 다 보인다.　　　　－김주영『객주』

속담은 '사람의 언행이 무척 쌀쌀하다.'는 뜻으로 빗대는 말이다.

'ㄹ' 받침을 가진 단어(나 어간)가 다른 단어(나 접미사)와 결합할 때, 'ㄹ'이 [ㄷ]으로 바뀌어 발음되는 것은 'ㄷ'으로 적는다. 합성어나 자음으로 시작된 접미사가 결합하여 된 파생어는 실질 형태소의 본 모양을 밝히어 적는다는 원칙에 벗어나는 규정이지만, 역사적 현상으로서 'ㄷ'으로 바뀌어 굳어져 있는 단어는 어원적인 형태를 밝히어 적지 않는 것이다. 그리고 이 규정의 대상은 'ㄹ'이 'ㄷ'으로 바뀐 것이다.

'반짇고리'는 '바늘, 실, 골무, 헝겊 따위의 바느질 도구를 담는 그릇.'을 말한다. 어머니는 조그만 헝겊 조각까지도 **반짇고리**에 정성스레 담아 놓았다가 옷을 기울 때마다 요긴하게 쓰셨다. '사흗날'은 '셋째 날', '사흘', '초사흗날'이라는 뜻이다. 그는 다음 달 **사흗날**에 돌아오겠다는 말을 뒤로 하고 떠났다. '삼짇날'은 '음력 삼월 초사흗날', '삼월 삼짇날', '삼월 삼질' 등과 같은 뜻이다. 꽃 피는 삼월이라 **삼짇날**에 강남 갔던 제비가 돌아오는구나.

'섣달'은 '음력으로 한 해의 맨 끝 달', '극월(極月)', '사월(蠟月)', '십이월'과 같은 뜻이다. 결혼식 날짜는 해를 넘기지 않으려고 **섣달**로 정했다. 말굽 소리와 말 울음소리는 맵고 찬 섣달 찬바람을 끊는다.≪박종화, 임진왜란≫ '잔주름'은 '옷 따위에 잡은 잔주름.'을 말한다. **잔주름을** 잡다. '설부르다'는 '솜씨가 설고 어설프다.'라는 뜻이다. 지금 저쪽에서는 트집을 못 잡아 안달이니까, 괜히 **설부른** 짓 하지 마라. 저들이 먼저 시비를 걸어 오지 않는 한, **설부른** 행동은 금물이다.

'잗다듬다'는 '잘고 곱게 다듬다.'라는 의미이다. '잗다랗다'는 '꽤 또는

퍽 잘다.'라는 뜻이다(잔다란 글씨/밤톨이 잔다랗다). 준말은 '잔닿다'이
다. '잔다랗다'는 '아주 자질구레하다.'라는 뜻이다. 수영은 원체 입이 무
겁고 말 수효가 적은 사람이라 **잔다란** 사정이나 제 의견을 길게 늘어놓
는 법이 없지만….≪심훈, 영원의 미소≫

제30항 사이시옷은 다음과 같은 경우에 받치어 적는다.

1. 순 우리말로 된 합성어로서 앞말이 모음으로 끝난 경우

(1) 뒷말의 첫소리가 된소리로 나는 것
고랫재, 귓밥, 나룻배, 냇가, 댓가지, 뒷갈망, 맷돌, 머릿기름, 모깃불,
못자리, 바닷가, 뱃길, 볏가리, 부싯돌, 선짓국, 쇳조각, 아랫집, 우렁잇
속, 잇자국, 잿더미, 조갯살, 찻집, 쳇바퀴, 킷값, 핏대, 햇볕, 혓바늘

"한 번 살을 맞은 새가 구부러진 '나뭇가지/나무가지'만 봐두 놀란다"는
말이 바루 너 같은 사람을 두구하는 소리야.

– 홍석중 『황진이』

속담은 '어떤 것에 한 번 놀라면 그 비슷한 것만 봐도 놀란다.'는 뜻으
로 빗대는 말이다.

초면에 거래를 트려는 봉환 같은 뜨내기 처지로선 결국 그보다 더
편리한 거래 방법이 없다는 것을 깨닫게 해주었다. 이른바 **"'낚싯밥/낚
시밥'은 작아도 잉어를 낚는 법이었다."**

– 김주영 『아리랑 난장』

속담은 '아주 낮은 노력을 들이고서 큰 이익을 얻는다.'는 뜻으로 빗
대어 이르는 말이다.

진자리 마른자리 가리감서 손발 잦아지게 키웠더마는 악문을 해도

우짜믄 그렇기 하것노 네 놈은 내 "**가슴에 '맷돌/매돌'을 얹었다!**"
-박경리 『토지』

　속담은 가슴에 무거운 돌을 얹어 놓았다는 뜻으로, '큰 우환거리나 한을 만들어 놓았다.'는 말이다.

　사이시옷(한글 맞춤법에서, 사잇소리 현상이 나타났을 때 쓰는 'ㅅ'의 이름이다. 순 우리말 또는 순 우리말과 한자어로 된 합성어 가운데 앞말이 모음으로 끝나거나 뒷말의 첫소리가 된소리로 나거나, 뒷말의 첫소리 'ㄴ', 'ㅁ' 앞에서 'ㄴ' 소리가 덧나거나, 뒷말의 첫소리 모음 앞에서 'ㄴㄴ' 소리가 덧나는 것 따위에 받치어 적는다.)을 적는 경우는 합성어(合成語)의 경우로, 합성어를 구성하는 있는 두 요소 가운데 순 우리말이고 앞말이 모음으로 끝나는 경우에만 사이시옷을 적을 수 있다. 뒷말의 첫소리 'ㄱ, ㄷ, ㅂ, ㅅ, ㅈ' 등이 된소리로 나는 것이다.

　'고랫재'는 '방고래에 쌓여 있는 재'를 말한다. '뒷갈망'은 '뒷감당.'이라는 뜻이다. 그래도 할 수 있는 노력이라면 **뒷갈망이야** 어찌하든 양수기부터 세내어 져다 놓고 물이 된비알을 기어오르도록 힘껏 해 볼 셈이었다.≪이문구, 우리 동네≫ '모깃불'은 '모기를 쫓기 위하여 풀 따위를 태워 연기를 내는 불.'을 일컫는다. **모깃불을** 피우다. 극성스러운 모기들은 **모깃불마저** 꺼진 터라 마음 놓고 떼를 지어 앵앵거린다.≪최명희, 혼불≫ '볏가리'는 '벼를 베어서 가려 놓거나 볏단을 차곡차곡 쌓은 더미.'를 말한다. '볏가리'는 '벼를 베어서 가려 놓거나 볏단을 차곡차곡 쌓은 더미.'를 일컫는다. 벼 베기가 끝난 논에는 여기저기 **볏가리가** 쌓여 있다. 파르티잔들은…논 한가운데 쌓아 놓은 **볏가리** 속에 숨겨 놓은 곶감을 여러 접 발견했다.≪이병주, 지리산≫

　'우렁잇속'은 '내용이 복잡하여 헤아리기 어려운 일을 비유적으로 이르는 말.'을 뜻한다. 그 녀석의 속마음은 **우렁잇속** 같아서 뭐가 뭔지 알 수가 없다. 아씨가 꼬치꼬치 영악해질수록 산식이는 **우렁잇속처럼**

의뭉스럽게 정작 할 말은 입에 묻고 있는 눈치였다.≪박완서, 미망≫ '쳇바퀴'는 '체의 몸이 되는 부분.'을 말한다. 얇은 나무나 널빤지를 둥글게 휘어 만든 테로, 이 테에 쳇불을 메워 체를 만든다. 이삼십 개는 돼보이는 체를 **쳇바퀴에** 달린 고리로 둥글게 이어서 양쪽 어깨에 걸고 나갔다.≪박완서, 그 많던 싱아는 누가 다 먹었을까≫ 늙은 체 장수 하나가, **쳇바퀴와** 바닥감들을 어깨에 걸머진 채 손에는 지팡이와 부채를 들고 옥화네 주막을 찾아왔다.≪김동리, 역마≫ '킷값'은 '키가 큰 만큼 그에 알맞게 하는 행동을 얕잡아 일컫는 말'이다. 야, 너는 **킷값도** 못하고, 도대체 어쩌자는 것이냐? '햇볕'은 '해의 볕', '햇빛'은 '해의 빛'을 일컫는다. **햇볕이** 쨍쨍 내리쬔다. 산악 지대인 만큼 여름철에도 대낮에 그렇게 따갑게 내리쬐던 **햇볕만** 엷어지면 냉기가 도는 것이다.≪황순원, 나무들 비탈에 서다≫

(2) 뒷말의 첫소리 'ㄴ, ㅁ'앞에서 'ㄴ'소리가 덧나는 것
멧나물, 아랫니, 텃마당, 아랫마을, 뒷머리, 잇몸, 깻묵, 빗물

"차갑기는 섣달 '냇물/내물'"인데, 이놈아, 고쟁이 열 두 벌을 껴입어도 보일 것은 다 보인다. 아주 도륙을 내어 본때를 보여주마.
– 김주영 『객주』
속담은 '사람의 언행이 무척 쌀쌀하다.'는 뜻으로 빗대는 말이다.

뒷말의 첫소리 'ㄴ, ㅁ' 앞에서 'ㄴ'소리가 덧나는 것이다. '멧나물'은 '산나물'을 의미한다. '텃마당'은 '타작할 때에 공동으로 쓰려고 닦아 놓은 마당.'을 말한다. '뒷머리'는 '뒤통수'를 일컫는다. 이장 영감은 종일 사랑방 벽에 **뒷머리를** 기대고 앉아 조용히 눈을 감고 있었다.≪이범선, 학마을 사람들≫ 소 뜯어 먹은 곳처럼 두피가 훤히 드러나 보이는 **뒷머리** 쪽의 흉터를 보이며 안심시켰다.≪이문열, 변경≫ 염상구는 **뒷**

머리로 손을 가져가며 멋쩍은 웃음을 지었다.≪조정래, 태백산맥≫

'깻묵'은 '기름을 짜고 남은 깨의 찌꺼기'를 일컫는다. 흔히 낚시의 밑밥이나 논밭의 밑거름으로 쓰인다. **깻묵** 한 덩어리. 대형 텐트를 차출하여…가장 경치 좋은 물가에다 치고 적잖은 양의 **깻묵을** 미리감치 밑밥으로 던져 넣기도 했다.≪윤흥길, 완장≫ '냇물'은 '내에 흐르는 물.'을 말한다. **냇물에** 들어가 멱을 감는다. 고읍들의 젖줄 노릇을 하는 **냇물이** 들판의 가운데를 꿰뚫어 흐르고 있었다.≪조정래, 태백산맥≫

(3) 뒷말의 첫소리 모음 앞에서 'ㄴㄴ'소리가 덧나는 것
도리깻열, 뒷윷, 두렛일, 뒷일, 뒷입맛, 베갯잇, 욧잇, 나뭇잎, 댓잎

"'**나랏일/나라일**'은 **전례를 따르고 집안일은 선조를 따른다**"는 말이 있으니, 비록 내 뜻대로 결정하여 이렇게 할 수 는 없으나, 사리로 보아서는 의당 이와 같이 해야 하는 것이다.

－『조선왕조실록(정조)』

속담은 '나랏일이나 집안일은 앞서 지켰던 전범이나 조상들이 행했던 바를 따르리라.'는 뜻이다.

뒷말의 첫소리 모음 앞에서 'ㄴㄴ'소리가 덧나는 것이다.

'도리깻열'은 '도리깨채의 끝에 달려 곡식의 이삭을 후려치는 곧고 가느다란 나뭇가지'을 말한다. 휘휘 **도리깻열을** 휘두르다. 매는 **도리깻열을** 하려고 베어다 둔 물푸레나무를 온 동리를 뒤져서 있는 대로 끌어내었다.≪이기영, 봄≫

'뒷윷'은 '윷놀이에서, 윷판의 첫 밭으로부터 앞밭에 꺾이지 않고 그대로 돌아서 아홉째 밭'을 의미한다. '윷놀이'는 윷 네 개의 단면이 반달 모양인 나무도막을 던져서 말을 움직여 노는 한국의 민속놀이이며, '사희(柶戲)' 또는 '척사희(擲柶戲)'라고도 불린다. '윷'의 기원에 대해 성호

이익은 '고려의 유속'이라 했고, 육당 최남선은 '신라시대 이전'이라 했으며, 단재 신채호는 '부여'에 그 기원을 두었으며, 더불어 말하기를 부여의 제가(諸加)인 마가(馬加:말) 우가(牛加:소) 저가(猪加:돼지) 구가(狗加:개)가 윷에 투영되어 각각 도, 개, 윷, 모가 되었다고 말하고 있다. (걸(양)은 의문으로 남겨두고 있으나 걸에 대해선 임금의 자리인 기내(畿內)의 신하에 대한 상징으로 볼 수도 있을 것이다. 고조선의 정치제도였던 오가(五加: 마가, 우가, 양가, 구가, 저가)를 보면 양이 포함되어 있는데 한자에 수놈의 양을 (결)이라고 하고, 큰 양을 갈(羯)이라고 하니 여기에서 걸이 나온 것으로 보인다. 이렇게 하면 돼지, 개, 양, 소, 말이 대략 크기순이고 한 걸음의 크기순이기도 하니 끗수와도 연관이 지어진다. 부여의 관직 이름도 부여의 가축 이름에서 나왔는데 부여의 여섯 가축에는 양과 낙타도 포함되어 있다.

'두렛일'은 '여러 사람이 두레를 짜서 함께 하는 농사일.'을 일컫는다. 고향으로 돌아와서, 그들이 종에서 풀려나 **두렛일로** 일구었던 땅을 소작으로 빌려….≪문순태, 타오르는 강≫ '베갯잇'은 '베개의 겉을 덧씌워 시치는 헝겊.'을 말한다. 눈물은 추적추적 끝없이 **베갯잇을** 적셨다. ≪하근찬, 야호≫ '욧잇'은 '요의 몸에 닿는 쪽에 시치는 흰 헝겊'을 일컫는다. **욧잇을** 뜯어서 빨다. **욧잇** 한복판에 덜 마른 얼룩이 낭자하였으나 사람을 부르기가 성가시어 그대로 요를 뒤집어 깔기로 하였다.≪이문구, 산 너머 남촌≫ '댓잎'은 '죽엽.'이라고 한다. 싸늘한 저녁 바람이 대숲을 훑을 때마다 **댓잎** 서걱대는 소리가 수선스러웠고….≪김원일, 불의 제전≫

2. 순 우리말과 한자어로 된 합성어로서 앞말이 모음으로 끝난 경우

(1) 뒷말의 첫소리가 된소리로 나는 것
귓병, 머릿방, 뱃병, 봇둑, 사잣밥, 샛강, 아랫방, 자릿세, 전셋집, 찻

잔, 찻종, 촛국, 콧병, 탯줄, 핏기, 햇수, 횟가루, 횟배

　박선동은 "'텃세/터세' **높는 뚱개**"처럼 알 듯 모를 듯 우쭐대고 최선경
은 나들이 길에 집을 잃은 영악한 발발이처럼 슬프게도 당황하고 있는
것이었다.　　　　　　　　　　　　　　　　　　－천승세 『사계의 후조』
　속담은 '제 연고지라는 것을 믿고 괜스레 우쭐댄다.'는 뜻으로 빗대는
말이다.

　자기가 생각한 것하고 비슷해서 왕건이는 "'콧병/코병' **난 병아리 꼴**"
로 고개를 떨구고 그 집을 나오는구만.　　　　　－송기숙 『녹두장군』
　속담은 '아주 심하게 졸고 있는 사람.'을 두고 빗대는 말이다.

　'머릿방(－－房)'은 '안방 뒤에 딸린 작은 방.'을 말한다. 무엄하다 싶
을 만큼 거칠게 이불을 젖히는 바람에 **머릿방** 아씨는 눈물 젖은 얼굴을
드러내고 말았다.≪박완서, 미망≫ '사잣밥(使者－)'은 '초상난 집에서
죽은 사람의 넋을 부를 때 저승사자에게 대접하는 밥이다. 밥 세 그릇,
술 석 잔, 벽지 한 권, 명태 세 마리, 짚신 세 켤레, 동전 몇 닢 따위를
차려 담 옆이나 지붕 모퉁이에 놓았다가 발인할 때 치운다.
　'찻잔(茶盞)'은 '차를 따라 마시는 잔.'을 말한다. 찻종보다 높이가 낮
고 아가리가 더 벌어졌다. 윤두명은 갖다 놓은 **찻잔엔** 손도 대지 않고
멍청히 앉아 있었다. ≪이병주, 행복어 사전≫ 성우는 한국식 다도에
따라 **찻잔의** 밑을 왼손으로 받쳐 들고 조금씩 음미하듯이 마셨다.≪이
원규, 훈장과 굴레≫ '찻종(茶鍾)'은 '차를 따라 마시는 종지.'를 일컫는
다. 곱게 달여진 차가 **찻종에** 다소곳이 담겨져 있다. 향긋한 인삼 내가
가볍게 방 안에 떠돈다. 공자 왕기는 **찻종을** 들어 한 모금 마시어 본다.
≪박종화, 다정불심≫
　'촛국(醋－)'은 '음식의 맛이 지나치게 신 것을 가리키는 말이다. 한여

름에 먹는 **촛국이** 또한 별미이다. '탯줄(胎－)'은 '태아와 태반을 연결하는 관.'을 말한다. 이를 통하여 산소와 영양분을 공급하며, 물질대사를 한다. 천들독은 그녀의 귀에 입을 가져다 대고, 걱정 말고 먹으라고, 그게 아기 **탯줄을** 더 튼튼하게 해 주는 약이라고 말했다.≪한승원, 해일≫ 종혁은 아내의 지시대로 실을 꼬아서 어린것의 **탯줄을** 묶었다.≪이정환, 샛강≫

'햇수(－數)'는 '해의 수.'을 의미한다. 근무 **햇수에** 따라 봉급에 차등을 두다. 서울에 온 지 **햇수로** 5년이 되었다. 결혼한 지 삼 년 남짓하지만 **햇수로** 따지면 벌써 오 년째이다. '횟가루(灰－－)'는 '산화칼슘'을 일상적으로 이르는 말이다. 느린 동작으로 **횟가루를** 뿌려 금을 긋는 학생….≪안수길, 북간도≫ '횟배(蛔－)'는 '거위배'이다. **횟배를** 앓다.

(2) 뒷말의 첫소리 'ㄴ, ㅁ'앞에서 'ㄴ'소리가 덧나는 것
   곗날, 제삿날, 툇마루, 양칫물

"가죽 속에 든 복은 누가 훔쳐 가지도 못하고 속이지도 못하는 법," 신랑이든 신부든 제 복만 있다면 비록 혼인식이 초라했을망정 '홋날/후날' 잘 사는 법이요.

　　　　　　　　　　－최래옥『되는 집안은 가지나무에 수박 열린다』

속담은 '제가 타고난 복은 누구라도 어쩌지 못한다.'는 뜻으로 이르는 말이다.

곗날((契－), 제삿날(祭祀－), 홋날(後－), 툇마루(退－), 양칫물(養齒－). '툇마루'는 '원칸살 밖에 달아낸 마루'를 가리킨다. 안채와 바깥채에 있는 마루에는 이미 손님들로 꽉 차 있어 우리는 **툇마루에서** 술상을 받았다.

(3) 뒷말의 첫소리 모음 앞에서 'ㄴㄴ'소리가 덧나는 것
　　가욋일, 사삿일, 예삿일, 훗일

　　국사에 마음을 다한 사람이 도리어 죄구를 받으니 **"나라의 일을 하는 것은 관재를 당하는 근본이다."**는 속담이 있기는 하지만 이는 분언인 것이다.
-『조선왕조실록(선조)』

　　속담은 '나라를 위해 충성을 다하다 보면 관재를 당하는 것이 '예삿일/예사일."이라는 뜻이다.

　　'가욋일(加外－)'은 '필요 밖의 일.'을 의미한다. 일이 다 끝났는데도 작업반장은 우리에게 **가욋일을** 시켰다. '사삿일(私私－)'은 '개인의 사사로운 일.'을 뜻한다. 수양숙이 곁에 모실 때는 대신들이 어디라 감히 버릇없는 언행을 못하더니, 지금은 자기네끼리의 **사삿일이며** 음담패설까지도 하는 것이었다.≪김동인, 대수양≫

　　'예삿일(例事－)'은 '보통 흔히 있는 일.'을 일컫는다. 일이 하도 많아 밤샘 작업이 **예삿일로** 되어 버렸다. 싸움터에선 죽음이 **예삿일** 아닌가.≪이병주, 지리산≫ 산중에서 늑대 우는 것쯤 **예삿일이지만** 이날 밤에는 **예삿일이** 아니게 별의별 괴성을 다 지르며….≪송기숙, 자랏골의 비가≫

　　'훗일(後－)'은 '뒷일'을 뜻한다. **훗일을** 걱정하다. 둘이서 살림을 차리든 송사를 벌이든 **훗일이야** 내가 알 바 아니로되….≪윤흥길, 완장≫ '사삿일'은 '개인의 사사로운 일'을 의미한다. 수양숙이 곁에 모실 때는 대신들이 어디라 감히 버릇없는 언행을 못하더니, 지금은 자기네끼리의 **사삿일이며** 음담패설까지도 하는 것이었다.≪김동인, 대수양≫

　　3. 두 음절로 된 다음 한자어
　　곳간(庫間), 셋방(貰房), 숫자(數字), 찻간(車間), 툇간(退間), 횟수(回數),

"**잘 키운 딸 자식 열 아들 안 부럽다**"더니 잘못 키운 딸이라도 '숫자/수자'가 많으니까 잘 키운 아들은 저리 가라 돌려 세웠다.

— 김수용 『우봉리 사람들』

속담은 '딸을 잘 키워 놓으면 아들 많은 집보다 훨씬 낫다.'는 뜻으로 이르는 말이다.

통일주체 초대 대의원을 지낸 '셋방/세방'의 팽만돌 씨에게 여지없이 "**코뚜레를 잡힌 신세**"가 되어 방세를 주든 말든, 유신찬가를 읊든 말든 일체의 대꾸를 할 수 없게 된 것이었다.

— 이상락 『10·26은 일어나지 않았다』

속담은 '약점을 잡혀 꼼짝 못하게 된다.'는 뜻으로 빗대는 말이다.

'곳간'은 '물건을 간직하여 두는 곳'을 일컫는다. 그들 **곳간에** 가득가득 쌓인 곡식 다음으로 부러운 것은 폭신한 이불이었다.≪송기숙, 녹두 장군≫ 이럴 때 맘씨 좋은 부자가 **곳간을** 열고 우리를 도와주면 평생 그 은혜를 안 잊을 것인데.≪문순태, 타오르는 강≫

'툇간'은 '원칸살 밖에다 딴 기둥을 세워 만든 칸살'을 의미한다.

'횟수'는 '돌아오는 차례의 수효.'를 일컫는다. 감정이 격해지면 술잔 기울이는 **횟수도** 잦아진다.≪박경리, 토지≫

(1) 고유어끼리 결합한 합성어 및 이에 준하는 구조 또는 고유어와 한자어가 결합한 합성어 중 앞 단어의 끝 모음 뒤가 폐쇄되는 구조이다.
 ① 뒤 단어의 첫소리 'ㄱ, ㄷ, ㅂ, ㅅ, ㅈ' 등이 된소리로 나는 것
 ② 폐쇄시키는 [ㄷ]이 뒤의 'ㄴ', 'ㅁ'에 동화되어 [ㄴ]으로 발음되는 것
 ③ 뒤 단어의 첫소리로 [ㄴ]이 첨가되면서 폐쇄시키는 [ㄷ]이 동화되어 [ㄴㄴ]으로 발음되는 것

⑵ 두 글자(한자어 형태소)로 된 한자어 중, 앞 글자의 모음 뒤에서 뒤 글자의
   첫소리가 된소리로 나는 6개 단어에 사이시옷을 붙여 적기로 한 것이다.
   사이시옷 용법을 알기 쉽게 설명하면 아래와 같다.
   ① 개-구멍, 배-다리, 새-집, 머리-말
      앞 단어의 끝이 폐쇄되는 구조가 아니므로, 사이시옷을 붙이지
      않는다.
   ② 개-똥, 보리-쌀, 허리-띠, 개-펄, 배-탈, 허리-춤
      뒤 단어의 첫소리가 된소리나 거센소리이므로, 사이시옷을 붙
      이지 않는다.
   ③ 개-값, 내-가, 배-가죽, 새-길, 귀-병, 기-대, 세-돈, 화-김
      앞 단어의 끝이 폐쇄되면서 뒤 단어의 첫소리가 경음화하여 사
      이시옷을 붙이어
      갯값, 냇가, 뱃가죽, 샛길, 귓병, 깃대, 셋돈, 홧김
   ④ 배-놀이, 코-날, 비-물, 이-몸
      앞 단어의 끝이 폐쇄되면서 자음 동화 현상(ㄷ+ㄴ → ㄴ+ㄴ,
      ㄷ+ㅁ → ㄴ+ㅁ)이 일어나므로, 사이시옷을 붙이어, '뱃놀이,
      콧날, 빗물, 잇몸, 무싯날, 봇물, 팻말'로 적는다. '팻말, 푯말'은
      한자어 '牌, 標'에 '말(말뚝)'이 결합된 형태이므로 '팻말, 푯말'로
      적는 것이다.
   ⑤ 깨-잎, 나무-잎, 뒤-윷, 허드레-일
      앞 단어 끝이 폐쇄되면서 뒤 단어의 첫소리로 [ㄴ]음이 첨가되
      고 동시에 동화 현상이 일어나므로 사이시옷을 붙이어, '깻잎,
      나뭇잎, 뒷윷, 허드렛일, 가윗일'로 적는다.
   ⑥ 고-간, 세-방, 수-자, 차-간, 퇴-간, 회-수
      한자어는 사이시옷을 붙이지 않는 것을 원칙으로 하되, 6개는
      붙인다.
      곳간, 셋방, 숫자, 찻간, 툇간, 횟수

이 규정도 실제로 실무에 적용시킬 때에는 많은 문제점들이 나오고 있다.

① '말'에 대한 것(바닷말, 귀엣말, 시쳇말, 요샛말, 머리말, 혼잣말, 예삿말, 노랫말, 나라말, 흉내말, 공대말, 한자말, 반대말, 풀이말, 인사말, 토박이말, 임자말, 겸사말)

② '일'에 대한 것(가욋일, 사삿일, 예삿일, 두렛일, 허드렛일, 봇일, 농사일, 나라일, 회사일, 가게일, 의회일)

③ '가루'에 대한 것(미숫가루, 계핏가루, 횟가루, 쇳가루, 송홧가루, 조개껍데기가루, 시멘트가루)

④ '날'(刃, 日)에 대한 것(대팻날, 가윗날, 괭잇날, 면도날, 까뀌날, 도 끼날, 단옷날, 가윗날(추석), 제삿날, 무싯날, 무날, 어린이날, 어버 이날, 주의날, 쥐날, 토끼날)

⑤ '물'에 대한 것(낙숫물, 시냇물, 바닷물, 비눗물, 세숫물, 양칫물, 봇물, 개숫물, 허드렛물, 벼룻물, 손숫물, 제깃물, 국수물, 석회물, 설거지물, 창포물)

⑥ '길'에 대한 것(기찻길, 찻길, 뱃길)

⑦ '줄'에 대한 것(고팻줄, 빨랫줄, 전깃줄, 물렛줄, 밧줄, 오랏줄, 철사 줄, 고무줄, 새끼줄, 동아줄, 가시줄)

한 낱말 아래 다시 된소리나 거센소리가 시작되는 낱말과 이어질 경 우에는 '사이시옷'을 받치어 적지 아니한다(반대쪽, 뒤쪽, 개피떡, 허리 띠, 갈비뼈, 뒤편, 아래편, 위턱, 뒤처리, 위층).

제31항 두 말이 어울릴 적에 'ㅂ' 소리나 'ㅎ' 소리가 덧나는 것은 소리대로 적는다.

1. 'ㅂ'소리가 덧나는 것
댑싸리(대ㅂ싸리), 멥쌀(메ㅂ쌀), 볍씨(벼ㅂ씨), 입때(이ㅂ때), 입쌀

(이ㅂ쌀), 접때(저ㅂ때), 좁쌀(조ㅂ쌀), 햅쌀(해ㅂ쌀)

　　"단지에 '좁쌀/조쌀 두 홉 모아 두면 정승을 이 사람아 부른단다니" 기껏 시골 장사치로 사과네 선달입네 사고 팔아 눈에 보이는 게 없구먼.
　　　　　　　　　　　　　　　　　　　　　　　－황석영『장길산』
　　속담은 '아주 하찮은 재물이나 권세를 믿고 함부로 행동하는 사람.'을 두고 빗대는 말이다.

　　합성어(合成語)나 파생어(派生語)에 있어서는 뒤의 단어가 핵어가 되는 것이므로 '쌀[米,] 씨[種], 때[時]' 따위의 형태를 고정시키고 'ㅂ'을 앞 형태소의 받침으로 붙여 적는다.
　　'멥쌀'은 '메벼에서 나온 차지지 않은 쌀'로, '갱미(秔米), 경미(粳米)'라고도 한다. 양력설인데 서흥수네는 양력설 명절에 돼지 한 마리, 닭도 여러 마리를 잡을 뿐 아니라 쌀도 찹쌀, **멥쌀** 합하여 다섯 가마니를 떡을 하고 술을 거른다고 하였다.≪최정희, 풍류 잡히는 마을≫ '입때'는 '어떤 행동이나 일이 이미 끝나거나 이뤄졌어야 함에도 그렇게 되지 않은 상태에 있음을 불만스럽게 여기는 뜻'을 나타내는 말이며, '바람직하지 않거나 부정적인 행동이나 일이 현재까지 계속되어 옴'을 나타내는 말이고, '여태'라고도 한다. "왜 **입때** 자지를 않소." 아사달은 아내의 앞에 주저앉으며 번연히 아는 잠 안 자는 까닭을 물었다.≪현진건, 무영탑≫ 월이 많이 흘러간 지금에 와서도 그때의 일이 통 잊히지가 않는구먼. 하지만 나는 이날 **입때까지** 그때의 내 결정을 한 번도 후회해 본 일이 없었네.≪이청준, 키 작은 자유인≫
　　'입쌀'은 '멥쌀을 잡곡에 대하여 이르는 말'이며, '도미(稻米)'라고도 한다. 해주댁은 **입쌀이** 한 톨도 안 섞인 조밥을 이렇게 변명했다.≪박완서, 미망≫ '접때'는 '며칠 되지 않은 과거의 그 때를 막연하게 이르는 말'이며, '향래(向來), 향시(向時), 향자(向者)'라고도 한다. 저 사람은 **접**

때보다 더 건강하고 씩씩해진 것 같다. 그 남자는 **접때부터** 자기를 한 번만 만나 달라고 조른다. '햅쌀'은 '그 해에 새로 수확한 쌀'이며, '신미 (新米)'라고도 일컫는다. 추석에는 **햅쌀로** 밥을 지어 차례를 지냈다. 해마다 가을 명절에는 **햅쌀로** 송편을 빚는다.

'햇살'은 '해의 내쏘는 광선'을 말한다. 창문으로 따사로운 봄 **햇살이** 비껴 들어왔다. **햇살에** 반짝이는 물줄기 속으로 아버지의 옛 모습이 떠올랐다.≪김원일, 노을≫ '해별'은 '해가 내리쬐는 뜨거운 기운.'을 뜻한다. **햇볕이** 쨍쨍 내리쬔다. 산악 지대인 만큼 여름철에도 대낮에 그렇게 따갑게 내리쬐던 **햇볕만** 엷어지면 냉기가 도는 것이다.≪황순원, 나무들 비탈에 서다≫

2. 'ㅎ'소리가 덧나는 것
    머리카락(머리ㅎ가락), 살코기(살ㅎ고기), 수캐(수ㅎ개), 수컷(수ㅎ것), 수탉(수ㅎ닭), 안팎(안ㅎ밖), 암캐(암ㅎ개), 암컷(암ㅎ것), 암탉(암ㅎ닭)

주제에 '수컷/숳것/숫것'이라고 다리 들고 오줌 누는 것은 일찌감치 배웠어! 선우지숙은 **"콩밥은 누를수록 좋다"**는 말을 늘 생각했다.
                                                                             ─한승원『까마』
    속담은 '못난 사람은 못난 짓을 할수록 다루기가 좋다,'는 뜻으로 빗대는 말이다.

"안는 '암탉/암닭' 잡아먹자고 조를 늙은이로군." 이젠 아주 서울에 데려다가 콩나물 안방차지 제 차지를 만들구 싶어 몸살인안 되는 사라믄?
                                                                             ─홍석중『황진이』
    속담은 '분별없는 짓을 한다거나, 아까운 줄 알면서도 할 수 없이 일을 저지른다.'는 뜻으로 빗대는 말이다.

'ㅎ' 종성 체언(終聲體言)이었던 '머리[頭], 살[肌], 수[雄], 암[雌]' 등에 다른 단어가 결합하여 이루어진 합성어 중에서 [ㅎ]음이 첨가되어 발음되는 단어는 소리 나는 대로 적는다.

'머리카락'은 '머리털의 낱개.'를 일컫는다. 남편의 탄 입술, 거뭇거뭇하게 난 수염, 흐트러진 **머리카락**, 그것은 차마 못 볼 광경이었다.≪이광수, 흙≫ 질린 듯 상기되어 있는 얼굴 위로 **머리카락** 몇 올이 흘러내려 있었다.≪조정래, 태백산맥≫ '수컷'은 '암수의 구별이 있는 동물에서 새끼를 배지 아니하는 쪽.'을 말한다. 면양 **수컷** 한 마리. 뱀은 배 아래가 불룩한 것이 **수컷이다**. '안팎'은 '사물이나 영역의 안과 밖.'을 일컫는다. 나라 **안팎에서** 성금을 모금하다. 새로 지은 건물의 **안팎을** 둘러보았다. '암캐'는 '개의 암컷'을 말한다. **암캐가** 새끼를 낳았다. 그는 문득 몇 년 전에 길렀던 **암캐** 누렁이 생각이 떠올랐다.≪문순태, 타오르는 강≫

▒▒ 제5절 준말

준말은 둘 이상의 음절(音節, 하나의 종합된 음의 느낌을 주는 말소리의 단위)로 된 말을 줄여서 간단하게 한 말이다. '사이'가 '새'로, '마음'이 '맘'으로 된 것 따위가 있다.

제32항 단어의 끝 모음이 줄어지고 자음만 남은 것은 그 앞의 음절에 받침으로 적는다.

(본말)	(준말)	(본말)	(준말)
기러기야	기럭아	어제그저께	엊그저께
어제저녁	엊저녁	가지고, 가지지	갖고, 갖지
디디고, 디디지	딛고, 딛지		

사람의 후분이 좋으려면 초년 고생을 한다더니 계옥이 좋으려고 그렇던지, 사사이 괴어 돌아가 '온갖/온가지' 일을 모두 **"마른 수숫잎 틀리듯"** 벗나는 때라.　　　　　　　　　　　　－육정수『송뢰금』

　속담은 '일이 잘 되지 않고 어긋난다.'는 뜻으로 빗대는 말이다.

　단어(單語, 분리하여 자립적으로 쓸 수 있는 말이나 이에 준하는 말이나 그 말의 뒤에 붙여서 문법적 기능을 나타내는 말) 또는 어간(語幹, 활용어가 활용할 때에 변하지 않는 부분)의 끝 음절 모음이 줄어지고 자음만 남는 경우, 그 자음을 앞 음절의 받침으로 올려붙여 적는다. 결국 실질 형태소가 줄어진 경우에는 줄어진 형태를 밝히어 적는다. 체언(體言, 문장의 몸체가 되는 자리에 쓰이는 명사, 대명사, 수사를 통틀어 이르는 말)에 독립격조사가 연결되어 부르는 말이 되는 경우, 체언이 모음으로 끝나면 '야', 자음으로 끝나면 '아'가 연결된다.

　'엊그저께'는 '바로 며칠 전.'을 일컫는다. 바로 **엊그저께의** 일 같은데 벌써 일 년이 지났다니 세월 참 빠르다. **엊그저께까지만** 해도 멀쩡했던 사람이 죽었다니 정말 믿을 수가 없다. '엊저녁'은 '어제저녁'의 준말이다. 나는 **엊저녁과** 같은 일이 또 생길까 봐 겁이 났다. **엊저녁** 꿈에 말이지, 아주 예쁜 여자가 나를 껴안지 않았겠나.≪장용학, 요한 시집≫ '온갖'은 '이런저런 여러 가지의.'라는 뜻이다. 형은 이번 일을 성사시키기 위하여 **온갖** 수단을 다 써 봤으나 결국은 실패하고 말았다. 그는 사람과 화려한 네온과 넘치는 차들과 소음과 **온갖** 소리와 말소리, 음악 소리에 질식해서 죽을 것만 같았다.≪최인호, 지구인≫

　제33항 체언과 조사가 어울려 줄어지는 경우에는 준 대로 적는다.

(본말)	(준말)	(본말)	(준말)
그것이	그게	그것으로	그걸로
나는	난	나를	날

너는	넌	너를	널
무엇이	뭣이/무에		

자네의 수중에 만 냥이 들어간다면 '그것은/그건' "**바늘구멍으로 소몰아 넣는 것**"이나 진배없는 일 일걸세.　　　　－김주영『객주』
　속담은 '도저히 가능하지 않은 일을 하려 한다.'는 뜻으로 빗대는 말이다.

　"**자식이란 잘 길러야 반 타작,**" 예부터 전해온 이런 말은 '무엇을/뭣을/무얼/뭘' 의미할까. 대역이란 천연두병이며 소역이란 홍역을 의미한다.
　　　　　　　　　　　　　　　　　　　　－유안진『도리도리 짝짜꿍』
　속담은 '병을 제대로 고칠 수 없었던 옛날, 자식을 많이 희생시킬 수밖에 없다.'는 뜻에서 비롯된 말이다.

　체언(體言)과 조사(助詞)가 결합할 때 어떤 음이 줄어지거나 음절 수가 줄어지는 것은 그 본 모양을 밝히지 않고 준 대로 적는다.
　'무엇을'은 '모르는 사실이나 사물을 가리키는 지시 대명사.'를 말한다. 저 꽃의 이름은 **무엇일까**? 그가 **무엇** 때문에 그렇게 고민을 하는지 궁금하다. 강가에 떠 있는 저 배들은 모두 다 **무엇을** 실은 배들입니까? ≪박종화, 임진왜란≫

　제34항 모음 'ㅏ, ㅓ'로 끝난 어간에 '-아/-어, -았-/-었-'이 어울릴 적에는 준 대로 적는다.

(본말)	(준말)	(본말)	(준말)	(본말)	(준말)	(본말)	(준말)
가아	가	가았다	갔다	나아	나	나았다	났다
타아	타	타았다	탔다	서어	서	서었다	섰다
켜어	켜	켜었다	켰다	펴어	펴	펴었다	폈다

그래서 "**다리뼈가 맏아들이다**," 정강이가 맏아들보다 낫다, 발이 의붓자식보다 낫다. '나아/나'가서는 발이 효도 자식보다 낫다는 속담이 생기게 된 것이다. －이응백『아름다운 우리말을 찾아서』

속담은 '다리가 튼튼하면 마음 놓고 행동 할 수 있어 마치 맏아들처럼 소중하다.'는 뜻으로 빗대는 말이다.

모음(母音) 'ㅏ, ㅓ'로 끝난 어간에 '－아/－어'가 붙는 형식에서는 '아/어'가 줄어지며, '－았－/－었－'이 붙는 형식에서는 '아/어'가 줄어지고 'ㅆ'만 남는다. 다만 'ㅅ' 불규칙 용언의 어간에서 'ㅅ'이 줄어진 경우에는 '아/어'가 줄어지지 않는다(낫다→나아, 나아서, 나아도, 나아야, 나았다).

[붙임 1] 'ㅐ, ㅔ' 뒤에 '－어, －었－'이 어울려 줄 적에는 준 대로 적는다.

(본말)	(준말)	(본말)	(준말)
개어	개	개었다	갰다
베어	베	베었다	벴다
세어	세	세었다	셌다

"**담비 집 보고 꿀 돈 '내어/내' 쓴다**."는 속담도 있는데 이것은 무슨 뜻인가? 담비가 꿀을 좋아한다. 그래서 담비 집을 보면 꿀이 있는 줄 안다.
－최래옥『말이 씨가 된다』

속담은 '무척 성급한 사람.'을 두고 빗대어 이르는 말이다.

어간(語幹)의 끝 모음 'ㅐ, ㅔ' 뒤에 '－어, －었－'이 붙을 때 '어'가 줄어지기도 한다. 다만 어간 모음 'ㅏ' 뒤에 접미사 '－이'가 결합하여 'ㅐ'로 줄어지는 경우는 '어'가 줄어지지 않는다(우묵우묵(파이어→패어) 있다.).

'개다'는 '흐리거나 궂은 날씨가 맑아지다.'라는 뜻이다. 비가 **개다**. 아침부터 오던 눈이 **개고** 하늘에는 구름 한 점 없다. '내다'는 '연기나 불길이 아궁이로 되돌아 나오다.'라는 뜻이다. 바람이 어느 쪽에서 불든지 우리 아궁이는 불이 **내지** 않는다.

[붙임 2] '하여'가 한 음절로 줄어서 '해'로 될 적에는 준 대로 적는다.

(본말)	(준말)	(본말)	(준말)
더하여	더해	더하였다	더했다
흔하여	흔해	흔하였다	흔했다

"당'해/하여'서 **못 당하는 일이 없다**"는 속담도 있고 생각하기보다 당하기가 낫다는 옛말도 있다. 사람에게 있어 죽음보다 더 무섭고 겁나는 일은 없지만 죽음 그 자체보다는 죽음을 생각하고 죽음을 기다리고 죽음에 이르는 고통이 더 무서운 것이다.

― 원종익 『생각하기보다 당하기가 낫다』

'하여'는 '여' 불규칙 용언(不規則用言)이므로 '하아'로 되지 않고 '하여'로 된다. 이 '하여'가 한 음절로 줄어진 형태는 '해'로 적는다.

'흔하다'는 '보통보다 더 자주 있거나 일어나서 쉽게 접할 수 있다.'라는 뜻이다. 요즘은 딸기가 **흔하다**. 아이들끼리 놀다 싸우는 것은 **흔하게** 있는 일이다. 이 운동화는 너무 **흔해서** 웬만한 학생은 다 하나씩 가지고 있다.

제35항 모음 'ㅗ, ㅜ'로 끝난 어간에 '-아/-어, -았-/-었-'이 어울려 'ㅘ/ㅝ, ㅘㅆ/ㅝㅆ'으로 될 때에는 준 대로 적는다.

(본말)	(준말)	(본말)	(준말)
꼬아	꽈	꼬았다	꽜다

보아	봐	보았다	봤다
쏘아	쏴	쏘았다	쐈다
쑤어	쒀	쑤었다	쒔다

"아이 기르다 보면 반 의원도 되고 반 무당도 된다."는 말이 있다. 그냥 '둬/두어'도 나을 병인지, 배가 고픈 건지 아픈 건지, 거짓말인지 참말인지…… 할머니들은 신통하게 잘 알고들 계신다.

―김대행『문학이란 무엇인가』

속담은 '아이를 기르다보면 온갖 정성과 노력이 들어야 한다.'는 뜻으로 이르는 말이다.

역사 시간에는 좀 들어가 '줘/주어'. "콩새 앉는데 왜 촉새가 나스는 겨" 나는 당최 무슨 소린지 경오를 모르겠응께 동네 유선방송들을 잠깐 들어가 주셔.

―이문구『우리동네』

속담은 자신과 전혀 관계없는 일에 주제를 모르고 나선다.'는 뜻으로 빗대는 말이다.

모음(母音) 'ㅗ, ㅜ'로 끝난 어간에 '―아/―어'가 붙어서, 'ㅘ/ㅝ'로 줄어지는 것은 'ㅘ/ㅝ'로 적는다. 또한 ' ― 았 ― / ― 었 ― '이 났/었'으로 줄어지는 것은 '놨/눴'으로 적는다.

'꼬다'는 '몸의 일부분을 이리저리 뒤틀다.'라는 뜻이다. 다리를 **꼬다**. 삼득이는 아버지의 낫 쥔 팔을 두 손으로 비틀어 **꼬았다**.≪황순원, 카인의 후예≫ '쏘다'는 '활이나 총, 대포 따위를 일정한 목표를 향하여 발사하다.'라는 뜻이다. 장수는 방금 화살을 당기어 **쏘려던** 활을 멈추어 옆에 끼고 그대로 말을 달렸다.≪박종화, 임진왜란≫ 궁수는 날카로운 화살로 적의 장수를 **쐈다**. 그 어린아이를 총으로 **쏘다니** 끔찍한 일이다. '쑤다'는 '곡식의 알이나 가루를 물에 끓여 익히다.'라는 뜻이다. 메주를

쑤다. 옛날부터 동짓날이 되면 팥죽을 **쑤었다**.

[붙임 1] '놓아'가 '놔'로 줄 적에는 준 대로 적는다.
'놓아 → 노아 → 놔'처럼 어간 받침 'ㅎ'이 줄면서 두 음절이 하나로 줄어진다.

[붙임 2] 'ㅚ' 뒤에 '-어, -었-'이 어울려 'ㅙ, ㅙㅆ'으로 될 적에도 준 대로 적는다.

(본말)	(준말)	(본말)	(준말)
괴어	괘	괴었다	괬다
뵈어	봬	뵈었다	뵀다
쇠어	쇄	쇠었다	쇘다
쐬어	쐐	쐬었다	쐤다

졸업도 얼마 안 남았고, 한 시간씩만 빨리 일어나면 '돼/되어'요. **"가난이 일찍 철들게 하고 효자도 만든다더니"** 아들은 이렇게 대견스럽게 말했다.
　　　　　　　　　　　　　　　　　　　　　　　　　－조정래『한강』

속담은 '가난에서 벗어나려 이런저런 궁리도 하고 실제 일도 하게 되니 일찍 철들고, 효자가 되기 쉽다.'는 뜻으로 이르는 말이다.

어간 모음 'ㅚ' 뒤에 '-어'가 붙어서 'ㅙ'로 줄어지는 것은 'ㅙ'로 적는다. 또한 어간 모음 'ㅚ' 뒤에 '-었-'이 어울려 'ㅙㅆ'으로 줄어지는 것은 'ㅙㅆ'으로 적는다.

'괴다'는 '물 따위의 액체나 가스, 냄새 따위가 우묵한 곳에 모이다.'라는 뜻이다. 마당 여기저기에 빗물이 **괴어** 있다. 연기가 안개처럼 골짜기에 가득 **괴어** 빠져나가지를 못했다. ≪문순태, 피아골≫

'쇠다'는 '채소가 너무 자라서 줄기나 잎이 뻣뻣하고 억세게 되다.'라는 뜻이다. 나물이 **쇠다**. 들판의 싱아도 여전히 지천이었지만 이미 **쇠서** 먹을 만하지는 않았다.≪박완서, 그 많던 싱아는 누가 다 먹었을까≫ '쐬다'는 '얼굴이나 몸에 바람이나 연기, 햇빛 따위를 직접 받다.'라는 뜻이다. 교외로 나가 맑은 공기를 **쐬었다**. 볕을 **쐬지** 못한 얼굴은 많이 상해 있어서 광대뼈가 드러나고 눈 밑이 거무스름했다.≪한수산, 부초≫ 나는 선실로 들어갈 생각도 없이 으스름한 갑판 위에 찬바람을 **쐬어** 가며 웅숭그리고 섰었다.≪염상섭, 만세전≫

제36항 'ㅣ' 뒤에 '-어'가 와서 'ㅕ'로 줄 적에는 준 대로 적는다.

(본말)	(준말)	(본말)	(준말)
가지어	가져	가지었다	가졌다
견디어	견뎌	견디었다	견뎠다
다니어	다녀	다니었다	다녔다
버티어	버텨	버티었다	버텼다
치이어	치여	치이었다	치였다

이 길은 산이 '막혀/막히어' 못 오며 물이 막혀 못 옵니까? **"토란 잎에 이슬"** 같은 우리 인생, 양반이나 중인이나 한번 가면 돌아올 줄 모르는 저승길이 되옵니다. -오성찬 『한 공산주의자를 위하여』
속담은 '인생살이가 아주 허망하다.'는 뜻으로 빗대는 말이다.

접미사(接尾辭, 파생어를 만드는 접사로, 어근이나 단어의 뒤에 붙어 새로운 단어가 되게 하는 말) '-이, -히, -기, -리, -으키, -이키' 뒤에 '-어'가 붙은 경우도 준 대로 적는다. '녹이어 → 녹여, 업히어 → 업혀, 굶기어 → 굶겨, 굴리어 → 굴려, 일으키어 → 일으켜, 돌이키 어 → 돌이켜' 등이 있다.
'가지다'는 '손이나 몸 따위에 있게 하다.'라는 뜻이다. 동생이 공을

가지고 학교에 갔다. 그는 책을 **가지러** 서재에 간다. '다니다'는 '어떤 볼일이 있어 일정한 곳을 정하여 놓고 드나들다.'라는 뜻이다. 여동생은 요즘에는 남자 미용사가 있는 그 미장원에만 **다닌다**. 아버지는 얼마 전부터 약수터를 **다니기** 시작하셨다. 점심을 먹기 위해 그 음식점을 **다니면서** 주인과 안면을 익히게 되었다.

'버티다'는 '어려운 일이나 외부의 압력을 참고 견디다.'라는 뜻이다. 그는 갖은 악조건에도 불구하고 오지에서 한 달 동안 **버텨** 냈다. 일년 내내 바바리코트 하나만으로 **버텨** 온 자신의 가난을 생각하고 그녀는 잠시 웃음을 띠었다.≪이동하, 도시의 늪≫ '치이다'는 '피륙의 올이나 이불의 솜 따위가 한쪽으로 쏠리거나 뭉치다.'라는 뜻이다. 이 옷은 올이 한쪽으로 **치였다**.

제37항 'ㅏ, ㅕ, ㅗ, ㅜ, ㅡ'로 끝난 어간에 '-이-'가 와서 각각 'ㅐ, ㅖ, ㅚ, ㅟ, ㅢ'로 줄 적에는 준 대로 적는다.

(본말)	(준말)	(본말)	(준말)
싸이다	쌔다	펴이다	폐다
보이다	뵈다	누이다	뉘다
뜨이다	띄다	쓰이다	씌다

어간(語幹) 끝 모음 'ㅏ, ㅕ, ㅗ, ㅜ, ㅡ' 뒤에 '-이-'가 결합하여 'ㅐ, ㅖ, ㅚ, ㅟ, ㅢ'로 줄어지는 것은 'ㅐ, ㅖ, ㅚ, ㅟ, ㅢ'로 적는다. 형용사(形容詞, 사물의 성질이나 상태를 나타내는 품사)와 접미사 '-스럽(다)'에 '-이'가 결합한 '스러이'가 '-스레'로 줄어지는 경우도 준 대로 적는다(새삼스러이→새삼스레, 천연스러이→천연스레).

'쌔다'는 '싸이다'의 준말이다. 어머니가 끼시던 가락지가 새하얀 한지에 꽁꽁 **쌔어** 있었다. 손수건으로 **쌘** 도시락. '폐다'는 '펴이다'의 준말이다. 형편이 영 **폐지** 않는다. '뉘다'는 '누이다'의 준말이다. 지게를 **뉘어**

놓고 그들은 그 위에서 피곤한 몸을 푼다.≪이어령, 흙 속에 저 바람 속에≫ '띄다'는 '뜨이다'의 준말이다. 빨간 지붕이 눈에 **띄는** 집. 요즘 들어 형의 행동이 눈에 **띄게** 달라졌다. '씌다'는 '쓰이다'의 준말이다. 할아버지의 유언장에 **씌어** 있는 내용은 아무도 알 수 없었다. 열차 시간 표에 **씌어** 있는 대로 기차는 정각에 출발했다. 칠판에는 '휴강'이라고 **씌어** 있었다.

제38항 'ㅏ, ㅗ, ㅜ, ㅡ'뒤에 'ㅡ이어'가 어울려 줄어질 적에는 준 대로 적는다.

(본말)	(준말)	(본말)	(준말)
보이어	뵈어/보여	쏘이어	쐬어/쏘여
누이어	뉘어/누여	뜨이어	띄어
쓰이어	씌어/쓰여	트이어	틔어/트여

사방팔방이 절망의 두꺼운 벽으로 둘러'싸여/쌔여/싸이어' 있다. 길림으로 간다지만 "**아홉 마리 소 중의 터럭 하나 도움이 될는지**" 제 집에 불이 났는데 남의 집 불을 꺼 줄 사람은 없을 것이다.

－박경리『토지』

속담은 '뭔가 헤아릴 수 없이 많은 것 중에 아주 작은 부분.'이라는 뜻으로 빗대어 이르는 말이다.

용언(用言)의 어간의 끝 모음 'ㅏ, ㅗ, ㅜ, ㅡ' 뒤에 'ㅡ이어'가 연결되어 줄어지는 경우에는 준 대로 적는다. 다만 '띄어쓰기, 띄어 쓰다, 띄어 놓다' 따위는 관용상 '띄여쓰기, 뜨여 쓰다, 뜨여 놓다'같은 형태가 사용되지 않는다.

'쐬다' 찬 바람을 **쏘이다**. 밤바람을 **쏘이러** 나갔다가 감기에 걸렸다. 그는 연기를 **쏘여서** 코 밑이 까무스름했다. '씌다'는 '귀신 따위에 접하게 되다.'라는 뜻이다. 나도 물귀신에 **씌면** 어느 날 밤에 문득 해무 자욱한 바닷물 속으로 걸어 들어가 버리게 될까.≪한승원, 해일≫ 손잡이를 잡고 터덜거리는 버스 속에서 준태는 무엇에 **씐** 듯한 얼떨떨함에 젖어 있었다.≪황순원, 움직이는 성≫ '틔다'는 '트이다'의 준말이다. 오직 서쪽만이 들판으로 **틔어** 있는데….≪유주현, 대한 제국≫ 버스가 대관령 휴게소에 닿고 잠시 뒤 마루턱에 올라서자 앞이 갑자기 확 **틔면서** 멀리 바다 밑의 청니(靑泥)가 그대로 드러난 듯 인디고 빛 바다가 모습을 나타냈다.≪윤후명, 별보다 멀리≫

　제39항 어미 '-지'뒤에 '않-'이 어울려 '-잖-'이 될 적과 '-하지' 뒤에 '않-'이 어울려 '찮-'이 될 적에는 준 대로 적는다.

(본말)	(준말)	(본말)	(준말)
그렇지 않은	그렇잖은	적지 않은	적잖은
만만하지 않다	만만찮다	변변하지 않다	변변찮다

　시어머니는 작은아들을 하늘같이 믿었지만, 자신의 마음은 꼭 '그렇지 않았다/그렇잖았다.' **"사람의 마음은 한 치 건너 두 치"**라고.　　조정래 『한강』
　속담은 '사람의 마음이란 작은 차이에도 마음 씀씀이가 매우 달라진다.'는 뜻으로 빗대는 말이다.

　어미(語尾, 용언 및 서술격 조사가 활용하여 변하는 부분) '-지'와 '않-'이 어울릴 경우에 '-잖-'으로 적고, '-하지'와 '않-'이 어울릴 경우는 '찮-'으로 적는다. 사전에서 준말로 다루어지고 있는 것들은 아래와 같다.

(본말)	(준말)	(본말)	(준말)
깔밋하지 않다	깔밋잖다	깨끗하지 않다	깨끗잖다

남부럽지 않다	남부럽잖다	의젓하지 않다	의젓잖다
대단하지 않다	대단찮다	만만하지 않다	만만찮다
시원하지 않다	시원찮다		

'귀찮-, 점잖-'처럼 어간 끝소리가 'ㅎ'인 경우는 [찬]으로 소리나더라도 '귀찮지않다→귀찮잖다, 점잖지 않다→점잖잖다'로 적는다.

제40항 어간의 끝음절 '하'의 'ㅏ'가 줄고 'ㅎ'이 다음 음절의 첫소리와 어울려 거센소리로 될 적에는 거센소리로 적는다.

(본말)	(준말)	(본말)	(준말)
간편하게	간편케	연구하도록	연구토록
가하다	가타	다정하다	다정타
정결하다	정결타	흔하다	흔타

종수 아버지 말에 "'가타/가하다'부타 말이 없이," 한참 동안 저쪽을 보며 곰방대만 빨고 있었다. 　　　　　　　　　－송기숙『자랏골의 비가』

속담은 '옳다 그르다, 좋다 싫다 하는 아무런 의사 표시가 없다.'는 말이다.

어간(語幹)의 끝 음절 '하'에서 모음 'ㅏ'가 줄고 'ㅎ'이 다음 음절의 첫소리와 결합하여 거센소리로 될 적에는 거센소리로 적는다.

(본말)	(준말)	(본말)	(준말)
무능하다	무능타	부지런하다	부지런타
아니하다	아니타	감탄하게	감탄케
달성하게	달성케	실망하게	실망케
당하지	당치	무심하지	무심치
허송하지	허송치	분발하도록	분발토록

실천하도록	실천토록	추진하도록	추진토록
결근하고자	결근코자	달성하고자	달성코자
사임하고자	사임코자	청하건대	청컨대
회상하건대	회상컨대		

비오는 날, 장독 덮기, '당치/당하지' 않은 일을 하는 것은 비오는 날, 장독 열기이다. "**아이와 장독은 얼지 않는다**"는 말은, 아무리 추워도 장독이 얼지 않듯이 아이는 추위를 모른다는 뜻이다.

— 김광언 『한국의 집 지킴이』

속담은 '장독은 소금기가 많아 얼지 않고, 추운 날에 옷을 제대로 갖춰 입지 않은 아이도 추위를 타지 않는다.'는 뜻으로 빗대는 말이다.

[붙임 1] 'ㅎ'이 어간의 끝소리로 굳어진 것은 받침으로 적는다.

않다	않고	않지	않든지
아무렇다	아무렇고	아무렇지	아무렇든지
어떻다	어떻고	어떻지	어떻든지
이렇다	이렇고	이렇지	어렇든지
저렇다	저렇고	저렇지	저렇든지

이처럼 땔감을 거두는 것만을 생각할 뿐 나무를 기를 계획은 전혀 세우고 있지 않고 있으니 "**아홉 길 깊은 샘물은 파지 '않고/안고' 소 발자욱에 고인 물만 기대하는 격**"이 아닐 수 없다.

— 이태원 『현산어보를 찾아서』

속담은 '앞날을 충분히 준비하지 않고, 그때그때만 때워 넘기려 한다.'는 뜻으로 빗대는 말이다.

아무튼 이제부터 그 양반 "**날갯죽지를 얻은 셈**"이고, 조준구의 말이었

다. 말상의 사내는 고개를 끄덕이며 아암 '그렇고/그러고' 말고 여부가
있나.　　　　　　　　　　　　　　　　　　　　　　－박경리『토지』
　속담은 '권세를 얻게 되었다'는 뜻으로 빗대는 말이다.

　'ㅏ'가 줄어진 다음에 남은 'ㅎ'이 어간의 끝소리로 굳어진 경우에는
그대로 받침으로 적도록 한 규정이다. 이 경우 한 개 단어로 다루어지는
준말의 기준은 관용에 따르는데 대체로 지시 형용사(指示形容詞) '이러
하다, 그러하다, 저러하다, 어떠하다, 아무러하다' 및 '아니하다' 등이 줄
어진 형태가 그렇다.
　(이러하다→) 이렇다, 이렇게, 이렇고, 이렇지...
　(아니하다→) 않다, 않게, 않고, 않지, 않든지...

[붙임 2] 어간의 끝 음절 '하'가 아주 줄 적에는 준 대로 적는다.
(본말)　　　　　　　(준말)
거북하지　　　　　　거북지
생각하건대　　　　　생각건대
깨끗하지 않다　　　　깨끗지 않다
넉넉하지 않다　　　　넉넉지 않다
섭섭하지 않다　　　　섭섭지 않다
익숙하지 않다　　　　익숙지 않다

　"사발 귀 떨어진 것," 어린애 입빠른 것 '못지않게/못하지 않다' 쓰잘
데 없는 것이오니, 선생님께서는 아무쪼록 침작하시지 않으심이 옳을까
합니다.　　　　　　　　　　　　　　　　　　－이문구『토정 이지함』
　속담은 '아무런 쓸모가 없는 것.'이라는 뜻으로 빗대는 말이다.

　어간(語幹)의 끝 음절 '하' 전체가 줄어서 표면적으로는 전혀 나타나

지 않는 경우에는 준 대로 적도록 하였다. '하' 전체가 줄 수 있는 경우는 '하' 앞의 자음이 'ㄱ, ㄷ, ㅂ'으로 발음되는 무성 자음(無聲子音, 성대(聲帶)가 진동하지 않고 나는 자음이다. 국어에서는, 'ㄱ, ㄷ, ㅂ, ㅅ, ㅈ, ㅊ, ㅋ, ㅌ, ㅍ, ㅎ, ㄲ, ㄸ, ㅃ, ㅆ, ㅉ'이 있다.)인 경우이다.

[붙임 3] 다음과 같은 부사는 소리대로 적는다.
  결단코, 기필코, 무심코, 하여튼, 요컨대, 정녕코, 필연코, 한사코

  여자라면, **"가랑잎으로 꿩 구워 먹는 재간"**을 가졌다 하더라도 '결코/결고' 눈길을 돌리지 말자는 결심을 기회 있을 때마다 다짐두곤 하였다.
                                                    – 김주영 『아리랑 난장』
  속담은 '무척 재기발랄하고 민첩한 재주를 가진 사람.'을 두고 빗대어 이르는 말이다.

  병수는 '하마터면/하마더면' **"칼만 안 들었지 날강도가 따로 읎구먼,"** 이라고 거칠게 쏘아붙일 뻔했다. 그러나 글말은 꾹 참으며 기도 안 찬다는 목소리로 말을 하고 나서 혀를 찼다.
                                                    – 한만수 『하루』
  속담은 '남에게 피해를 주는 것이 강도나 다를 바 없다.'는 뜻으로 빗대는 말이다.

  어원적인 형태는 용언의 활용형으로 볼 수 있더라도 현실적으로 부사로 전성된 단어는 그 본 모양을 밝히지 않고 소리 나는 대로 적는다(이토록, 그토록, 저토록, 열흘토록, 종일토록, 평생토록).
  '결단코'는 '어떤 경우에도 절대로.'라는 뜻이다. 실수는 **결단코** 없을 겁니다. 영감도 **결단코** 어수룩한 사람은 아니다.≪염상섭, 삼대≫ '기필코'는 '반드시.'라는 뜻이다. 날이 밝기 전에 **기필코** 결판을 내지 않으

면 안 되는 입장이었다.≪윤흥길, 완장≫ 그는 절대로 죽지 않으며 **기필코** 그녀에게 다시 돌아오리라고 굳게 믿었다.≪홍성원, 육이오≫

'무심코'는 '아무런 뜻이나 생각이 없이.'라는 뜻이다. **무심코** 방 안을 휘둘러보던 명훈은 하마터면 터져 나올 뻔한 비명을 참으며 한 발이나 물러섰다.≪이문열, 변경≫ 남자의 자존심 한가운데 도막을 어쩌다 **무심코** 잘못 건드린 자신의 섣부른 짓을 후회하는 순간이었다.≪윤흥길, 완장≫ '하여튼'은 '아무튼.'이라는 뜻이다. 성격이 어떤지는 모르겠지만 **하여튼** 인물 하나는 좋다. 잠인지 혼수상태 속에선지 **하여튼** 내가 정신이 다시 들기 시작한 것은 기차가 거의 수원을 지나고 있을 때였다. ≪이청준, 조율사≫

'요컨대'는 '중요한 점을 말하자면.'이라는 뜻이다. **요컨대** 내 얘기는 열심히 공부하라는 거다. **요컨대**, 노파로서는 시국 탓이란 말이 몹시 못마땅했었다.≪김승옥, 동두천≫ '정녕코'는 '정녕(丁寧)'을 강조하여 이르는 말이다. 그래 **정녕코** 요구 조건을 못 들어 주시겠다는 말씀이지요.≪이기영, 고향≫ 나뭇가지를 휘어 잡았다 놓는 소리가 저 뒤에서 들려온 것을 보면 **정녕코** 이놈이 뒤를 밟는 모양이다.≪이무영, 농민≫

'필연코'는 '필연'을 강조하여 이르는 말이다. 출발한 지가 반나절이 넘었는데 아직 도착하지 않으니 **필연코** 무슨 일이 생겼을 것이다. '한사코'는 '죽기로 기를 쓰고.'라는 뜻이다. **한사코** 우기다. 그는 **한사코** 자기가 점심을 사겠다고 우겼다. 그는 우리의 도움을 **한사코** 거부하였다.

제 5 장　띄어쓰기

≫≫ 제1절 조사

조사(助詞)는 품사의 하나이다. 체언이나 부사·어미 등의 아래에 붙어, 그 말과 다른 말과의 문법적 관계를 나타내거나 또는 그 말의 뜻을 도와주는 단어이다. 격조사·접속 조사·보조사로 크게 나뉜다. '관계사, 토씨'라고도 일컫는다.

격조사(格助詞)는 체언 또는 용언의 명사형 아래에 붙어, 그 말의 다른 말에 대한 자격을 나타내는 조사이다. 주격 조사·서술격 조사·목적격 조사·보격 조사·관형격 조사·부사격 조사·독립격 조사 따위가 있으며, 자리토씨라고도 한다. 접속조사(接續助詞)는 조사의 하나이다. 체언과 체언을 같은 자격으로 이어 주는 구실을 한다. '이음토씨'라고도 불린다. 보조사(補助詞)는 체언뿐 아니라 부사·활용 어미 등에 붙어서, 그것에 어떤 특별한 의미를 더해 주는 조사이다. 특정한 격(格)을 담당하지 않으며 문법적 기능보다는 의미를 담당한다. '도움토씨, 특수 조사'라고도 한다.

제41항 조사는 그 앞말에 붙여 쓴다.

꽃이, 꽃마저, 꽃밖에, 꽃에서부터, 꽃으로만, 꽃이나마, 꽃이다, 꽃처럼, 어디까지나, 거기도, 멀리는, 웃고만

"아무리 경치가 아름다워도 짐승 쫓는 사냥꾼 눈에는 경치가 안 보이는 **'법입니다/법∨입니다'**요," 장사꾼이라는 놈들은 물건 팔기에만 정신이 빠져 사람들 보기를 물건 파는 속으로만 보고 굽실거리지 다른 눈으로는 안 뵈기 마련입니다요.　　　　　　　　　　　－송기숙『녹두장군』

속담은 '눈앞의 이익만 쫓는 사람의 눈에는 아무리 훌륭한 것도 눈에 차지 않는다.'는 뜻으로 빗대는 말이다.

이놈의 날씨. 새벽 참 부터 "아침 굶은 시어미 **'상호처럼/상호∨처럼'**" 찌뿌드드하더니 그 예 한줄금 내리 쏟을 모양이군.

　　　　　　　　　　　　　　　　　　　　　　－김주영『활빈도』

속담은 '얼굴을 잔뜩 찌푸리고 있는 것.'을 두고 빗대는 말이다.

한글 맞춤법에서는 조사(助詞)를 하나의 단어로 인정하고 있으므로 원칙적으로 띄어 써야 하지만 자립성이 없다는 점 등을 고려하여 붙여 쓰도록 한 것이다. 결국 제2항 '문장의 각 단어는 띄어 씀을 원칙으로 한다.'라는 규정과 어긋나게 된 셈인데, 제2항이 원칙이라고 한다면 제41항은 예외라고 이해하면 될 것이다.

조사(助詞)가 둘 이상 겹쳐지거나 조사가 어미 뒤에 붙는 경우에도 붙여 쓴다(집에서처럼, 학교에서만이라도, 여기서부터입니다, 어디까지입니까, 나가면서까지도, 들어가기는커녕, 아시다시피, 옵니다그려). 이 중에서 용언의 관형사형 뒤에 붙는 것은 의존 명사이므로 띄어 쓴다(될 수 있는 대로, 먹을 만큼(분량, 정도).

⫸ 제2절 의존 명사, 단위를 나타내는 명사 및 열거하는 말 등

의존 명사(依存名詞)는 독립성이 없어 다른 말 아래에 기대어 쓰이는 명사이다. 흔히 앞에 관형어가 온다. '매인이름씨, 불완전 명사, 형식 명사'라고도 한다.

의존 명사(依存名詞)는 '명사적 기능을 갖는 것, 부사적 기능을 갖는 것, 서술적 기능을 갖는 것, 수량의 단위를 나타내는 것'으로 쓰이고 있다.

제42항 의존 명사는 띄어 쓴다.

아는 것이 힘이다.　　　나도 할 수 있다.
먹을 만큼 먹어라.　　　아는 이를 만났다.
네가 뜻한 바를 알겠다.　그가 떠난 지가 오래다.

출입이 '잦은∨것/작은것'을 "**작은집 다니듯 한다**"고 빗댄다. 큰집은 이에 대비되는 말이다.　　　　　　　　　　 — 김광언『한국의 집 지킴이』

　속담은 '어느 곳을 마음대로 드나든다.'는 뜻으로 빗대어 이르는 말이다.

　눈물이 '날∨만큼/날만큼' 고맙고 기뻤다. "**자식의 입에 밥 들어가는 것만 봐도 배부른 게 부모 마음이라더니.**" 아빠, 버섯이 굉장히 맛있어요. 매일매일 먹었으면 좋겠어요.　　　　　　　　 — 조창인『가시고기』

　속담은 '부모는 제 자식이 잘 먹는 것만 보아도 지극한 만족감을 얻는다.'는 뜻으로 이르는 말이다.

　그러나 "**자전거를 피하다가 추럭에** '치는∨수가/치는수가' **있는**" 모양으로 슬픔을 가라앉히려고 술을 들이키다 도리어 덧드려서 몸부림치며 우는 수가 많았다.　　　　　　　　 — 윤석중『고향사에서의 객사·심훈』

　속담은 '하찮은 것을 피하려다 큰 화를 당한다.'는 뜻으로 빗대는 말이다.

　의존 명사(依存名詞)는 문장의 각 단어는 띄어 쓴다는 원칙에 따라 띄어 쓰는 것이다.

　1) '들'이 '남자들, 여학생들'처럼 하나의 단어에 결합하여 복수를 나타내는 경우는 접미사로 다루어 붙여 쓰지만, 두 개 이상의 사물을 열거하는 구조에서 '그런 따위'란 뜻을 나타내는 경우는 의존 명사이므로 띄어 쓴다. 책상 위에 놓인 공책, 신문, 지갑 들을 가방에 넣다. 과일에는 사과, 배, 감 **들이** 있다.

　2) '뿐'이 '남자뿐이다.', '셋뿐이다.'처럼 체언 뒤에 붙어서 한정의 뜻을 나타내는 경우는 접미사로 다루어 붙여 쓰지만, '웃을 뿐이다.', '만졌을 뿐이다.'와 같이, 용언의 관형사형 '−을' 뒤에서 '따름'이란 뜻을 나타내는 경우는 의존 명사이므로 띄어 쓴다. 그는 웃고만

있을 **뿐이지** 싫다 좋다 말이 없다. 모두들 구경만 할 **뿐** 누구 하나 거드는 이가 없었다. 학생들은 약간 기가 질려서 눈만 말똥거릴 **뿐** 대뜸 반응은 없다.≪최인훈, 회색인≫

3) '대로'가 '법대로, 약속대로'처럼 체언 뒤에 붙어서 '그와 같이'란 뜻을 나타내는 경우는 조사이므로 붙여 쓰지만, '아는 **대로** 말한다.', '약속한 **대로** 이행한다.'와 같이, 용언의 관형사형 뒤에서 '그와 같이'란 뜻을 나타내는 경우는 의존 명사이므로 띄어 쓴다.

'것'은 '사물, 일, 현상 따위를 추상적'으로 이르는 말이다. 저기 보이는 **것이** 우리 집이다. 아직 멀쩡한 **것을** 왜 버리느냐? 그는 밀가루로 된 **것이면** 뭐든지 좋아한다. 그가 도둑질을 했다는 **것을** 믿을 수가 없다. '수'는 '어떤 일을 할 만한 능력이나 어떤 일이 일어날 가능성.'을 말한다. 모험을 하다 보면 죽는 **수도** 있다. 살다 보면 그럴 **수도** 있지. 지금은 때를 기다리는 **수밖에** 없다. 늦가을의 태양은 지리산을 한눈에 내려다볼 수 있는 곳에 떠 있었다.≪문순태, 피아골≫

'만큼'은 '앞의 내용에 상당하는 수량이나 정도'임을 나타내는 말이다. 노력한 **만큼** 대가를 얻다. 선창 거리가 북적거리는 **만큼**, 개항지 목포를 찾아드는 이주민들도 날마다 불어났다.≪문순태, 타오르는 강≫ 바람이 몹시 휘몰아치고 있었으므로 얼굴을 들 수 없을 **만큼** 대기는 차가웠다.≪김용성, 리빠똥 장군≫ '이'는 '사람'의 뜻을 나타내는 말이다. 말하는 **이**. 저 모자 쓴 **이가** 누구지? 지나가던 이들이 모두 대로에서 다투는 두 사람을 쳐다보았다.

'바'는 '앞에서 말한 내용 그 자체나 일 따위'를 나타내는 말이다. 평소에 느낀 **바를** 말해라. 나라의 발전에 공헌하는 **바가** 크다. 내가 알던 **바와는** 다르다. 예절을 모른다면 새나 짐승과 하등 다를 **바가** 있겠느냐? ≪한무숙, 만남≫ '지'는 '어떤 일이 있었던 때로부터 지금까지의 동안'을 나타내는 말이다. 그를 만난 **지도** 꽤 오래되었다. 집을 떠나온 **지**

어언 3년이 지났다. 강아지가 집을 나간 **지** 사흘 만에 돌아왔다.

의존 명사는 다음과 같이 나누기도 한다.

보편성 의존 명사는 관형어와 조사와의 통합에 있어 큰 제약을 받지 않으며 의존적 성격 이외에는 자립 명사와 큰 차이가 없다(이, 것, 분, 바, 데).

주어성 의존 명사는 주어로만 쓰이는 의존 명사이다(지, 수, 리(理), 나위).

서술성 의존 명사는 항상 서술격조사 '이다'와 결합한다(따름, 뿐, 터, 때문).

부사성 의존 명사는 부사어로 기능하는 의존 명사이다(줄, 채, 체, 척, 만큼, 대로, 둥, 듯, 양, 족족, 만, 딴).

다만, 다음 경우의 의존 명사는 윗말과 굳어 버린 것으로 보아 붙여 쓴다('이것, 그것, 저것, 아무것, 날것[未熟物], 들것, 별것, 생것, 산것, 탈것', '동쪽, 서쪽', '위쪽, 아래쪽, 앞쪽, 뒤쪽, 반대쪽', '이번, 저번, 요번', '이편, 저편', '그이, 이이, 저이').

제43항 단위를 나타내는 명사는 띄어 쓴다.

한 개, 차 한 대, 금 서 돈, 소 한 마리, 옷 한 벌, 열 살, 조기 한 손, 연필 한 자루, 버선 한 죽, 집 한 채, 신 두 켤레, 북어 한 쾌

그녀의 눈에 이쪽을 향해 우산을 받쳐 들고 걸어오는 박진호의 모습이 들어왔다. 옳지, "참새 '백∨마리/백마리'**보다 봉 한 마리가**" 월등 낫지.
　　　　　　　　　　　　　　　　　　　　　　　－김문수『급류』
속담은 '하찮은 것이 많은 것보다는 훌륭한 것 하나가 낫다.'는 뜻으로 빗대는 말이다.

검정 고무신 '한∨켤레/한켤레'가 방 문턱 밑에 나란히 누워서 달빛을 깨물며 생글생글 눈웃음쳤다. **"다복솔 밑에 숨은 꿩은 꼬리로 잡힌다고."**
— 류영국 『만월까지』

속담은 '일을 미숙하게 하여 낭패를 본다.'는 뜻으로 빗대는 말이다.

단위를 나타내는 의존 명사는 그 앞의 수관형사(數冠形詞)와 띄어 쓴다.

ㄱ

가리 : 곡식, 장작의 한 더미(장작 한 가리). 장작 한 **가리**. 불이 나서 볏짚 두 **가리가** 다 타 버렸어.

갓 : 말린 식료품(굴비 따위)의 열 모숨을 한 줄로 엮은 단위(조기 세~). 굴비 열 **갓**. 고사리 두 **갓**.

강다리 : 쪼갠 장작의 100개비. 장작 한 **강다리**.

거리 : 가지, 오이 50개. 반 접. 가지 두 **거리**. 오이 세 **거리**.

고리 : 소주 열(10) 사발을 한 단위로 일컫는 말. 소주 한 **고리**.

꾸러미 : 짚으로 길게 묶어 사이사이를 도여 맨 달걀 10개의 단위. 달걀 한 **꾸러미**.

ㄴ

닢 : 잎이나 쇠붙이로 만든 얇은 물건을 낱낱의 단위로 세는 말. 동 전 한 **닢**. 멍석 두어 **닢** 가량 되는 안마당에 눈은 언뜻 보기에도 꽤 두꺼운 부피로 쌓여 있었다.≪송기원, 월문리에서≫

ㄷ

단 : 푸성귀, 짚, 땔나무 따위의 한 묶음. 볏짚 한 **단**. 장에 가서 시금 치 두 **단만** 사 오너라. 열무가 한 **단에** 얼마입니까?

담불 : 벼 100섬을 세는 단위. 벼 한 **담불**.

동 : '묶음'을 세는 단위(붓은 10자루, 생강은 10접, 백지 100권, 볏짚 100단, 땅 100뭇 등).

두름 : 물고기나 나물을 짚으로 두 줄로 엮은 것. 한 줄에 10마리씩 모두 20마리. 청어 한 **두름**.

땀 : 바느질에서 바늘로 한 번 뜬 눈. 바느질을 한 **땀** 한 **땀** 정성 들여 하다. 몇 **땀만** 더 뜨면 솔기가 마무리된다.

ㄹ

리(里) : 0.4Km. 예전에는 학교까지 오 **리쯤** 걸어 다녔다. 숲이 나타 나고 황톳길이 나타나고 섬진강을 따라 굽이쳐 뻗은 삼십 **리**, 하동으로 가는 길이 나타난다.≪박경리, 토지≫ 집안 어른이나 가까이서 돌봐 줄 남자 친척 하나 없이 일찍부터 홀로가 된 그의 어머니는 인근 백 **리** 가까이에 뻗쳐 있는 들을 말에 의지해 돌보았다.≪이문열, 영웅시대≫

ㅁ

마리 : 물고기나 짐승의 수효를 세는 단위. 고등어 두 **마리**. 모기 다 섯 **마리**.

매 : 맷고기나 살담배를 작게 갈라 동여 매어 놓고 팔 때 그 한덩이 를 세는 단위 젓가락 한 쌍. 젓가락 한 **매**.

뭇 : 장작, 채소 따위의 작은 묶음(단). 물고기 10마리. 땔감은 아예 말똥, 소똥을 말려 쓰고, 몇 **뭇** 안 남은 조짚은 마소를 먹였다.≪현기영, 변방에 우짖는 새≫ 삼치 다섯 **뭇**. 쇠고기 꾸러미, 건청어가 한 **뭇**, 과일 에서 나물거리, 푸짐하다.≪박경리, 토지≫

ㅂ

바리 : 마소가 실어나르는 짐을 세는 단위. 콩 두 **바리**. 나무장수 한

사람은 장작 수십 **바리를** 보내어 밤을 세울 때 불을 피우라고 하였고···. ≪문순태, 타오르는 강≫

발 : 길이를 잴 때 두 팔을 펴 벌린 길이. 팔기는 간신히 반 **발가량** 달린 쇠고삐를 낚아챈다.≪김춘복, 쌈짓골≫ 철은 그때 교각 부근의 유난히 물이 깊은 곳에서 길이가 한 **발이나** 됨 직한 연어들이 대여섯 마리 노닐고 있는 것을 틀림없이 보았다.≪이문열, 변경≫

벌 : 옷이나 그릇의 짝을 이룬 단위. 두루마기 한 **벌**. 드레스 두 **벌**. 한편 구석에는 개어 놓은 이부자리가 서너 **벌쯤** 쌓여 있다.

ㅅ

사리 : 국수, 새끼 같은 것을 사리어 놓은 것을 세는 단위. 국수 한 **사리**. 점심에 냉면 두 **사리를** 더 먹었다.

섬 : 곡식, 액체의 용량을 나타내는 단위. 벼 한 **섬을** 지게에 지다. 군사들은 어백미 석 **섬을** 멍석 위에 쏟아부었다.≪박종화, 임진왜란≫

손 : 조기·고등어 따위 생선 2마리, 배추는 2통, 미나리·파 따위는 한 줌. 고등어 한 **손**. 모레 중리 장날에는 조기라도 한 **손** 사야겠다.≪김춘복, 쌈짓골≫

쌈 : 바늘 24개. 금 100냥쭝. 바늘 세 **쌈**.

ㅇ

연 : 종이 전지 500장.

우리 : 기와를 세는 단위(기와 2000장이 1 우리).

ㅈ

접 : 감, 마늘 100개. 배추 두 **접**. 마늘 한 **접**. 감 두 **접**.

죽 : 버선이나 그릇 등의 10 벌을 한 단위. 짚신 한 죽.

채 : 집, 이불, 가마를 세는 단위. 기와집 몇 **채**. 우리는 오두막이 네댓 **채** 띄엄띄엄 있는 곳으로 갔다. 큰 집 서너 **채** 폭이나 되는 돌산이 오봉산 부리에서 우뚝 솟았다.≪이무영, 농민≫

첩 : 한방약 1봉지.

축 : 난초(蘭草)의 포기 수를 세는 단위. 그 사내는 큰 선심이라도 쓰는 것처럼 동양란 한 **축을** 갈라 주었다.

켤레 : 신, 버선, 방망이 따위의 두 짝을 한 벌로 세는 단위. 구두 한 **켤레**. 식구가 모여 있는지 댓돌 위에는 여러 **켤레의** 고무신이 놓여 있었다.≪김원일, 불의 제전≫ 우리는 두 **켤레의** 군화를 반짝반짝 광채 가 나도록 닦아 놓았다.≪김용성, 도둑 일기≫

쾌 : 북어 스무(20) 마리를 한 단위로 세는 말. 북어 한 **쾌**.

톨 : 밤, 도토리, 마늘 같은 것을 세는 단위. 밥 한 **톨** 남기지 않고 깨끗이 다 먹다. 태임이 역시 부잣집에 태어나 여태껏 부자 소리 들으며 살아왔지만 쌀 한 **톨** 동전 한 닢도 허투루 쓰지 않는 근검절약이 몸에 배 있었다.≪박완서, 미망≫ 친정 온 딸에게 긴요하지도 않은 깨를 덥 석 퍼 주고 보니 정작 자기네한테는 양념 깨 한 **톨이** 남지 않게 되었다. ≪박경리, 토지≫ 곡식 한 **톨이라도** 허술히 잃지 않으면 티끌 모아 태 산 된다고…….≪김원일, 불의 제전≫

톳 : 김 40장 또는 100장을 한 묶음으로 묶은 덩이. 상점에 가서 김 세 톳을 사 오너라.

필(匹) : 동물을 세는 단위. 예물 단자를 적어 보면 황 모시 열 **필**, 흰

모시 스무 **필**, 검은 마포 열 **필**, 면주 스무 **필**….≪박종화, 임진왜란≫
홰 : 닭이 **홰**를 치며 우는 횟수를 세는 말. 닭이 세 **홰** 울다. 삼경이
지나 닭이 한 **홰** 울 때쯤에, 그는 잠이 깨었다.

다만, 순서를 나타내는 경우나 숫자와 어울리어 쓰이는 경우에는 붙
여 쓸 수 있다.

두시 삼십분 오초, 제일과, 삼학년, 육층, 1446년 10월 9일, 2대대, 16
동 502호, 제1어학실습실, 80원, 10개, 7미터

수관형사(數冠形詞) 뒤에 의존 명사가 붙어서 차례를 나타내는 경우
나, 의존 명사가 아라비아 숫자 뒤에 붙는 경우는 붙여 쓸 수 있도록
하였다(제일 편→ 제일편, 제삼 장→ 제삼장, 제칠 항→ 제칠항).

'제-'가 생략된 경우라도 차례를 나타내는 말일 때에는 붙여 쓸 수
있다((제)이십칠 대→ 이십칠대, (제)오십팔 회→ 오십팔회).

다만, 수효를 나타내는 '개년, 개월, 일(간), 시간' 등은 붙여 쓰지 않는
다(삼 (개)년, 육 개월, 이십 일(간)).

그러나 아라비아 숫자 뒤에 붙는 의존 명사는 붙여 쓸 수 있다(35원,
70관, 42마일).

접미사 여(餘)가 들어가면 '년간, 분간, 초간, 일간'의 '간'은 윗말에서
띄어 쓴다(10여 일 간, 36여 년 간).

제44항 수를 적을 적에는 '만(萬)' 단위로 띄어 쓴다.
십이억 삼천사백오십육만 칠천팔백구십팔
12억 3456만 7898

십진법에 따라 띄어 쓰던 것을 '만' 단위로 개정하였다. '만(萬,) 억
(億), 조(兆), 경(京,) 해(垓), 자(秭)' 단위로 띄어 쓰는 것이다.

금액(金額)을 적을 경우에는 변조(變造) 등의 사고를 방지하려는 뜻에서 붙여 쓰는 게 관례이다.

일금 : 삼십이만오천육백칠십구만오천팔백구십원정.

돈 : 일백육십오만오천구백원임.

제45항 두 말을 이어 주거나 열거할 적에 쓰이는 다음의 말들은 띄어 쓴다.

국장 겸 과장   열 내지 스물   청군 대 백군   책상, 걸상 등이 있다.

이사장 및 이사들   사과, 배, 귤 등등   사과, 배 등속   부산, 광주 등지

그러하오나 **"풀을 베면 뿌리를 없애라는"** 일체로 '협종(脅從)∨등/협종
등'은 귀화케 하옵기가 여반장이오나 한 가지 큰 화근이 있습니다.

－이해조『화의 혈』

속담은 '좋지 않은 일은 그 근원까지 없애야 한다.'는 뜻으로 빗대는 말이다.

여비서 차에 태워가지고 골프치러 다녔고, 포옴 잡고 권위세우느라 영어에 능통한 최 비서 대동하고 **"발가벗고 돈 한 냥 차듯"** 동남아와 '미국∨등지/미국등지'의 외국 여행을 다녀왔다.

－강준희『쌍놈열전』

속담은 '전혀 어울리지 않는 짓을 한다.'는 뜻으로 빗대어 이르는 말이다.

'겸(兼)'은 두 명사 사이에, 또는 어미 '－ㄹ/－을' 아래 붙어 한 가지 외에 또 다른 것이 아울림을 나타내는 말이다. '내지(乃至)'는 수량을 나타내는 두 말 사이에 쓰여 수량의 범위가 그 사이에 있음을 나타내는 말이다. '대(對)'는 사물과 사물의 대비나 대립을 나타낼 때 쓰는 말이며,

두 짝이 합하여 한 벌이 되는 물건을 세는 단위이다. '및'은 '그 밖에도 또', '-와/-과 또'처럼 풀이되는 접속부사이다.

'등(等)'은 둘 이상의 대상이나 사실을 나열한 뒤, 예(例)가 그와 같은 대상이나 사실을 포함하여 그 외에도 더 있거나 있을 수 있음을 나타내는 말이며, 일반적으로 둘 이상의 체언을 나열한 다음이나 용언의 관형형 어미 '-ㄴ/-는' 다음에 쓰나, 때로 한 개의 체언 뒤에 쓰이기도 한다. '등등(等等)'은 둘 이상의 대상을 나열한 뒤, 예(例)가 앞에 든 것 외에도 더 있음을 강조하여 이르는 말이다.

'등속(等屬)'은 둘 이상(때로, 하나)의 사물이 나열된 다음에 쓰여 '그것을 포함한 여러 대상'의 뜻을 나타내는 말이다. '등지(等地)'는 둘 이상(때로, 하나)의 지명이 나열된 다음에 쓰여 '그 곳을 포함한 여러 곳'의 뜻을 나타내는 말이다.

제46항 단음절로 된 단어가 연이어 나타날 적에는 붙여 쓸 수 있다.

그때 그곳, 좀더 큰것, 이말 저말, 한잎 두잎

"밥 남겨줄 샌님은 물 건너서부터 안다"고, 제가 '그때/그∨때' 최가 놈과 혼인을 하려고 입을 악물리고 그리한 게지. 이종사촌은 무엇 말라죽은 게야!　　　　　　　　　　　　　　　　　　　　－김우진 『유화우』

속담은 '어떤 사람의 됨됨이는 이미 한 행동을 통해 알 수 있다.'는 뜻으로 빗대어 이르는 말이다.

단음절(單音節)로 된 단어가 연이어 나타나는 경우에 적절히 붙여 쓰는 것을 허용하는 규정이다. 단음절이면서 관형어나 부사인 경우라도 관형어와 관형어, 부사와 관형어는 원칙적으로 띄어 쓰며, 부사와 부사가 연결되는 경우에도 의미적 유형이 다른 단어끼리는 붙여 쓰지 않는 것이 원칙이다(더 못 간다(×더못 간다), 늘 더 먹는다(×늘더 먹는다)).

﹥﹥﹥ 제3절 보조 용언

보조 용언(補助用言)은 본용언 아래에서, 그것을 돕는 구실을 하는 용언이다. '보조 동사·보조 형용사' 등이 있으며, '도움풀이씨'라고도 한다. 보조 동사(補助動詞)는 독립하여 쓰이지 못하고, 본동사의 아래에서 그 풀이를 보조하는 동사이다. '도움움직씨, 조동사'라고도 한다. 보조 형용사(補助形容詞)는 본용언 아래에서 그것을 돕는 구실을 하는 형용사이다. '도움그림씨, 의존 형용사'라고도 한다.

제47항 보조 용언은 띄어 씀을 원칙으로 하되, 경우에 따라 붙여 씀도 허용한다(ㄱ을 취하고 ㄴ을 버림).

ㄱ	ㄴ
불이 꺼져 간다.	불이 꺼져간다.
그릇을 깨뜨려 버렸다.	그릇을 깨뜨려버렸다.
비가 올 듯하다.	비가 올듯하다.
그 일은 할 만하다.	그 일은 할만하다.
일이 될 법하다.	일이 될법하다.
비가 올 성싶다.	비가 올성싶다.
잘 아는 척한다.	잘 아는척한다.

"큰 말이 없으면 작은 말이 큰 말 노릇한다"는 말은 이런 경우를 지칭한다. 내 손이 곧 내 딸이다라는 말이 생겨 날 정도로 입안의 혀처럼 어머니를 '도와∨주며/도와주며'…….

─유안진 『도리도리 짝짜꿍』

속담은 '윗사람이 없으면 아랫사람이 그 역할을 맡게 된다.'는 뜻으로 빗대는 말이다.

금분이는 획 '돌아서는∨척하다/돌아서는척하다'가, 영달의 겨드랑이 밑을 **"통발에 미꾸라지 빠지듯"** 잽싸게 빠져 나간다. 영달의 손바닥이 금분이의 엉덩이를 철썩 갈긴다.　　　　　　　　　　 – 김춘복 『쌈짓골』

속담은 '어떤 것이 아주 잽싸게 빠져나간다.'는 뜻으로 비유하는 말이다.

보조 용언(補助用言)은 띄어 쓰는 것을 원칙으로 하고 붙여 쓰는 것도 허용한다. 보조 용언도 하나의 단어이므로 띄어 쓰는 것이 당연하겠지만, '꺼져 간다'로 적는 것이 '꺼져간다'로 적는 것보다 독서 능률에 도움이 된다는 보장이 없을 뿐만 아니라 실제 화화에서도 '꺼져'와 '간다' 사이를 띄어서 말할 가능성이 별로 없는 것으로 생각되므로 붙여 쓰는 것을 허용한 것이다.

다만, 앞말에 조사가 붙거나 앞말이 합성 동사인 경우, 그리고 중간에 조사가 들어갈 적에는 그 뒤에 오는 보조 용언은 띄어 쓴다.

잘도 놀아만 나는구나!	책을 읽어도 보고…….
네가 덤벼들어 보아라.	강물에 떠내려가 버렸다.
그가 올 듯도 하다.	잘난 체를 한다.

날바람에 잡혀 들뜬 내가 미처 그를 알아보지 못했을 뿐이지. **"밤 눈 어두운 고양이,"** 그래서 근처 의원이 용한 줄 모른다는 말이 있는 게로구나.　　　　　　　　　　　　 – 홍석중 『황진이』

속담은 "약은∨체를∨하지만/약은∨체를하지만' 의외로 허술한 구석이 있다.'는 뜻으로 빗대는 말이다.

다만, 의존 명사(依存名詞) 뒤에 조사가 붙거나 앞 단어가 합성 동사인 경우는(보조 용언을) 붙여 쓰지 않는다. 조사가 개입되는 경우는 두 단어(본용언과 의존 명사) 사이의 의미적, 기능적 구분이 분명하게 드러날 뿐 아니라, 제42항 규정과도 연관되므로 붙여 쓰지 않도록 한 것이다. 또, 본용언이 합성어인 경우는 '덤벼들어보아라, 떠내려가버렸다'처럼 길어지는 것을 피하기 위하여 띄어 쓰도록 한 것이다.(아는 체를 한다.(×아는체를한다.), 비가 올 듯도 하다.(×비가 올듯도하다.))

▶▶ 제4절 고유 명사 및 전문 용어

고유 명사(固有名詞)는 어느 특정한 사물에 한정하여 그 이름을 나타내는 명사이다. 인명·지명·국호·상호·책명·사건명 따위가 이에 속하며, '홀로이름씨'라고도 한다. 전문 용어(專門用語)는 기예·학술 따위의 각 전문의 영역에서만 쓰이는 말이며, '전문어'라고도 한다.

제48항 성과 이름, 성과 호 등은 붙여 쓰고, 이에 덧붙는 호칭어, 관직명 등은 띄어 쓴다.
김양수(金良洙), 서화담(徐花潭), 채영신 씨, 최치원 선생, 박동식 박사, 충무공 이순신 장군

귀신은 경문에 막히고 사람은 인정에 막힌다지만 '유명자 씨/유명자 씨'만은 아무것에도 막히는 게 없었다. 약석이 무효였다. **"자갈을 솥에 넣고 삶고 또 삶고 하는 거"**나 마찬가지였다.
— 김학철 『격정시대』

속담은 '어떤 사람을 생각대로 끌어들이거나 설득할 수 없다.'는 뜻으로 비유하는 말이다.

"사람은 백 번 된다"는 말도 있잖습니까. 나도 '문창곡∨선생/문창곡 선생'도 따끔하게 충고를 해서 버릇을 고치도록 할 테니까요.
— 이병주 『산하』

속담은 '사람은 나이를 먹어가며 계속 바뀌게 된다.'는 뜻으로 빗대는 말이다.

'성(姓)'은 출생의 계통을 나타내는, 겨레붙이의 칭호이다. 곧, 김(金)·박(朴)·이(李) 등이며, 높임말은 '성씨'이다. '이름'은 어떤 사람을 부르거나 가리키기 위해 고유하게 지은 말을 성(姓)과 합쳐서 이르는 말이다. '성명(姓名)'이라고도 한다. 높임말은 '姓銜, 尊銜, 銜字' 등이 있다.

'호(號)'는 본명이나 자(字) 대신에 부르는 이름이다. 흔히, 자기의 거처, 취향, 인생관 등을 반영하여 짓는다. 오늘날에는 저명 인사나 문필가나 예술가 등이 일부 사용하고 있는 정도이며, '당호, 별호(別號)' 등이 있다. '당호(堂號)'는 당우(堂宇)의 호이다. 집의 이름에서 따온 그 주인의 호이다. '별호(別號)'는 사람의 외모나 성격 등의 특징을 나타내어 본명 대신에 부르는 이름이다. '별명, 닉네임'이라고도 한다.

'아호(雅號)'는 문인·예술가 등의 호(號)나 별호(別號)를 높여 이르는 말이다. '호칭어(呼稱語)'는 어떤 대상을 직접 부를 때 쓰는 말이다. '관직명(官職名)'은 관리가 국가로부터 위임받은 일정한 범위의 직무이다.

거의 모두 한 글자(음절)로 되어 있어서, 보통 하나의 단어로 인식되지 않는다. 그리하여 성과 이름을 붙여 쓰기로 한 것이다.

다만, 성과 이름, 성과 호를 분명히 구분할 필요가 있을 경우에는 띄어 쓸 수 있다.

남궁억/남궁 억, 독고준/독고 준, 황보지봉(皇甫芝峰)/황보 지봉

다만, 성명 또는 성이나 이름 뒤에 붙는 호칭어나 관직명 등은 고유명사와 별개의 단위이므로 띄어 쓴다. 호나 자 등이 성명 앞에 놓이는 경우에도 띄어 쓴다(강인구 씨, 강 선생, 인구 군, 총장 김윤배 박사, 박 계장).

우리 한자음으로 적는 중국 인명의 경우도 본항 규정이 적용된다(소정방, 이세민, 장개석).

이름에 접미사 '전(傳)'이 붙어 책 이름이 될 때에는 붙여 쓴다. 다만,

이름 앞에 꾸미는 말이 올 때에는 '전'을 띄어 쓴다(홍길동전, 심청전, 유관순전/순국 소녀 유관순 전).

제49항 성명 이외의 고유명사는 단어별로 띄어 씀을 원칙으로 하되, 단위 별로 띄어 쓸 수 있다(ㄱ을 원칙으로 하고 ㄴ을 허용함).

ㄱ	ㄴ
대한 중학교	대한중학교
한국 대학교 사범 대학	한국대학교 사범대학

'단위(單位)'란 그 고유 명사로 일컬어지는 대상물의 구성 단위를 뜻하는 것으로 설명된다. 다시 말하면, 어떤 체계를 가지는 구조물에 있어서 각각 하나의 독립적인 지시 대상물로서 파악되는 것을 이른다(서울 대공원 관리 사업소 관리부 동물 관리과, 학술원 부설 국어 연구소, 청주 대학교 인문 대학 국어국문학과).

제50항 전문 용어는 단어별로 띄어 씀을 원칙으로 하되, 붙여 쓸 수 있다(ㄱ을 원칙으로 하고 ㄴ을 허용함).

ㄱ	ㄴ
만성 골수성 백혈병	만성골수성백혈병
중거리 탄도 유도탄	중거리 탄도 유도탄

전문 용어(專門用語)란 특정의 학술 용어나 기술 용어를 말하는데 대게 둘 이상의 단어가 결합하여 하나의 의미 단위에 대응하는 말, 곧 합성어의 성격으로 되어 있다.

붙여 쓸 만한 것이지만, 그 의미 파악이 쉽도록 하기 위하여 띄어 쓰는 것을 원칙으로 하고, 편의상 붙여 쓸 수 있도록 하였다.

동식물의 분류학상의 단위는 붙여 쓴다(사과나무, 감나무, 푸른누룩

곰팡이, 강장동물, 양치식물).

우리말로 된 품종명은 붙여 쓴다(조선호박, 서울무, 근성사엽).

한 음절의 말과 어울려 굳어 버린 것은 붙여 쓴다(열역학, 열전도, 원운동, 핵무기).

'놀이'가 붙어 하나의 유희 이름이나 운동 이름이 되는 것은 그 '놀이'를 윗말에 붙여 쓴다(시소놀이, 거울놀이, 물놀이). 그러나 윗말이 두 개 이상의 단어로 되어 띄어 썼을 때, 두 말에 걸리는 '놀이'는 띄어 쓴다(비누 방울 놀이).

명사와 동사, 동사와 동사, 부사와 동사가 서로 어울려 말끝이 '기'로 끝나는 말로서, 하나의 동작, 작업, 상태, 놀이를 나타내는 술어는 붙여 쓴다(벌치기, 가지고르기, 사이짓기, 노래부르기, 이어짓기, 이어달리기, 채소가꾸기, 듣고부르기, 흙쌓기).

명사가 용언의 관형사형으로 된 관형어의 수식을 받거나, 두 개(이상의) 체언이 접속 조사로 연결되는 구조일 때에는 붙여 쓰지 않는다(간단한 도면 그리기, 쓸모 있는 주머니 만들기, 아름다운 노래 부르기, 바닷물과 물고기 기르기).

하나의 화학 물질의 이름은 붙여 쓸 수 있다(과산화바륨, 일산화탄소, 석회질소, 염화나트륨, 이산화질소, 탄산나트륨).

역사적인 서명, 사건명은 붙여 쓸 수 있다(경국대전, 갑오경장, 계림유사, 훈민정음). 그러나 뚜렷이 별개 단어로 인식되는 것은 띄어 쓴다(의암 선생 행장기).

두 개(이상의) 전문 용어가 접속 조사로 이어지는 경우는 전문 용어 단위로 붙여 쓸 수 있다(감자찌기와 달걀삶기, 기구만들기와 기구다루기, 도면그리기와 도면읽기).

아래의 예들은 붙여 써야 할 것들이다.

① 둘 이상의 낱말이 결합하여 한 개 낱말처럼 익어진 것은 붙여 쓴다.

값없다, 고사이(고새), 곧이곧대로, 관계없다, 관계치않다, 그사이(그새), 꿈같다, 난데없이, 남의집살이, 덧없다, 되지못하다, 두말말고, 두말없이, 떡먹듯이, 뜬구름, 뜬소문, 마지못해, 맛없다, 맛있다, 맥없다, 먼눈팔다, 먼빛으로, 멋없다, 멋있다, 밥먹듯이, 버릇없다, 번개같다, 별수없다, 보다못해, 보잘것없다, 불꽃같다, 상관없다, 스스럼없다, 시름없다, 쏜살같다, 쓸데없다, 알은체하다, 어느새, 어안이벙벙하다, 어이없다, 어쩌고저쩌고, 어처구니없다, 얽히고설키다, 여봐란듯이, 요다음(요담), 요사이(요새), 요즈음(요즘), 이다음(이담), 이즈음(이즘), 작은아버지, 작은어머니, 재미없다, 재미있다, 쥐뿔같다, 쥐죽은듯하다, 철딱서니없다, 철없다, 콩볶듯하다, 큰아버지, 큰어머니, 터무니없다, 하다못해, 하루같이, 하릴없다, 하잘것없다, 한결같다, 한눈팔다, 허물없다, 흉어물없다, 힘쓰다, 힘주다

② '-디, -고, -나' 등으로 이어져서 뜻이 강조되는 말도 붙여 쓴다.

가깝디가깝다, 깊디깊다, 되디되다, 두고두고, 떫디떫다, 머나먼, 멀고멀다, 시디시다, 쓰디쓰다, 울고불고, 자디잘다, 짜디짜다, 차디차다, 크고큰, 크나큰, 하고많다

③ 대립적인 뜻을 가진 두 낱말이 결합하여 하나의 낱말처럼 익어진 것도 붙여 쓴다.

가나오나, 가로세로, 가타부타, 권커니잣거니, 되고말고, 들고나다, 들락날락하다, 들쭉날쭉하다, 보나마나, 본체만체하다, 붉으락푸르락, 엎치락뒤치락하다, 여기저기, 오나가나, 오다가다, 오락가락하다, 오르락내리락하다, 왔다갔다하다, 요리조리, 이러나저러나, 이러니저러니, 이러쿵저러쿵하다, 이렇다저렇다, 이리저리, 자나깨나, 주거니받거니, 주고받기, 지나새다

제6장 | 그 밖의 것

제51항 부사의 끝음절이 분명히 '이'로만 나는 것은 '-이'로 적고, '히'로만 나거나 '이'나 '히'로 나는 것은 '히-'로 적는다.

1. '이'로만 나는 것
가붓이, 깨끗이, 나붓이, 느긋이, 둥긋이, 따뜻이, 반듯이, 버젓이, 산뜻이, 의젓이, 가까이, 고이, 날카로이, 대수로이, 번거로이, 많이, 적이, 헛되이, 겹겹이, 번번이, 일일이, 집집이, 틈틈이

"가까운 데 집은 깎이고 먼 데 절은 비친다"는 늘 '가까이/가까히' 보면 뛰어남이 드러나지 않고, 오히려 먼 곳의 것이 좋아 보이기 쉬운 사실을 일깨운다. ─김광언 『한국의 집지킴이』
속담은 '가까운 데 있는 것은 흠이 많이 보이지만, 먼 데 있는 것은 좋게만 보인다.'는 말이다.

드는 삼재(三災)보다 나는 삼재가 더 무선거인디, **"나가는 삼재는 뒷발질로 차고 나가는 것이라,"** 재앙이 '많이/많히' 붙고 탈도 많은 법인디. ─최영희 『혼불』
속담은 '나가는 삼재는 무척 큰 화를 입히고 나간다.'는 뜻으로 빗대는 말이다.

규정을 보면 그 기준을 발음에 두어 '이'로 나는 것은 '이'로 적고, '히'로 나는 것은 '히'로 적고 '이'나 '히'로 나는 것은 '히'로 적도록 하였다.
'가붓이'는 '조금 가벼운 듯하게'의 뜻이다. '나붓이'는 '조금 나부죽하게'의 뜻이다. '나부죽하다'는 '작은 것이 좀 넓고 평평한 듯하다.'는 뜻이

다. '둥긋이'는 '둥근 듯하게'의 뜻이다. '적이'는 '꽤 어지간한 정도로'의 뜻이다.

1에서 '이'로만 나는 것으로 규정한 것은 아래와 같이 적는다.
  1) 첩어 또는 준첩어인 명사 뒤에 결합하는 것(간간이, 겹겹이, 곳곳이, 길길이, 나날이, 다달이, 땀땀이)
  2) 'ㅅ'받침 뒤에 결합하는 것(기웃이, 나긋나긋이, 번듯이, 지긋이)
  3) 'ㅂ'불규칙 용언의 어간 뒤에 결합하는 것(가벼이, 괴로이, 너그러이, 즐거이)
  4) '－하다'가 붙지 않는 용언 어간 뒤(같이, 굳이, 많이, 실없이)
  5) 부사 뒤(더욱이, 생긋이, 오뚝이, 일찍이)

2. '히'로만 나는 것
극히, 급히, 딱히, 속히, 작히, 족히, 엄격히, 정확히

다른 나라도 마찬가지이겠지만 '특히/특이' 우리나라엔 예로부터 말에 관한 속담들이 많이 전해온다. **"말 안 하면 귀신도 모른다"**

－조규익 『말타령』

속담은 '말을 해야 사람의 속내를 알 수 있다.'는 뜻이거나, '말을 하지 않으면 비밀을 지킬 수 있다.'는 의미이다.

'－하다'가 붙는 어근(단 'ㅅ'받침 제외)(극히, 급히, 딱히, 족히, 엄격히, 급급히, 꼼꼼히, 나른히, 고요히, 공평히)
'－하다'가 붙는 어근에 '－히'가 결합하여 된 부사가 줄어진 형태(익숙히 → 익히, 특별히 → 특히)
'극히'는 '더할 수 없는 정도로'라는 뜻이다. **극히** 우수한 학생. 지구가 혜성과 충돌할 확률은 **극히** 드물다. '딱히'는 '정확하게 꼭 집어서'라는

뜻이다. **딱히** 갈 곳도 없다. **딱히** 뭐라 표현하기 어렵지만 싫은 느낌은 아니었다. '작히'는 '어찌 조금만큼만', '얼마나'의 뜻으로 희망이나 추측을 나타내는 말이다. 그렇게 해 주시면 **작히** 좋겠습니까? 나쁜 놈들이 해코지를 하려 했다니 마님께서 작히 놀라셨습니까? '족히'는 '모자람이 없다고 여겨 더 바라는 바가 없이'라는 뜻이다. 몇 년 만에 친구를 만났으면 그로써 **족히** 좋은 일이지 달리 나쁜 일이 뭐가 있겠소.≪박완서, 미망≫ 하고 싶은 말도 있을 성싶지 않지만 말없이도 **족히** 즐겁다.≪유항림, 구구≫

3. '이, 히'로 나는 것

솔직히, 간편히, 나른히, 무단히, 각별히, 소홀히, 쓸쓸히, 정결히, 과감히, 꼼꼼히, 심히, 열심히, 급급히, 답답히, 공평히, 능히, 당당히, 분명히, 상당히, 조용히, 간소히, 고요히, 도저히

그는 걷어찰 기세로 발을 휘둘러 익 삼씨의 팔을 뿌리쳤다. "**청룡이 개천에 빠져서 '가만히/가만이' 엎더 있응깨 당신들 눈에는 비암장어로뿐이 안 보이요?**"　　　　　　　　　　　　　　　　－윤흥길『완장』
속담은 '위세를 잃으니 아주 하찮게 여긴다.'는 뜻으로 빗대는 말이다.

허나 기우일런지 모르나 "**탐스러운 가지 먼저 꺾일까 염려된다.**" 훌륭한 재목을 보존하기 위해 상을 내리지 않은 것이니 '섭섭히/섭섭이' 여기지 말라."　　　　　　　　　　　　　　　　－황인경『소설 목민심서』
속담은 '재능이 많은 사람일수록 남들의 모함을 받아 먼저 불행하게 된다.'는 뜻으로 빗대는 말이다.

결국 항상 '히'로 나는 것은 '히'로 적고, '－하다'가 붙을 수 있는 어근 가운데 끝 받침이 'ㅅ'인 경우를 제외한 나머지는 '히'로 적는다. 위 경우

를 제외한 나머지 경우에는 '이'로 적는다.

'나른히'는 '맥이 풀리거나 고단하여 기운이 없이'라는 뜻이다. 손끝도 발끝도 저리듯 **나른히** 맥이 풀려 왔다.≪오정희, 중국인 거리≫ '심히'는 '정도가 지나치게'라는 의미이다. 네가 하는 일을 보니 **심히** 염려가 된다. 자기의 소임이 무사히 끝났음을 심히 만족해하는 것처럼 보였다. ≪김용성, 리빠똥 장군≫ '급급히'는 '산이 높고 가파르게, 형세가 몹시 위급하게'라는 뜻이다.

'상당히'는 '수준이나 실력이 꽤 높이'라는 뜻이다. 중학생에게는 **상당히** 어려운 수학 문제. 사회가 발전함에 따라 범죄도 **상당히** 지능화하는 추세다. '도저히'는 '아무리 하여도'라는 뜻이다. **도저히** 참을 수가 없다. 그러나 지금의 섭의 수입으로서는 경이의 낭비에 가까운 생활의 사치를 **도저히** 감당해 낼 수 없었다.≪오영수, 비오리≫

　　제52항 한자어에서 본음으로도 나고 속음으로도 나는 것은 각각 그 소리에 따라 적는다.

　　(본음으로 나는 것)　　　(속음으로 나는 것)

　　승낙(承諾)　　　　　　수락(受諾), 쾌락(快諾), 허락(許諾)

　　만난(萬難)　　　　　　곤란(困難), 논란(論難)

　　분노(忿怒)　　　　　　대로(大怒), 희로애락(喜怒哀樂)

　　오륙십(五六十)　　　　오뉴월, 유월(六月)

　　목재(木材)　　　　　　모과(木瓜)

　　십일(十日)　　　　　　시방정토(十方淨土), 시왕(十王), 시월(十月)

　　팔일(八日)　　　　　　초파일(初八日)

　　나의 어느 점이 맘에 들어 내게 일생을 '허락/허낙'하기로 결정했었느냐고, 결혼 생활을 반년이나 하고 난 뒤에서야 **"잔치 연 사돈데 시룻밑 걱정하듯"** 새삼 불쑥 물으니…….　　　　　－이문구『다가오는 소리』

속담은 '걱정하지 않아도 될 것까지 걱정한다.'는 뜻으로 빗대는 말이다.

본음(本音)으로 나는 것은 본음으로, 속음(俗音)으로 나는 것은 속음으로 적는다. 속음으로 나는 경우에 규칙적인 변화의 이유를 찾기 어려우므로 발음대로 적는다.

'속음'은 세속에서 널리 사용되는 익은소리이므로, 속음으로 된 발음 형태를 표준어로 삼게 되며, 따라서 맞춤법에서도 속음에 따라 적게 된다. 표의 문자(表意文字, 하나하나의 글자가 언어의 음과 상관없이 일정한 뜻을 나타내는 문자)인 한자는 하나하나가 어휘 형태소의 성격을 띠고 있다는 점에서 본음 형태와 속음 형태는 동일 형태소의 이형태인 것이다.

'만난'은 '온갖 어려움'이라는 뜻이다. 그는 **만난**을 무릅쓰고 적진에 뛰어들었다. 가까스로 **만난**을 물리치고 청렴한 마음을 가져 보려고 여기까지 찾아왔건마는…. ≪정비석, 비석과 금강산의 대화≫

'시방정토'는 '시방에 있는 여러 부처의 정토'를 일컫는다. '시방'은 '사방(四方), 사우(四隅), 상하(上下)'를 통틀어 이르는 말이다. '사방'은 '방 따위의 네 모퉁이의 방위'이며, 동남, 동북, 서남, 서북을 이른다.

'시왕'은 '저승에서 죽은 사람을 재판하는 열 명의 대왕'을 말한다. 진광왕, 초강대왕, 송제대왕, 오관대왕, 염라대왕, 변성대왕, 태산대왕, 평등왕, 도시대왕, 오도 전륜대왕이다. 죽은 날부터 49일까지는 7일마다, 그 뒤에는 백일·소상(小祥)·대상(大祥) 때에 차례로 이들에 의하여 심판을 받는다고 한다.

동일 형태소의 이형태들은 다음과 같다.

보리(菩提)/제공(提供), 도량(道場)/도장(道場), 보시(布施)/공포(公布), 본댁(本宅), 시댁(媤宅), 댁내(宅內)/자택(自宅), 모란(牧丹)/단심(丹心), 통찰(洞察)/동굴(洞窟), 설탕(雪糖)/당분(糖分)

제53항 다음과 같은 어미는 예사소리로 적는다(ㄱ을 취하고, ㄴ을 버림).

ㄱ	ㄴ	ㄱ	ㄴ
―(으)ㄹ거나	―(으)ㄹ꺼나	―(으)ㄹ걸	―(으)ㄹ껄
―(으)ㄹ게	―(으)ㄹ께	―(으)ㄹ세	―(으)ㄹ쎄
―(으)ㄹ세라	―(으)ㄹ쎄라	―(으)ㄹ수록	―(으)ㄹ쑤록
―(으)ㄹ시	―(으)ㄹ씨	―(으)ㄹ지	―(으)ㄹ찌
―(으)ㄹ지니라	―(으)ㄹ찌니라	―(으)ㄹ지라도	―(으)ㄹ찌라도
―(으)ㄹ지어다	―(으)ㄹ찌어다	―(으)ㄹ지언정	―(으)ㄹ찌언정
―(으)ㄹ진대	―(으)ㄹ찐대	―(으)ㄹ진저	―(으)ㄹ찐저
―올시다	―올씨다		

지하의 아버지나 어머니도 **"나는 바담 '풍할지라도/풍할찌라도' 너는 바람 풍 해라"**고 이르리라 믿고, 당신들이 내게 보여 준 연기만큼이라도 따라가고자 한다.　　　　　　　　　　　　　― 최일남 『글짓기로 일어서기』

속담은 '자신은 그른 행동을 하면서 남에게 옳은 행동을 요구한다.'는 뜻으로 빗대어 이르는 말이다.

숨은 내쉬어도 말은 내하지 말랬어요. **"가루는 칠수록 고와지지만 말은 '할수록/할쑤록' 거칠어진댔으니까,"** 우리 없었던 걸로 합시다.

　　　　　　　　　　　　　　　　　　　― 오찬식 『도깨비 놀음』

속담은 '말을 많이 하다보면 점점 경박스럽고 쓸모없는 말을 하게 된다.'는 뜻으로 빗대는 말이다.

'―ㄹ거나'는 모음으로 끝나는 동사의 어간에 붙어, 영탄조로 자문(自問)하거나 '해' 할 상대에게 의견을 물어 볼 때 쓰이는 종결 어미이다. '―ㄹ걸'은 모음으로 끝나는 동사의 어간에 붙어, 지나간 일을 후회하는 뜻으로 혼자 말할 때 쓰이는 종결 어미이다. 또한 모음으로 끝나는 어간에 붙어, '해' 할 상대에게 어떤 일을 추측함을 나타내는 종결 어미이다. 함께 노래를 **부를거나?** '-ㄹ게'는 모음으로 끝나는 동사의 어간에 붙어, '해' 할 상대에게 어떠한 행동을 약속하거나 어떤 일에 대한 자기의 의지를 나타낼 때 쓰이는 종결 어미이다. 다시 **연락할게.**

'-ㄹ세'는 '이다', '아니다'의 어간에 붙어, '하게' 할 자리에 자기의 생각을 설명하는 종결 어미이다. 내 가게 문 닫으면 그 자가 **춤출세.** 그럼 이따가 **기별할세.** '-ㄹ세라'는 모음으로 끝나는 어간에 붙어, 어떠한 일이 일어날까 걱정함을 나타내는 종결 또는 연결 어미이다. 행여 남편이 **눈치챌세라** 아내는 조용히 방문을 열었다. 북쪽은 **추울세라** 두꺼운 옷도 준비했다. '-ㄹ수록'은 모음으로 끝나는 어간에 붙어, 어떠한 일이 더하여 감을 나타내는 연결 어미이다. **어린아이일수록** 단백질이 많이 필요하다. 높이 **올라갈수록** 기온은 떨어진다.

'-ㄹ시-'는 '이다', '아니다'의 어간에 붙어, '-ㄹ 것이', '-ㄴ 것이'의 뜻으로 추측하여 판단한 사실이 틀림없음을 나타내는 연결 어미이다. 이것은 **고려청자일시** 분명하이. 특등 사수 고 상경이 서슴지 않고 자기 과녁으로 택한 문제의 그 **여자일시** 분명했다.≪윤흥길, 묵시의 바다≫ '-ㄹ지'는 모음으로 끝나는 어간에 붙어, 추측으로 의심을 나타내는 연결 어미이다. 무엇부터 해야 **할지** 덤벙거리다 시간만 보냈어. 내일은 얼마나 날씨가 **추울지** 바람이 굉장히 매섭게 불어. 내가 몇 **등일지** 마음엔 걱정이 가득했다.

'-ㄹ지니라'는 모음으로 끝나는 어간에 붙어, 상대보다 우월한 위치에서 '마땅히 그러할 것이니라.'의 뜻을 나타내어 장중하게 말하는, 예스러운 종결 어미이다. 너희는 모름지기 성현을 **본받을지니라.** 남을 위하여 자기를 희생하는 정신이 가장 **거룩할지니라.** 나보다 나라를 먼저 생각하는 자가 **애국자일지니라.** '-ㄹ지라도'는 모음으로 끝나는 어간에 붙어, '비록 그러하더라도'의 뜻으로 뒤의 사실이 앞의 사실에 매이지 않음을 나타내는 연결 어미이다. 경기에 **질지라도** 정당하게 싸워야 한다. 그는 힘은 **약할지라도** 기술이 좋다. 그것이 비록 꾸며 낸 **이야기일지라도** 아이들에게 교훈이 될 것이다.

'ㅡㄹ지어다'는 모음으로 끝나는 동사의 어간에 붙어, '마땅히 그러하게 하여라.'의 뜻으로, 상대보다 우월한 위치에서 어떤 행위를 하도록 위엄 있게 명령하는 뜻을 나타내는, 예스러운 문어체의 종결 어미이다. 너희는 오늘부터 부부가 되었으니 서로 믿고 **사랑할지어다**. 'ㅡㄹ지언정'은 모음으로 끝나는 어간에 붙어, 한 가지를 꼭 부인하기 위하여는 차라리 다른 것을 시인할 용의가 있음을 나타내는 연결 어미이다. 그것은 무모한 **행동일지언정** 용감한 행동은 아니다.

'ㅡㄹ진대'는 모음으로 끝나는 어간에 붙어, 어떤 사실이 의당 그러하리라는 것을 인정하면서, 그것을 다른 사실의 조건이나 근거로 삼는 뜻을 나타내는 연결 어미이다. 주인이 **취할진대** 누가 뭐라 하겠는가. 그대와 같이 **건강할진대** 무엇이 걱정되랴. 우리가 **이웃일진대** 서로 도와야 마땅하다.

'ㅡㄹ진저'는 모음으로 끝나는 동사의 어간에 붙어, 지적으로 우월한 입장에서 어떤 사실이 마땅히 그러하거나 그러해야 함을 나타내는, 문어체의 종결 어미이다. 정의를 위하여 **싸울진저**. 그 정신 칭송받아 **마땅할진저**. 조국의 통일은 우리의 **소원일진저**. 'ㅡ올시다'는 '이다', '아니다'의 어간에 붙어, '합쇼' 할 자리에서 'ㅡㅂ니다'의 뜻으로 쓰이는 평서형 종결 어미이다. 그것은 제 것이 **아니올시다**. 지나가는 **나그네올시다**.

형식 형태소인 어미의 경우, 규칙성이 적용되지 않는 현상일 때에는 변이 형태를 인정하여 소리 나는 대로 적는 것을 원칙으로 삼았다. 그러므로 'ㅡㄹ꺼나, ㅡㄹ껄'처럼 적을 것으로 생각하기 쉬우나 'ㅡㄹ' 뒤에서 된소리로 발음되는 것은 된소리로 적지 않기로 한다.

다만, 의문을 나타내는 다음 어미들은 된소리로 적는다.

-(으)ㄹ까?, -(으)ㄹ꼬?, -(스)ㅂ니까?, -(으)리까?, -(으)ㄹ쏘냐?

이런 짐작 없는 사람을 보았나? 내가 **"자린고비 찜 쪄 먹은 위인"**이라 한들 자네에게 내릴 용채에 인색'할까?/할가?'

-김주영 『객주』

속담은 '무척 인색하고 옹졸하다.'는 뜻으로 빗대어 이르는 말이다.

의문(疑問)을 나타내는 어미들의 경우에는 'ㄹ' 뒤에서만 된소리로 나는 것이 아니므로 된소리로 적기로 하였다.

'-ㄹ까?'는 '현재 정해지지 않은 일에 대한 물음이나 추측'을 나타내는 종결 어미이다. 이 나무에 꽃이 피면 얼마나 **예쁠까?** 이 그물에 고기가 잡힐까? '-ㄹ꼬?'는 '이다'의 어간, 받침 없는 용언의 어간, 'ㄹ' 받침인 용언의 어간 또는 어미 '-으시-' 뒤에 붙어 해라할 자리에 쓰여, 현재 정해지지 않은 일에 대한 물음이나 추측을 나타내는 종결 어미이다. 주로 '누구, 무엇, 언제, 어디' 따위의 의문사가 있는 문장에 쓰이며 근엄한 말투를 만든다. 날씨가 왜 이리 **추울꼬?** 대체 그것이 **무엇일꼬?**

'-ㅂ니까?'는 '이다'의 어간, 받침 없는 용언의 어간, 'ㄹ' 받침인 용언의 어간 또는 어미 '-으시-' 뒤에 붙어 '의문'을 나타내는 종결 어미이다. 그 사람이 **범인입니까?** 얼마나 **기쁩니까?** '-리까?'는 '추측'을 묻는 종결 어미이며, 주로 반문하는 데 쓰인다. 많은 사람을 위해서 하는 일을 누가 그르다 **하리까?** '-ㄹ쏘냐?'는 '어찌 그럴 리가 있겠느냐'의 뜻으로 강한 부정을 나타내는 종결 어미이며, 주로 의문문 형식을 취한다. 내가 너에게 **질쏘냐?** 나라고 대장부가 **아닐쏘냐?**

제54항 다음과 같은 접미사는 된소리로 적는다(ㄱ을 취하고 ㄴ을 버림).

ㄱ	ㄴ	ㄱ	ㄴ
심부름꾼	심부름군	익살꾼	익살군

일꾼	일군	장난꾼	장난군
지게꾼	지겟군	때깔	땟갈
빛깔	빛갈	성깔	성갈
귀때기	귓대기	볼때기	볼대기
판자때기	판잣대기	뒤꿈치	뒤굼치
팔꿈치	팔굼치	이마빼기	이맛배기
코빼기	콧배기	객쩍다	객적다
겸연쩍다	겸연적다		

　"남대문 '지게꾼/지겟군'도 순서가 있다"구, 술값 계산이나 먼저 하시지. 기다릴 필요가 없단 말인가 뭔가?　　　　　　－이문구『장한몽』
　속담은 '무슨 일이든지 순서를 지켜야 한다.'는 뜻으로 빗대는 말이다.

　이번에는 산밤나무에다 눈을 부릅뜨며 언성을 높였다. **"자벌레가 몸을 구부리는 것은 펴기 위해서랬거늘"** 그래 그렇게 펴본즉 기럭지가 길어지더냐 '때깔/땟갈'이 이뻐지더냐?
　　　　　　　　　　　　　　　　　　　　－이문구『매월당 김시습』
　속담은 '올곧은 사람이 잠시 생각이나 몸을 움추리는 것은 더욱 발전하기 위함.'이라는 뜻으로 비유하는 말이다.

　예사소리로 적을지 된소리로 적을지 혼동이 생길 경우에 대해 된소리로 적는 경우이다.
　① '－군/－꾼'은 '꾼'으로 통일하여 적는다(개평꾼, 거간꾼, 노름꾼, 농사꾼, 몰이꾼, 술꾼, 소리꾼, 사냥꾼).
　② '－갈/－깔'은 '깔'로 통일하여 적는다(맛깔, 태깔(態－, 모양과 빛깔)).
　③ '－대기/－때기'는 '때기'로 적는다(거적때기, 나무때기, 등때기, 배때기, 송판때기, 팔때기).

④ '-굼치/-꿈치'는 '꿈치'로 적는다(발꿈치, 발뒤꿈치).

⑤ '-배기/-빼기'가 혼동될 수 있는 단어는 첫째, [배기]로 발음되는 경우는 '배기'로 적는다(귀퉁배기, 나이배기, 육자배기, 주정배기). 둘째, 한 형태소 내부에 있어서 'ㄱ, ㅂ' 받침 뒤에서 [빼기]로 발음되는 경우는 '배기'로 적는다(뚝배기, 학배기[蜻幼蟲]). 셋째, 다른 형태소 뒤에서 [빼기]로 발음되는 것은 모두 '빼기'로 적는다(고들빼기, 대갈빼기, 재빼기, 곱빼기, 밥빼기, 얽빼기).

⑥ '-적다/-쩍다'가 혼동될 수 있는 단어는 첫째, [적다]로 발음되는 경우는 '적다'로 적는다(괘다리적다, 괘달머리적다, 딴기적다). 둘째, '적다'의 뜻이 유지되고 있는 합성어의 경우는 '적다'로 적는다(맛적다(맛이 적어 싱겁다)). 셋째, '적다'의 뜻이 없이, [쩍다]로 발음되는 경우는 '쩍다'로 적는다(맥쩍다, 멋쩍다, 행망쩍다).

'익살꾼'은 '남을 웃기는 우스운 말이나 행동을 아주 잘하는 사람.'을 일컫는다. 무명 한복에 짚신을 신은 그는 똥똥한 키에 눈망울이 부리부리해서 흡사 곡마단의 난쟁이 **익살꾼과** 오뚝이를 합친 듯한 기묘한 모습이었다.≪홍성원, 무사와 악사≫ '성깔'은 '거친 성질을 부리는 버릇이나 태도. 또는 그 성질.'을 말한다. 보안계장은 강파른 얼굴에 안경까지 낀 것이 **성깔** 사나운 시어머니 인상이었다.≪송기숙, 암태도≫ 욱하는 **성깔을** 가라앉히지 못한 양 서방이 짊어졌던 지게를 내팽개치며 눈을 부릅떴다.≪한수산, 유민≫

'볼때기'는 '볼따구니.'라고도 한다. 그 뻔뻔하기 그지없는 놈의 **볼때기라도** 한 대 쳐 주고 싶은 생각이었어. 해맑은 얼굴이 갸름하되 홀쭉하지 않고, **볼때기가** 도독한 것이며….≪채만식, 탁류≫ '이마빼기'는 '이마'를 속되게 이르는 말이다. 네 **이마빼기** 받힌다고 죽을 나도 아니다. 받아라. 받아!≪한수산, 부초≫ '객쩍다'는 행동이나 말, 생각이 쓸데없고 싱겁다. **객쩍은** 소리 그만두어요. 그 따위 실없는 소리를 할 때가 아니에요.≪염상섭, 삼대≫ 이러한 자지레한 문제를 가지고 우리가 **객쩍게** 시간을 소비하는 것을 알면….≪박태원, 낙조≫

'겸연쩍다'는 '쑥스럽거나 미안하여 어색하다.'라는 뜻이다. 그는 자기의 실수가 **겸연쩍은지** 씩 멋쩍은 웃음을 보였다. 그는 마을에서 방울이를 마주 대하기가 **겸연쩍어** 되도록이면 피하는 입장이 되었다.≪문순태, 타오르는 강≫

제55항 두 가지로 구별하여 적던 다음 말들은 한 가지로 적는다(ㄱ을 취하고 ㄴ을 버림).

ㄱ	ㄴ
맞추다(입을 맞춘다. 양복을 맞춘다.)	마추다
뻗치다(다리를 뻗친다. 멀리 뻗친다.)	뻐치다

그러나 "잘 익은 열매도 때 '맞추어/마추어' 따야 제 맛이 나는 법이다." 당장의 욕심만 탐해서는 열매를 맛보기는 커녕 감추어진 가시에 찔려 상처만 입기가 십상인 것이다.　　　　　　　　　－홍성원『먼동』

속담은 '아무리 좋은 것이라도 때맞추어 거두어야 한다.'는 뜻으로 이르는 말이다.

'맞추다'는 '서로 떨어져 있는 부분을 제자리에 맞게 대어 붙이다.', '서로 어긋남이 없이 조화를 이루다.' 등의 뜻이 있다. 떨어져 나간 조각들을 제자리에 잘 **맞춘** 다음에 접착제를 사용하여 붙였더니 새것 같았다. 깨진 조각을 본체와 **맞추어** 붙이다. 나는 이 많은 부품 중에서 이것을 무엇과 **맞추어야** 하는지 막막하기만 했다. 분해했던 부품들을 다시 **맞추다**. 그는 부러진 네 가닥의 뼈를 잡고 그것을 **맞추기** 시작했다.≪김성일, 비워 둔 자리≫

'뻗치다'는 '뻗다'를 강조하여 이르는 말이다. 기운이 온몸에 **뻗치다**.

젊은 연예인들의 화려함은 방송 매체에 대한 환상을 청소년들에게 급속하게 **뻗치는** 주된 원인이다. 정부는 21세기에 대한 희망과 꿈을 모든 계층으로 **뻗칠** 수 있는 방안을 고심하고 있다.

제56항 '－더라, －던'과 '－든지'는 다음과 같이 적는다.

1. 지난 일을 나타내는 어미는 '－더라, －던'으로 적는다(ㄱ을 취하고 ㄴ을 버림).

ㄱ	ㄴ
지난 겨울은 몹시 춥더라.	지난 겨울은 몹시 춥드라.
깊던 물이 얕아졌다.	깊든 물이 얕아졌다.
그렇게 좋던가?	그렇게 좋든가?
그 사람 말 잘하던데!	그 사람 말 잘하든데!
얼마나 놀랐던지 몰라.	얼마나 놀랐든지 몰라.

이 사람이 자다가 나온 건 맞나 보네. **"잠결에 남의 다리 긁는'다더니/다드니',"** 뜬금없이 무슨 감자타령이여.　　　　－한수산 『까마귀』
　속담은 '갑자기 엉뚱한 짓을 한다.'는 뜻으로 빗대어 이르는 말이다.

　중국에서 '있었던/있었든' 일이고 지금은 독일에서 현실화 되고 있는 일이다. 우리라고 못 하란 법이 있는가. 첫 걸음은 그래서 귀중하다. **"천 리 길도 첫 걸음에서 시작된다니."** －최인훈 『화두』
　속담은 '어떤 큰일이라도 작은 시작으로부터 비롯되기 때문에 처음이 중요하다.'는 뜻으로 이르는 말이다.

　'－던'은 지난 일을 나타내는 '－더'에 관형사형 어미 '－ㄴ'이 붙어서 된 형태이다. 지난 일을 나타내는 어미는 '－더－'가 결합한 형태로 쓴다. '-더구나, -더구먼, -더냐, -더니' 등이 있다.

2. 물건이나 일의 내용을 가리지 아니하는 뜻을 나타내는 조사와 어미는 '(-)든지'로 적는다(ㄱ을 취하고 ㄴ을 버림).

        ㄱ   ㄴ

배든지 사과든지 마음대로 먹어라.   배던지 사과던지 마음대로 먹어라.
가든지 오든지 마음대로 해라.   가던지 오던지 마음대로 해라.

처음부터 법으로 '묶든지 말든지/묶던지 말던지' 할 일이제, 즈그들도 내내 맛있게 처먹던 놈들이, 나 안 먹는다고 "**우물에 침뱉는 격**"으로 멀쩡한 음식에 병균이 득실거린다고 나불대를 불어.

                                      -송기숙『신 농가월령가』

속담은 '저와 관계없는 일에는 방해하고 나선다.'는 뜻으로 빗대는 말이다.

'-든'은 내용을 가리지 않는 뜻을 표하는 연결어미 '-든지'가 줄어진 형태이다. 결국 회상의 의미가 있는지 없는지를 따져 보면 그리 어렵지 않게 구별할 수 있다.

제57항 다음 말들은 각각 구별하여 적는다.
가름   둘로 가름
갈음   새 책상으로 갈음하였다.

'가름[分割]'은 '가르다'의 어간에 '-ㅁ'이 붙은 형태, 나누는 것을 의미한다. '갈음'은 '갈다'의 어간에 '-음'이 붙은 형태로 '대신하는 것, 대체하는 것'을 뜻한다.
'가름'은 '쪼개거나 나누어 따로따로 되게 하는 일, 승부나 등수 따위를 정하는 일'을 뜻한다. 차림새만 봐서는 여자인지 남자인지 **가름**이 되지 않는다. 이기고 지는 것은 대개 외발 싸움에서 **가름**이 났다.≪이 문열, 변경≫

'갈음'은 '다른 것으로 바꾸어 대신하다.'는 뜻이다. 여러분과 여러분 가정에 행운이 가득하기를 기원하는 것으로 치사를 **갈음**합니다.

거름   풀을 썩인 거름
걸음   빠른 걸음

'거름'은 '(땅이)걸다'의 어간 '걸ㅡ'에 'ㅡ음'이 붙은 형태이고, '걸음'은 '걷다'의 어간 '걷ㅡ'에 'ㅡ음'이 붙은 형태로 분석된다.

거치다   영월을 거쳐 왔다.
걷히다   외상값이 잘 걷힌다.

'거치다'는 '무엇에 걸려서 스치다, 경유하다'란 뜻을 나타내며, '걷히다'는 '걷다'의 피동사이다. '거치다'는 '마음에 거리끼거나 꺼리다, 오가는 도중에 어디를 지나거나 들르다'의 뜻이다. 가장 어려운 문제를 해결했으니 이제 특별히 **거칠** 문제는 없다. 대구를 **거쳐** 부산으로 간다.

'걷히다'는 이제 양털 구름은 말짱히 **걷혀** 버려 산마루 뒤로 물러앉아 있었다.≪김원일, 불의 제전≫ 온기를 받아 뿌옇게 서렸던 등피의 습기가 **걷히며** 방 안이 밝아 왔다.≪한수산, 유민≫ 대운동회마저 지나고 나니 웅성대던 고을 거리는 장마 **걷힌** 뒤인 것처럼 갑자기 쓸쓸해졌다. ≪김남천, 대하≫

걷잡다   걷잡을 수 없는 상태
겉잡다   겉잡아서 이틀 걸릴 일

‘걷잡다’는 ‘쓰러지는 것을 거두어 붙잡다.’의 뜻을 나타내며, ‘겉잡다’는 ‘겉가량하여 먼저 어림치다.’란 뜻이다.

　‘걷잡다’는 ‘마음을 진정하거나 억제하다’는 뜻이다. **걷잡을** 수 없이 흐르는 눈물. ‘겉잡다’는 겉잡아도 일주일은 걸릴 일을 하루 만에 다 하라고 하니 일하는 사람들의 원성이 어떨지는 말 안 해도 뻔하지. 예산을 대충 **겉잡아서** 말하지 말고 잘 뽑아 보시오.

　그러므로(그러니까)　　　　　그는 부지런하다. 그러므로 잘 산다.
　그럼으로(써)(그렇게 하는 것으로)　그는 열심히 공부한다. 그럼으로
(써) 은혜에 보답한다.

　그러므로 ①(그러하기 때문에)규정이 그러므로, 이를 어길 수 없다.
　　　　　 ②(그리 하기 때문에) 그가 스스로 그러므로, 만류하기가
　　　　　　 어렵다.
　　　　　 ③(그렇기 때문에) 그는 훌륭한 학자다. 그러므로 존경을
　　　　　　 받는다.
　그럼으로(써) (그렇게 하는 것으로써) 그는 열심히 일한다. 그럼으로
써 삶의 보람을 느낀다.

　노름　　　　　노름판이 벌어졌다.
　놀음(놀이)　　즐거운 놀음

　‘노름[賭博]’도 어원적인 형태는 ‘놀-’에 ‘-음’이 붙어서 된 것으로 분석되지만, 그 어간의 본뜻에서 멀어진 것이므로 소리 나는 대로 적는다. ‘놀음’은 ‘놀다’의 ‘놀-’에 ‘-음’이 붙은 형태인데, 어간의 본뜻이 유지되는 것이므로 그 형태를 밝히어 적는다.

느리다	진도가 너무 느리다.
늘이다	고무줄을 늘인다.
늘리다	수출량을 더 늘린다.

'느리다'는 '속도가 빠르지 못하다.'란 뜻이고, '늘이다'는 '본디보다 길게 하다. 아래로 처지게 하다.'란 의미이며, '늘리다'는 '크게 하거나 많게 하다.'란 뜻을 나타낸다.

'느리다'는 '어떤 동작을 하는 데 걸리는 시간이 길다.'라는 뜻이다. 더위에 지친 사람들은 모두 **느리게** 움직이고 있었다. 추위와 굶주림, 피로가 겹쳐 사병들의 동작은 흡사 굼벵이처럼 **느리고** 우둔하다. ≪홍성원, 육이오≫ '늘이다'는 엿가락을 늘이다. 찬조 연설자가 단상 앞으로 나와 엇비슷한 말들을 엿가락처럼 **늘여** 되풀이하는 바람에 식이 끝났을 때는 오후 한 시가 넘어 버렸다. ≪김원일, 불의 제전≫ '늘리다'는 '늘다'의 사동사이다. 바짓단을 **늘리다**. 학생 수를 **늘리다**. 시험 시간을 30분 **늘리다**.

다리다	옷을 다린다.
달이다	약을 달인다.

'다리다'는 '다리미로 문지르다.'란 뜻이며, '달이다'는 '끓여서 진하게 하다. 약제에 물을 부어 끓게 하다.'란 의미를 나타낸다.

'다리다'는 **다리지** 않은 와이셔츠라 온통 구김살이 가 있다. 종년이 조복을 **다리다가** 자 버리는 바람에 그만 깃을 태워 버리지 않았겠나. ≪박경리, 토지≫ '달이다'는 뜰에서 **달이는** 구수한 한약 냄새만이 아직도 공복인 필재의 구미를 돋우어 줄 뿐이다. ≪정한숙, 고가≫ 종심이 방금 **달인** 차가 바로 그때 딴 찻잎이었던 것이다. ≪한무숙, 만남≫

다치다	부주의로 손을 다쳤다.
닫히다	문이 저절로 닫혔다.
닫치다	문을 힘껏 닫쳤다.

　'다치다'는 '부딪쳐서 상하다., 부상을 입다.'란 의미이며, '닫히다'는 '닫다'의 피동사이고, '닫아지다'와 대응하는 말이다. '닫치다'는 '닫다'의 강세어이므로 '문을 닫치다(힘차게 닫다).'처럼 쓰인다.
　'다치다'는 넘어져 무릎을 **다치다**. 무거운 짐을 들다가 허리를 **다쳤다**. '닫히다'는 지금 시간이면 은행 문이 **닫혔을** 겁니다. 뒷실댁이 바락바락 내질러도 뒷실 어른의 한번 **닫힌** 입은 조개처럼 다시는 열릴 줄을 모른다.≪김춘복, 쌈짓골≫ '닫치다'는 문득 급거히 대문을 **닫친다**. 마치 그 열린 사이로 악마나 들어올 것처럼.≪현진건, 술 권하는 사회≫ 병화는 더 캐어묻고 싶었으나 대답이 탐탁지가 않아서 입을 **닫쳐** 버렸다.≪염상섭, 삼대≫

마치다	벌써 일을 마쳤다.
맞히다	여러 문제를 더 맞혔다.

　'마치다'는 '끝내다'란 의미를 가지며, '맞히다'는 '표적에 맞게 하다, 맞는 답을 내놓다, 침이나 매 따위를 맞게 하다.'란 뜻이다.
　'마치다'는 우리는 근무가 **마치면** 가까운 식당에서 국수를 먹곤 하였다. 목이 메어 말을 채 **마치지** 못했다. '맞히다'는 수수께끼에 대한 답을 정확하게 **맞히면** 상품을 드립니다. 나는 열 문제 중에서 겨우 세 개만 **맞혀서** 자존심이 무척 상했었다.
　* '퀴즈의 답을 맞히다.'가 옳은 표현이고 '퀴즈의 답을 맞추다.'라고 하는 것은 틀린 표현이다. '맞히다'에는 '적중하다'의 의미가 있어서 정답을 골라낸다는 의미를 가지지만 '맞추다'는 '대상끼리 서로 비교한다.'

는 의미를 가져서 '답안지를 정답과 맞추다.'와 같은 경우에만 쓴다.

목거리	목거리가 덧났다.
목걸이	금 목걸이, 은 목걸이

'목거리'는 '목이 붓고 아픈 병'을 의미하고, '목걸이'는 '목에 거는 물건, 또는 여자들이 목에 거는 장식품'을 일컫는다.

바치다	나라를 위해 목숨을 바쳤다.
받치다	우산을 받치고 간다.

'바치다'는 '신이나 웃어른께 드리다, 마음과 몸을 내놓다, 세금 따위를 내다.'란 의미이며, '받치다'는 '밑을 괴다, 모음 글자 밑에 자음 글자를 붙여 적다, 위에서 내려오는 것을 아래에서 잡아들다.' 등의 뜻을 나타낸다.

'바치다'는 새로 부임한 군수에게 음식을 만들어 **바쳤다**. 몸소 남문 이십 리 밖의 산천단에 올라가 한라산 산신께 살찐 송아지 하나를 희생하여 **바치고** 축문을 읽었다.≪현기영, 변방에 우짖는 새≫ 뼈마디가 가루가 되는 한이 있더라도 이분을 위해서라면 몸과 마음을 **바쳐야** 된다는 생각뿐이었다.≪유현종, 들불≫ '받치다'는 아침에 먹은 것이 자꾸 **받쳐서** 아무래도 점심은 굶어야겠다. 아무런 느낌도 없었으나 생목이 울컥 **받쳐** 올랐다.≪김원일, 불의 제전≫ 맨바닥에서 잠을 자려니 등이 **받쳐서** 잠이 오지 않는다.

받히다	쇠뿔에 받혔다.
밭치다	술을 체에 밭친다./책받침을 밭친다.

'받히다'는 '받다'의 피동사이며, '밭치다'는 '밭다'의 강세어이다.

'받히다'는 마을 이장이 소에게 받혀서 꼼짝을 못한다. 휠체어를 탄 여학생이 횡단보도를 건너다 신호등을 무시하고 달려오는 승용차에 받혀 크게 다쳤다.

'밭치다'는 젓국을 밭쳐 놓았다. 씻어 놓은 상추를 채반에 밭쳤다. 잘 삶은 국수를 찬물에 헹군 후 체에 밭쳐 놓았다.

반드시	약속은 반드시 지켜라.
반듯이	고개를 반듯이 들어라.

'반드시'는 '꼭, 틀림없이'란 의미를 가지며, '반듯이'는 '비뚤어지거나 기울거나 굽지 않고 바르게'란 뜻을 나타낸다.

'반드시'는 **반드시** 시간에 맞추어 오너라. 비가 오는 날이면 **반드시** 허리가 쑤신다. 지진이 일어난 뒤에는 **반드시** 해일이 일어난다. '반듯이'는 원주댁은 **반듯이** 몸을 누이고 천장을 향해 누워 있었다.≪한수산, 유민≫ 머리단장을 곱게 하여 옥비녀를 **반듯이** 찌르고 새 옷으로 치레한 화계댁이….≪김원일, 불의 제전≫

부딪치다	차와 차가 마주 부딪쳤다.
부딪히다	마차가 화물차에 부딪혔다.

'부딪치다'는 '부딪다'(물건과 물건이 서로 힘 있게 마주 닿다., 그리되게 하다.)의 강세어이고, '부딪히다'는 '부딪다'의 피동사이다.

'부딪치다'는 취객 하나가 그에게 몸을 **부딪치며** 시비를 걸어왔다. 자전거가 빗길에 자동차와 **부딪쳤다**. 윤수는 가슴이 덜컥 내려앉으며 어떤 예감에 콱 **부딪쳤다**. 그러나 그에게 **부딪친** 현실은 봉건적 사상과 낡은 습관과 타락한 금수 철학이 그의 몸을 싸늘하게 결박하고 있지 않은가.≪이기영, 고향≫ 김 과장은 무슨 잘못을 저질렀는지 사장과 눈길을 **부딪치기를** 꺼려했다. '부딪히다'는 아이는 한눈을 팔다가 선생님과 **부딪혔다.** 빙판길에서 미끄러져 서로 정면으로 **부딪힌** 차들이 크게부서졌다. 경제적 난관에 **부딪힌** 회사는 결국 문을 닫고 말았다.

부치다	힘이 부치는 일이다./편지를 부치다.
	논밭을 부친다./빈대떡을 부친다.
	식목일에 부치는 글/회의에 부치는 안건
	인쇄에 부치는 원고/삼촌 집에 숙식을 부친다.
붙이다	우표를 붙이다./책상을 벽에 붙였다.
	흥정을 붙인다./불을 붙인다.
	감시원을 붙인다./조건을 붙인다.
	취미를 붙인다./별명을 붙인다.

'부치다'는 '편지나 물건 따위를 일정한 수단이나 방법을 써서 상대에게로 보내다. 어떤 문제를 다른 곳이나 다른 기회로 넘기어 맡기다. 어떤 일을 거론하거나 문제 삼지 아니하는 상태에 있게 하다. 마음이나정 따위를 다른 것에 의지하여 대신 나타내다. 원고를 인쇄에 넘기다.' 등의 뜻이 있다. '붙이다'는 '붙게 하다. 서로 맞닿게 하다. 습관이나 취미 등이 익어지게 하다. 이름을 가지게 하다.' 등의 의미를 가진다.

시키다	일을 시킨다.
식히다	끓인 물을 식히다.

'시키다'는 '하게 하다'란 뜻을 가지며, '식히다'는 '식다'의 사동사이다.
'시키다'는 그들은 나쁜 짓을 하라고 **시켜도** 못할 순박한 사람들이다. 돼지 죽통에 무얼 좀 주라고 **시켜야겠다고** 하면서도 을생의 입에서는

만필이를 부르는 대신 열에 들뜬 신음 소리가 먼저 새어 나왔다.≪한수산, 유민≫ '식히다'는 평상을 깔고 그 위에 앉아서 무덥고 긴 여름밤의 열기를 **식히고** 있었다.≪최인호, 지구인≫ 이글이글 달아오른 분노를 한 바가지의 펌프 물로 **식히고** 곧장 자리에 들었다.≪박완서, 오만과 몽상≫

아름	세 아름 되는 둘레
알음	전부터 알음이 있는 사이
앎	앎이 힘이다.

 '아름'은 '두 팔을 벌려서 껴안은 둘레의 길이'를 일컫고, '알음'은 '아는 것'이란 뜻을 나타내며, '알다'의 어간 '알-'에 '-음'이 붙은 형태이고, '앎'는 한 음절로 줄여서 일컫는 것이다.
 '아름'은 또출네는 하늘과 땅을, 온 세상의 초목과 강물을 **아름** 속으로 품어 넣듯 두 팔을 활짝 벌리어….≪박경리, 토지≫ 꽃을 한 아름 사 오다. 전날 초저녁 몇 **아름**이나 되는 장작으로 뜨겁게 달구어졌던 방은 어느새 얼음장처럼 식어 있었다.≪이문열, 그해 겨울≫ '알음'은 얼굴은 진작부터 **알음이** 있었다. 오늘날…재산이란 것도, 따지고 보면 모두가 그 당시에 긁어모았던 돈과 그 무렵 관공서와의 **알음을** 바탕으로 휴전 후에 부정 도벌과 숯장수를 해서 모은 것이다.≪김춘복, 쌈짓 골≫ 대불이는 그의 통사정에 마음이 움직여 등짐꾼으로 썼는데 나이 많은 약골인 줄로만 알았더니 **알음** 있게 일을 잘하였다.≪문순태, 타오르는 강≫ '앎'은 나의 믿음이 너의 **앎이** 되었으리니 이제는 행함이 있어라.≪장용학, 역성 서설≫ 대의명분은 뚜렷하나 지배층이 그걸 실천할 성의가 없고 민중은 힘과 **앎이** 모자란다는 거야.≪최인훈, 회색인≫

안치다	밥을 안친다.

앉히다   윗자리에 앉힌다.

'안치다'는 '끓이거나 찔 물건을 솥이나 시루에 넣다.'란 의미를 가지며, '앉히다'는 '앉다'의 사동사(앉게 하다)이다.

'안치다'는 솥에 고구마를 **안쳤다**. 천일네도 소매를 걷고 부엌으로 들어서며 작은 솥에 물을 붓고 가서 낸 뒤 닭을 **안치고** 불을 지핀다.≪박경리, 토지≫ '앉히다'는 친구를 의자에 **앉혔다**. 그는 딸을 앞에 **앉혀** 놓고 잘못을 타일렀다. 새를 손 위에 **앉히려고** 모이를 손바닥에 올려놓고 기다렸다.

어름   두 물건의 어름에서 일어난 현상
얼음   얼음이 얼었다.

'어름'은 '두 물건의 끝이 닿은 데'를 의미하며, '얼음'은 '물이 얼어서 굳어진 것', '얼다'의 어간 '얼-'에 '-음'이 붙은 형태이므로, 어간의 본 모양을 밝히어 적는다.

'어름'은 바닷물과 갯벌이 맞물려 있는 어름에 그물이 설치되어 있었다. 지리산은 전라, 충청, 경상도 **어름**에 있다. 한길에서 공장 신축장으로 들어가는 **어름**에 생긴 포장마차가 둘 있었다.≪황순원, 신들의 주사위≫ '얼음'은 '물이 얼어서 굳어진 물질.'을 일컫는다. 녹지 않고 쌓인 눈이 **얼음으로** 바뀌다. 이 추위에 얼마나 고생이냐? 손등에 **얼음이** 들었구나!≪염상섭, 삼대≫ 나는 발에 **얼음이** 박여 나서 젖은 발을 이렇게 더운 데다 대면 발에 불이 나서 못 견디오.≪송기숙, 녹두 장군≫

이따가   이따가 오너라.
있다가   돈은 있다가도 없다.

'이따가'는 '조금 지난 뒤에'란 뜻을 가지는 부사이고, '있다가'는 '있다'의 '있-'에 어떤 동작이나 상태가 끝나고 다른 동작이나 상태로 옮겨지는 뜻을 나타내는 어미 '-다가'가 붙은 형태이다.

'이따가'는 **이따가** 단둘이 있을 때 얘기하자. 동치미는 **이따가** 입가심할 때나 먹고 곰국 물을 먼저 떠먹어야지.≪박완서, 도시의 흉년≫ '있다가'에서 '다가'의 형태로 나타나는 것들이다. 10년 동안 과장이었**다가** 부장이 된 사람. 아이는 공부를 하**다가** 잠이 들었다.

저리다	다친 다리가 저린다.
절이다	김장 배추를 절인다.

'저리다'는 '살이나 뼈 마디가 오래 눌리어 피가 잘 돌지 못해서 힘이 없고 감각이 둔하다.'란 의미이며, '절이다'는 '절다'의 사동사이다.

'저리다' 나는 수갑을 찬 채로 고개를 푹 숙이고 앉아 있으면서도, 다리가 **저리고** 아파서 몸을 자주 뒤틀면서 자세를 바로잡곤 하였다.≪황석영, 어둠의 자식들≫ 또다시 오늘 새벽의 일이 떠오르며, 뒷머리가 바늘로 후비듯 **저려** 왔다.≪최인훈, 가면고≫ '절이다'는 생선을 소금에 **절이다**. 오이를 식초에 **절이다**.

조리다	생선을 조린다. 통조림, 병조림
졸이다	마음을 졸인다.

'조리다'는 '어육이나 채소 따위를 양념하여 국물이 바특하게 바짝 끓이다.'란 의미이며, '졸이다'는 '속을 태우다시피 마음을 초조하게 먹다'란 뜻이다.

'조리다'는 멸치와 고추를 간장에 **조렸다**. '졸이다' 춘추로 장이나 젓국을 **졸이거나** 두부와 청포묵을 쑬 때, 그리고 엿을 골 때만 한몫한 솥이던 것이다.≪이문구, 관촌 수필≫ 앉으락누우락 일어서서 거닐어 보다가, 발랑 나동그라져 보다가, 바작바작 애를 **졸이며** 간신히 그 낮을 보내고 말았다.≪현진건, 무영탑≫

주리다	여러 날을 주렸다.
줄이다	비용을 줄인다.

'주리다'는 '먹을 만큼 먹지 못하여 배를 곯다.'란 의미를 가지며, '줄이다'는 '줄다'의 사동사이다.

'주리다'는 그 먹는 품으로 보아 몹시 배를 **주리고** 있었다는 것을 알 수 있었다.≪오상원, 잊어버린 에피소드≫ 모성애에 **주린** 그는 외손자를 친손자같이 귀애하게 되었다.≪이기영, 봄≫ '줄이다'는 과소비를 **줄이다**. 추운 겨울 날씨에 안녕하시기를 빌며 이만 **줄입니다**. 하고 싶은 말은 많지만 다음으로 미루고 오늘은 이만 **줄인다**.

하노라고	하노라고 한 것이 이 모양이다.
하느라고	공부하느라고 밤을 새웠다.

'하노라고'는 말하는 이의 말로, '자기 나름으로는 한다.'란 뜻이며, '하느라고'는 '하는 일로 인하여'란 의미이다.

'하노라고'는 동사 어간이나 어미 '-으시-', '-었-', '-겠-' 뒤에 붙어 '화자가 자신의 행동에 대한 의도나 목적을 나타내는 연결 어미'이다. **하노라고** 했는데 마음에 드실지 모르겠습니다. '하느라고'는 동사 어간이나 어미 '-으시-' 뒤에 붙어 '앞 절의 사태가 뒤 절의 사태에 목적이나 원인이 됨을 나타내는 연결 어미'이다. 영희는 웃음을 **참느라고** 딴 데를 보았다. 철수는 어제 책을 **읽느라고** 밤을 새웠다.

－느니보다(어미)　　　나를 찾아 오느니보다 집에 있거라
－는 이보다(의존 명사)　오는 이가 가는 이보다 많다.

　현행 맞춤법에서는 어미 '－느니보다'를 다루지 않기 때문에 '－는 이보다'로 적어야 할 것이지만, 현대 국어에서는 의존명사 '이'가 사람을 뜻할 뿐 사물을 뜻하지는 않으므로 이것을 어미로 처리하여 '－느니보다'로 적기로 하였다.
　'－느니보다'는 앞 절을 선택하기보다는 뒤 절의 사태를 '선택'함을 나타내는 연결 어미이며, 조사 '보다'가 붙을 수 있다. 이렇게 그냥 앉아 **계시느니** 제게 옛날 말씀 좀 해 주시겠습니까? 여기서 이렇게 무작정 대답을 **기다리느니** 직접 찾아가서 알아보는 것이 낫겠다. '－는 이보다'는 저 모자 쓴 이가 누구지? 지나가던 이들이 모두 대로에서 **다투는** 두 사람을 쳐다보았다.

－(으)리만큼(어미)　　　나를 미워하리만큼 그에게 잘못한 일이 없다.
－(으)ㄹ 이만큼(의존 명사)　찬성할 이도 반대할 이만큼이나 많을
　　　　　　　　　　　　　　것이다.

　'－(으)리만큼'은 '－ㄹ 정도 만큼'이란 의미를 표시하는 어미로 다루며, '－(으)ㄹ 이만큼'은 '－(으)ㄹ 사람만큼'이란 뜻으로 의존명사이다. '－리만큼' 받침 없는 용언의 어간, 'ㄹ' 받침인 용언의 어간 또는 어미 '－으시－', '－으오－' 뒤에 붙어 '－ㄹ 정도로'의 뜻을 나타내는 연결 어미이다. 길 가는 사람이 걱정을 **하리만큼** 그의 걸음은 황급하였다. ≪현진건, 운수 좋은 날≫ 누가 보기에도 **창피하리만큼** 윤 초시의 입과 눈가장엔 비굴한 표정이 떠돌고….≪김남천, 대하≫

－(으)러(목적)　　　공부하러 간다.

−(으)려(의도)　　　서울 가려 한다.

'−(으)러'는 그 동작의 직접 목적을 표시하는 어미이고, '−(으)려'는 그 동작을 하려고 하는 의도를 표시하는 어미이다.
'−러'는 받침 없는 동사 어간, 'ㄹ' 받침인 동사 어간 또는 어미 '−으시−' 뒤에 붙어 '가거나 오거나 하는 동작의 목적'을 나타내는 연결 어미이다. 아저씨는 동네방네 엿을 **팔러** 다녔다. 엄마의 심부름으로 두부를 **사러** 시장에 갔다. '−려'는 '어떤 행동을 할 의도나 욕망을 가지고 있음'을 나타내는 연결 어미이다. 그들은 내일 일찍 **떠나려** 한다. 남을 해치려 들다니. 하늘을 보니 곧 비가 **쏟아지려** 한다.

　−(으)로서(자격)　　사람으로서 그럴 수는 없다.
　−(으)로써(수단)　　닭으로써 꿩을 대신했다.

'−(으)로서'는 '어떤 지위나 신분이나 자격을 가진 입장에서'란 의미를 가지며, '−(으)로써'는 '재료, 수단, 방법'을 나타내는 조사이다.
'−로서'는 그는 친구로서는 좋으나, **남편감으로서는** 부족한 점이 많다. 언니는 아버지의 **딸로서** 부족함이 없다고 생각했었다. '−로써'는 **말로써** 천 냥 빚을 갚는다고 한다. **대화로써** 갈등을 풀 수 있을까? 이제는 눈물로써 호소하는 수밖에 없다.

　−(으)므로(어미)　　　　　그가 나를 믿으므로 나도 그를 믿는다.
　(−ㅁ, −음)으로(써)(조사)　　그는 믿음으로(써) 산 보람을 느꼈다.

'−(으)므로'는 까닭을 나타내는 어미이고, '(−ㅁ, −음)'는 명사형 어미 또는 명사화 접미사 '−(으)ㅁ'에 조사 '−으로'가 붙은 형태이다.
'−므로'는 상대가 너무 힘이 센 **선수이므로** 조심해야 한다. 그는 **부**

지런하므로 성공할 것이다. 그는 수업 시간마다 **졸므로** 시험 성적이 좋을
리가 없다. 선생님은 인격이 **높으시므로**, 모든 이에게 존경을 받는다.
　＊ ‘－므로’는 ‘－기 때문에’란 까닭의 의미를 나타내고, ‘－ㅁ으로(써)’
　　는 ‘－는 것으로(써)’란 수단 또는 방법의 의미를 나타낸다. ‘－므로’
　　는 ‘－므로써’가 되지 않지만 ‘－ㅁ으로’는 "한 살을 더 먹음으로써
　　서른이 되었다."처럼 ‘－ㅁ으로써’가 가능하다.

문장 부호

문장 부호의 이름과 그 사용법은 다음과 같이 정한다. '문장 부호(文章符號)'는 '문장의 뜻을 돕거나 문장을 구별하여 읽고 이해하기 쉽도록 하기 위하여 쓰는 여러 가지 부호'를 말한다.

Ⅰ. 마침표[終止符]

※ 1. 온점(.), 고리점(。)

'온점(-點)'은 '마침표의 하나이며, 가로쓰기에 쓰는 문장 부호'이고, '.'의 이름이다. 서술, 명령, 청유 따위를 나타내는 문장의 끝에 쓰거나, 아라비아 숫자만으로 연월일을 표시할 때나 표시 문자 다음이나 준말을 나타낼 때에 쓴다. '고리점(--點)'은 '마침표의 하나이며 세로쓰기에 쓰는 문장 부호'이고, '。'의 이름이다.

가로쓰기에는 온점, 세로쓰기에는 고리점을 쓴다.
(1) 서술, 명령, 청유 등을 나타내는 문장의 끝에 쓴다.
　　젊은이는 나라의 기둥이다.
　　황금 보기를 돌같이 하라.
　　집으로 돌아가자.
　　다만, 표제어나 표어에는 쓰지 않는다.
　　압록강은 흐른다(표제어)
　　꺼진 불도 다시 보자(표어)

(2) 아라비아 숫자만으로 연월일을 표시할 적에 쓴다.

　　1919. 3. 1. (1919년 3월 1일)

(3) 표시 문자 다음에 쓴다.

　　1. 마침표　ㄱ. 물음표　가. 인명

(4) 준말을 나타내는 데 쓴다.

　　서. 1987. 3. 5. (서기)

》》 2. 물음표(?)

'물음표'는 마침표의 하나이다. 문장 부호 '?'의 이름이다. 의심이나 의문을 나타낼 때에 쓴다. 문표(問標) · 의문부 · 의문 부호 · 의문표라고도 한다.

의심이나 물음을 나타낸다.

(1) 직접 질문할 때에 쓴다.

　　이제 가면 언제 돌아오니?

　　이름이 뭐지?

(2) 반어나 수사 의문(修辭疑問)을 나타낼 때 쓴다.

　　제가 감히 거역할 리가 있습니까?

　　이게 은혜에 대한 보답이냐?

　　남북 통일이 되면 얼마나 좋을까?

(3) 특정한 어구 또는 그 내용에 대하여 의심이나 빈정거림, 비웃음 등을 표시할 때, 또는 적절한 말을 쓰기 어려운 경우에 소괄호 안에 쓴다.

　　그것 참 훌륭한(?) 태도야.

　　우리 집 고양이가 가출(?)을 했어요.

[붙임 1] 한 문장에서 몇 개의 선택적인 물음이 겹쳤을 때에는 맨 끝의 물음에만 쓰지만, 각각 독립된 물음인 경우에는 물음마다 쓴다.

너는 한국인이냐, 중국인이냐?

너는 언제 왔니? 어디서 왔니? 무엇하러?

[붙임 2] 의문형 어미로 끝나는 문장이라도 의문의 정도가 약할 때에는 물음표 대신 온점(또는 고리점)을 쓸 수도 있다.

이 일을 도대체 어쩐단 말이냐.

아무도 그 일에 찬성하지 않을 거야. 혹 미친 사람이면 모를까.

⫸ 3. 느낌표(!)

'느낌표'는 마침표의 하나이다. 문장 부호 '!'의 이름이다. 감탄이나 놀람, 부르짖음, 명령 등 강한 느낌을 나타낼 때에 쓴다. 감탄부·감탄 부호라고도 한다.

감탄이나 놀람, 부르짖음, 명령 등 강한 느낌을 나타낸다.

(1) 느낌을 힘차게 나타내기 위해 감탄사나 감탄형 종결 어미 다음에 쓴다.

앗!

아, 달이 밝구나!

(2) 강한 명령문 또는 청유문에 쓴다.

지금 즉시 대답해!

부디 몸조심하도록!

(3) 감정을 넣어 다른 사람을 부르거나 대답할 적에 쓴다.

춘향아!

예, 도련님!

(4) 물음의 말로써 놀람이나 항의의 뜻을 나타내는 경우에 쓴다.

이게 누구야!

내가 왜 나빠!

[붙임] 감탄형 어미로 끝나는 문장이라도 감탄의 정도가 약할 때에는 느낌표 대신 온점(또는 고리점)을 쓸 수도 있다.

개구리가 나온 것을 보니, 봄이 오긴 왔구나.

II. 쉼표[休止符]

'쉼표(-標)'는 문장 부호의 하나이다. 반점(,), 모점(、), 가운뎃점(·), 쌍점(:), 빗금(/)이 있는데 흔히 반점만을 이르기도 한다.

≫ 1. 반점(,), 모점(、)

'반점'은 쉼표의 하나이다. 가로쓰기에 쓰는 문장 부호 ','의 이름이다. 문장 안에서 짧은 휴지를 나타낼 때에 쓴다. 콤마(comma)라고도 한다.

가로쓰기에는 반점, 세로쓰기에는 모점을 쓴다.

문장 안에서 짧은 휴지를 나타낸다.

(1) 같은 자격의 어구가 열거될 때에 쓴다.

근면, 검소, 협동은 우리 겨레의 미덕이다.

충청도의 계룡산, 전라도의 내장산, 강원도의 설악산은 모두 국립 공원이다.

다만, 조사로 연결될 적에는 쓰지 않는다.

매화와 난초와 국화와 대나무를 사군자라고 한다.

(2) 짝을 지어 구별할 필요가 있을 때에 쓴다.

닭과 지네, 개와 고양이는 상극이다.

(3) 바로 다음의 말을 꾸미지 않을 때에 쓴다.

슬픈 사연을 간직한, 경주 불국사의 무영탑.

성질 급한, 철수의 누이동생이 화를 내었다.

(4) 대등하거나 종속적인 절이 이어질 때에 절 사이에 쓴다.

콩 심으면 콩 나고, 팥 심으면 팥 난다.

흰 눈이 내리니, 경치가 더욱 아름답다.

(5) 부르는 말이나 대답하는 말 뒤에 쓴다.

애야, 이리 오너라.

예, 지금 가겠습니다.

(6) 제시어 다음에 쓴다.

빵, 이것이 인생의 전부이더냐?

용기, 이것이야말로 무엇과도 바꿀 수 없는 젊은이의 자산이다.

(7) 도치된 문장에 쓴다.

이리 오세요, 어머님.

다시 보자, 한강수야.

(8) 가벼운 감탄을 나타내는 말 뒤에 쓴다.

아, 깜빡 잊었구나.

(9) 문장 첫머리의 접속이나 연결을 나타내는 말 다음에 쓴다.

첫째, 몸이 튼튼해야 된다.

아무튼, 나는 집에 돌아가겠다.

다만, 일반적으로 쓰이는 접속어(그러나, 그러므로, 그리고, 그런데 등) 뒤에는 쓰지 않음을 원칙으로 한다.

그러나 너는 실망할 필요가 없다.

(10) 문장 중간에 끼어든 구절 앞뒤에 쓴다.

나는 솔직히 말하면, 그 말이 별로 탐탁하지 않소.

철수는 미소를 띠고, 속으로는 화가 치밀었지만, 그들을 맞았다.

(11) 되풀이를 피하기 위하여 한 부분을 줄일 때에 쓴다.

여름에는 바다에서, 겨울에는 산에서 휴가를 즐겼다.

(12) 문맥상 끊어 읽어야 할 곳에 쓴다.

갑돌이가 울면서, 떠나는 갑순이를 배웅했다.

철수가, 내가 제일 좋아하는 친구이다.

남을 괴롭히는 사람들은, 만약 그들이 다른 사람에게 괴롭힘을 당해 본다면, 남을 괴롭히는 일이 얼마나 나쁜 일인지 깨달을 것이다.

(13) 숫자를 나열할 때에 쓴다.

1, 2, 3, 4

(14) 수의 폭이나 개략의 수를 나타낼 때에 쓴다.

5, 6세기   6, 7개

(15) 수의 자릿점을 나타낼 때에 쓴다.

⋙ 2. 가운뎃점(·)

'가운뎃점'은 쉼표의 하나이다. 문장 부호 '·'의 이름이다. 열거된 여러 단위가 대등하거나 밀접한 관계임을 나타낼 때에 쓴다. 중점(中點)이라고도 한다.

열거된 여러 단위가 대등하거나 밀접한 관계임을 나타낸다.

(1) 쉼표로 열거된 어구가 다시 여러 단위로 나누어질 때에 쓴다.

철수·영이, 영수·순이가 서로 짝이 되어 윷놀이를 하였다.

공주·논산, 천안·아산·천원 등 각 지역구에서 2명씩 국회 의원을 뽑는다.

시장에 가서 사과·배·복숭아, 고추·마늘·파, 조기·명태·고등어를 샀다.

(2) 특정한 의미를 가지는 날을 나타내는 숫자에 쓴다.

3·1 운동   8·15 광복

(3) 같은 계열의 단어 사이에 쓴다.

경북 방언의 조사·연구

충북·충남 두 도를 합하여 충청도라고 한다.

동사·형용사를 합하여 용언이라고 한다.

≫≫ 3. 쌍점(:)

'쌍점'은 쉼표의 하나이다. 문장 부호 ':'의 이름이다. 내포되는 종류를 들거나 작은 표제 뒤에 간단한 설명이 붙을 때 쓰며, 저자명 다음에 저서명을 적거나 시(時)와 분(分), 장(章)과 절(節) 따위를 구별할 때 그리고 둘 이상을 대비할 때에 쓴다. 그침표·쌍모점·이중점(二重點)·콜론(colon)·포갤점이라고 한다.

(1) 내포되는 종류를 들 적에 쓴다.

문장 부호: 마침표, 쉼표, 따옴표, 묶음표 등

문방사우: 붓, 먹, 벼루, 종이

(2) 소표제 뒤에 간단한 설명이 붙을 때에 쓴다.

일시: 1984년 10월 15일 10시

마침표: 문장이 끝남을 나타낸다.

(3) 저자명 다음에 저서명을 적을 때에 쓴다.

정약용: 목민심서, 경세유표

주시경: 국어 문법, 서울 박문서관, 1910.

(4) 시(時)와 분(分), 장(章)과 절(節) 따위를 구별할 때나, 둘 이상을 대비할 때에 쓴다.

오전 10: 20 (오전 10시 20분)

요한 3: 16 (요한복음 3장 16절)

대비 65: 60 (65대 60)

※ 4. 빗금(/)

'빗금'은 쉼표의 하나. 문장 부호 '/'의 이름이다. 대응·대립되거나 대등한 것을 함께 보이는 단어나 구, 절 사이에 쓰거나 분수를 나타낼 때에 쓴다.

(1) 대응, 대립되거나 대등한 것을 함께 보이는 단어와 구, 절 사이에 쓴다.

　　남궁만/남궁 만　　　　　　백이십오 원/125원
　　착한 사람/악한 사람　　　　맞닥뜨리다/맞닥트리다

(2) 분수를 나타낼때에 쓰기도 한다.

　　3/4 분기　　　　　　　3/20

Ⅲ. 따옴표[引用符]

'따옴표(--標)'는 문장 부호의 하나이다. 큰따옴표(" "), 겹낫표(『』), 작은따옴표(' '), 낫표(「」)가 있다.

※1. 큰따옴표(" "), 겹낫표(『 』)

'큰따옴표'는 따옴표의 하나이다. 가로쓰기에 쓰는 문장 부호 '" "'의 이름이다. 글 가운데서 직접 대화를 표시하거나 남의 말을 인용할 때에 쓴다.

'겹낫표'는 따옴표의 하나이다. 세로쓰기에 쓰는 문장 부호 '『 』'의 이름이다. 글 가운데서 직접 대화를 표시하거나 남의 말을 인용할 때에 쓴다.

가로쓰기에는 큰따옴표, 세로쓰기에는 겹낫표를 쓴다.

대화, 인용, 특별 어구 따위를 나타낸다.

(1) 글 가운데서 직접 대화를 표시할 때에 쓴다.

　　"전기가 없었을 때는 어떻게 책을 보았을까?"

　　"그야 등잔불을 켜고 보았겠지."

(2) 남의 말을 인용할 경우에 쓴다.

　　예로부터 "민심은 천심이다."라고 하였다.

　　"사람은 사회적 동물이다."라고 말한 학자가 있다.

⋙ 2. 작은 따옴표(' '), 낫표 (「 」)

'작은 따옴표'는 따옴표의 하나이다. 가로쓰기에 쓰는 문장 부호 ' '의 이름이다. 따온 말 가운데 다시 따온 말이 들어 있을 때나 마음속으로 한 말을 적을 때에 쓴다. 내인용부라고도 한다.

'낫표'는 따옴표의 하나이다. 세로쓰기에 쓰는 문장 부호 「 」의 이름이다. 따온 말 가운데 다시 따온 말을 나타낼 때나 마음속으로 한 말을 나타낼 때에 쓴다. 홑낫표라고도 한다.

가로쓰기에는 작은따옴표, 세로쓰기에는 낫표를 쓴다.

(1) 따온 말 가운데 다시 따온 말이 들어 있을 때에 쓴다.

　　"여러분! 침착해야 합니다. '하늘이 무너져도 솟아날 구멍이 있다.'고 합니다."

(2) 마음속으로 한 말을 적을 때에 쓴다.

　　'만약 내가 이런 모습으로 돌아간다면 모두들 깜짝 놀라겠지.'

[붙임] 문장에서 중요한 부분을 두드러지게 하기 위해 드러냄표 대신에 쓰기도 한다.

　　지금 필요한 것은 '지식'이 아니라 '실천'입니다.

　　'배부른 돼지'보다는 '배고픈 소크라테스'가 되겠다.

Ⅳ. 묶음표[括弧符]

‘묶음표(－－標)’는 문장 부호의 하나이다. 소괄호(( )), 중괄호({ }), 대괄호([ ])가 있다.

1. 소괄호(( ))

‘소괄호’는 묶음표의 하나이다. 문장 부호 ‘( )’의 이름이다. 원어·연대·주석·설명 따위를 넣을 때에 쓰고, 특히 기호 또는 기호적인 구실을 하는 문자·단어·구에 쓰며, 빈자리임을 나타낼 때에 쓴다. 손톱괄호·손톱묶음이라고도 한다.

(1) 언어, 연대, 주석, 설명 등을 넣을 적에 쓴다.

커피(coffee)는 기호 식품이다.

3·1 운동(1919) 당시 나는 중학생이었다.

‘무정(無情)’은 춘원(6·25때 납북)의 작품이다.

니체(독일의 철학자)는 이렇게 말했다.

(2) 특히 기호 또는 기호적인 구실을 하는 문자, 단어, 구에 쓴다.

(1) 주어 (ㄱ) 명사 (라) 소리에 관한 것

(3) 빈 자리임을 나타낼 적에 쓴다.

우리나라의 수도는 ( )이다.

2. 중괄호({ })

‘중괄호’는 묶음표의 하나이다. 문장 부호 ‘{ }’의 이름이다. 여러 단위를 동등하게 묶어서 보일 때에 쓴다.

여러 단위를 동등하게 묶어서 보일 때에 쓴다.

주격 조사 $\left\{ \begin{array}{l} 이 \\ 가 \end{array} \right.$ 국가의 3 요소 $\left\{ \begin{array}{l} 국토 \\ 국민 \\ 주권 \end{array} \right.$

▒▒ 3. 대괄호([ ])

'대괄호'는 묶음표의 하나이다. 문장 부호 '〔 〕'의 이름이다. 묶음표 안의 말이 바깥 말과 음이 다를 때 쓰고, 묶음표 안에 묶음표가 있을 때에 바깥 묶음표로 쓴다.

(1) 묶음표 안의 말이 바깥 말과 음이 다를 때에 쓴다.

　　나이[年歲]　낱말[單語]　手足[손발]

(2) 묶음표 안에 또 묶음표가 있을 때에 쓴다.

　　명령에 있어서의 불확실[단호(斷乎)하지 못함]은 복종에 있어서의 불확실[모호(模糊)함]을 낳는다.

V.　이음표[連結符]

'이음표(－－標)'는 문장 부호의 하나이다. 줄표(——), 붙임표(－), 물결표(～)가 있다. 연결부(連結符)·연결 부호라고도 한다.

▒▒ 1. 줄표(—)

'줄표'는 이음표의 하나이다. 문장 부호 '——'의 이름이다. 이미 말한 내용을 다른 말로 부연하거나 보충할 때에 쓴다. 대시(dash)·말바꿈표·풀이표·환언표라고도 한다.

이미 말한 내용을 다른 말로 부연하거나 보충함을 나타낸다.

(1) 문장 중간에 앞의 내용에 대해 부연하는 말이 끼여들 때 쓴다.

　　그 신동은 네 살에 — 보통 아이 같으면 천자문도 모를 나이에 — 벌써 시를 지었다.

(2) 앞의 말을 정정 또는 변명하는 말이 이어질 때 쓴다.

　　어머님께 말했다가 — 아니 말씀드렸다가 — 꾸중만 들었다.

이건 내 것이니까 — 아니, 내가 처음 발견한 것이니까 — 절대로
양보할 수가 없다.

⫸ 2. 붙임표(—)

'붙임표'는 이음표의 하나이다. 문장 부호 '—'의 이름이다. 사전, 논문
등에서 파생어나 합성어를 나타내거나 접사나 어미임을 나타낼 때, 외
래어와 고유어 또는 외래어와 한자어가 결합하는 경우에 쓴다. 연자 부
호・접합부・하이픈이라고도 한다.

  (1) 사전, 논문 등에서 합성어를 나타낼 적에, 또는 접사나 어미임을
      나타낼 적에 쓴다.
      겨울-나그네   불-구경   손-발
      휘-날리다   슬기-롭다   -(으)ㄹ걸
  (2) 외래어와 고유어 또는 한자어가 결합되는 경우에 쓴다.
      나일론-실   디-장조   빛-에너지   염화-칼륨

⫸ 3. 물결표(~)

'물결표'는 이음표의 하나이다. 문장 부호 '~'의 이름이다. '내지'의 뜻
으로 쓰거나 어떤 말의 앞이나 뒤에 들어갈 말 대신에 쓴다.

  (1) '내지'라는 뜻에 쓴다.
      9월 15일 ~ 9월 25일
  (2) 어떤 말의 앞이나 뒤에 들어갈 말 대신 쓴다.
      새마을 :   ~ 운동   ~ 노래
      -가(家) :   음악~   미술~

드러냄표[顯在符]

》》 1. 드러냄표(˚, ´)

'드러냄표'는 문장 부호의 하나이다. 문장 내용 가운데 주의가 미쳐야 할 곳이나 중요한 부분을 특별히 보일 때에 쓰는 것으로, 문장 부호 '·'나 '˚'을 가로쓰기에는 글자 위에, 세로쓰기에는 글자 오른쪽에 붙인다. 특시표라고도 한다.

'˚'이나 '、'을 가로쓰기에는 글자 위에, 세로쓰기에는 글자 오른쪽에 쓴다. 문장 내용 중에서 주의가 미쳐야 할 곳이나 중요한 부분을 특별히 드러내 보일 때 쓴다.

한글의 본 이름은 훈민정음이다.

중요한 것은 왜 사느냐가 아니라 어떻게 사느냐 하는 문제이다.

[붙임] 가로쓰기에서는 밑줄(—, ~)을 치기도 한다.
다음 보기에서 명사가 아닌 것은?

VII. 안드러냄표[潛在符]

》》 1. 숨김표(××, ○○)

'숨김표'는 안드러냄표의 하나이다. 문장 부호 '○○' 또는 '××'의 이름이다. 금기어나 비속어, 또는 비밀로 해야 할 사항 등과 같이 알면서도 고의로 드러내지 않을 때에 쓴다. 은자부(隱字符)·은자부호라고도 한다.

알면서도 고의로 드러내지 않음을 나타낸다.

(1) 금기어나 공공연히 쓰기 어려운 비속어의 경우, 그 글자의 수효만큼 쓴다.

배운 사람 입에서 어찌 ○○○란 말이 나올 수 있느냐?

그 말을 듣는 순간 ××란 말이 목구멍까지 치밀었다.

(2) 비밀을 유지할 사항일 경우, 그 글자의 수효만큼 쓴다.

육군 ○○부대 ○○○이 작전에 참가하였다.

그 모임의 참석자는 김××씨, 정××씨 등 5명이었다.

》》 2. 빠짐표(□)

'빠짐표'는 안드러냄표의 하나이다. 문장 부호 '□'의 이름이다. 글자의 자리를 비워 둘 때에 쓴다. 결자부라고도 한다.

글자의 자리를 비워 둠을 나타낸다.

(1) 옛 비문이나 서적 등에서 글자가 분명하지 않을 때에 그 글자의 수효만큼 쓴다.

大師爲法主□□賴之大□薦(옛 비문)

(2) 글자가 들어가야 할 자리를 나타낼 때 쓴다.

훈민정음의 초성 중에서 아음(牙音)은 □□□의 석 자다.

》》 3. 줄임표(……)

'줄임표'는 안드러냄표의 하나이다. 문장 부호 '……'의 이름이다. 할 말을 줄였을 때나 말이 없음을 나타낼 때에 쓴다. 말없음표・말줄임표・무언부・무언표・생략부・생략표・점줄라고도 한다.

(1) 할 말을 줄였을 때에 쓴다.

"어디 나하고 한 번……."

하고 철수가 나섰다.

(2) 말이 없음을 나타낼 때에 쓴다.

"빨리 말해!"

"……."

표준어 규정

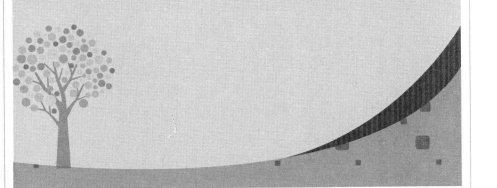

표준어 규정

제1부 표준어 사정 원칙

제1장 총 칙

제1항 표준어는 교양 있는 사람들이 두루 쓰는 현대 서울말로 정함을 원칙으로 한다.

표준어(標準語) 사정(查定)의 원칙(原則)이다. 조선어학회가 1933년 '한글 맞춤법 통일안' 총론 제2항에서 정한 "표준말은 대체로 현재 중류 사회에서 쓰는 서울말로 한다."가 이렇게 바뀐 것이다.

표준어(標準語)는 교양의 수준을 넘어 국민이 갖추어야 할 의무 요건이다. '교양(敎養) 있는 사람들'로 바꾼 것은 표준어를 못 하면 교양 없는 사람이 된다는 점의 강조이다. '현대(現代)'로 한 것은 역사의 흐름에서의 구획을 인식해서이다. '서울 지역에서 쓰이는 말'에서 선명하게 '서울말'이라고 굳혀진 것은 서울 지역에서 가장 보편적으로 쓰이는 말이기 때문이다.

이번 개정의 실제적인 대상은 아래와 같다. 첫째, 그동안 자연스러운 언어 변화에 의해 1933년에 표준어로 규정하였던 형태가 고형이 된 것. 둘째, 그때 미처 사정의 대상이 되지 않아 표준어로서의 자격을 인정받을 기회가 없었던 것. 셋째, 각 사전에서 달리 처리하여 정리가 필요한 것. 넷째, 방언, 신조어 등이 세력을 얻어 표준어 자리를 굳혀 가던 것 등이었다.

　　제2항 외래어는 따로 사정한다.

　　외래어(外來語)는 외국에서 들어온 말로 국어처럼 쓰이는 단어이다. 표준어 규정 제2항에서 외래어 사정을 보류한 이유는 다음과 같다. 첫째, 외래어를 사정 대상에 포함시키는 데에는 시간의 제약이 따른다. 둘째, 외래어는 그 성격상 아주 유동적이다. 셋째, 외래어의 사정은 국어 순화(國語醇化)의 측면이 아울러 고려되어야 한다.
　　외래어 표기법(外來語表記法)은 문교부 고시 제85-11호(1986. 1. 7.)로 공표되었다. 외래어 표기법은 외국의 고유 명사(固有名詞)의 표기까지 포괄하는 표기법으로서 표준어 규정과는 성격을 달리한다.

제2장　발음 변화에 따른 표준어 규정

≫ 제1절 자 음

　　제3항 다음 단어들은 거센소리를 가진 형태를 표준어로 삼는다(ㄱ을 표준어로 삼고, ㄴ을 버림.).

ㄱ	ㄴ	비고
끄나풀	끄나불	
녘	녁	동~, 들~, 새벽~, 동틀~
살-쾡이	삵-괭이	*삵피-표준어
칸	간	1. ~막이, 빈~, 방 한~ 2. '초가삼간, 윗간'의 경우에는 '간'임.

털어-먹다 떨어-먹다 재물을 다 없애다.

"'털어/떨어'서 먼지 안 나는 사람 어딨고 쥐 없는 집 어딨으며 가시없는 찔래꽃이 어디 있습니까?" 모두 무서워 하여 대감에게 잘 보이려는 무리가 생기날 것입니다.　　　　　　　　　　　　　　－유현종『사설 정감록』

속담은 '세상의 모든 것들이 단점 없는 것이 없다.'는 뜻으로 빗대는 말이다.

　거센소리[激音化, 숨이 거세게 나오는 파열음(破裂音)이다. 국어의 'ㅊ, ㅋ, ㅌ, ㅍ' 따위]로 변한 어휘들을 인정한 것이다. '끄나풀, 나팔꽃' 등은 이 개정에 앞서 이미 일반화되었던 형태들이다.

　'삵괭이'의 발음 [삭꽹이]는 언어 현실과 다르므로 '살쾡이'로 현실화 하였다. '삵피(-皮)'는 '털째로 벗긴 살쾡이의 가죽'을 일컫는다. '칸'과 '간'의 구분에서 '칸'은 '공간(空間)의 구획이나 넓이'를 의미한다. 책장 맨 아래 **칸에만** 책이 꽂혀 있고 나머지 **칸은** 텅 비어 있다. 그때 앞 칸 객차 지붕 위에 있던 남자들이 주위를 둘러보며 주고받는 말이 들렸다.≪이문열, 영웅시대≫ 시험지 **칸을** 채우느라고 진땀 **뺐다.**

　'간(間)'은 '초가삼간(草家三間=三間草家, 세 칸밖에 안 되는 초가라는 뜻으로, 아주 작은 집을 이르는 말)'을 관습적인 표현에만 쓰기로 하였기 때문이다. '털어먹다'는 '재산이나 돈을 함부로 써서 몽땅 없애다.'라는 뜻이다. 그는 도박으로 물려받은 재산을 몽땅 **털어먹었다.**

　제4항 다음 단어들은 거센소리로 나지 않는 형태를 표준어로 삼는다(ㄱ을 표준어로 삼고, ㄴ을 버림.).

ㄱ	ㄴ	비고
가을-갈이	가을-카리	
거시기	거시키	
분침(分針)	푼침	

거센소리[激音化]를 가지고 있던 어휘(語彙)들 가운데 국어 사용자들이 예사소리로 바꾸어 발음하고 있는 어휘들을 찾아 예사소리[平音]로 발음되는 어휘들을 표준어로 인정한 것이다.

'가을갈이'는 다음 해의 농사에 대비하여, 가을에 논밭을 미리 갈아 두는 일이다. '추경(秋耕)'이라고도 한다. 명년에 찾아올 봄의 파종 시기도 삽시간이고 보면 그 삽시간 틈새에 **가을갈이를** 해 놓는 것은 좋다.≪박경리, 토지≫ '거시기'는 '이름이 얼른 생각나지 않거나 바로 말하기 곤란한 사람 또는 사물'을 가리키는 대명사이다. 자네도 기억하지? 우리 동창, **거시기** 말이야, 키가 제일 크고 늘 웃던 친구. 저기 안방에 **거시기** 좀 있어요? 저 혼자서 한 게 아니고요, **거시기하고** 같이 한 일입니다만.

제5항 어원에서 멀어진 형태로 굳어져서 널리 쓰이는 것은, 그것을 표준어로 삼는다(ㄱ을 표준어로 삼고, ㄴ을 버림.).

ㄱ	ㄴ	비고
강낭－콩	강남－콩	
고삿	고샅	겉~, 속~
사글－세	삭월－세	'월세'는 표준어임.
울력－성당	위력－성당	떼를 지어서 으르고 협박하는 일

'어원(語源/語原)'은 어떤 단어의 근원적인 형태이며, 어떤 말이 생겨난 근원이고, '말밑'이라고도 한다. 어원이 아직 뚜렷한데도 언중들의 어원 의식이 약해져 어원으로부터 멀어진 형태를 표준어로 삼고, 어원에 충실한 형태이더라도 현실적으로 쓰이지 않는 것은 표준어로 인정하지 않는다.

'강낭콩, 냄비'로 쓰이고 있는 것은 언어 현실을 그대로 반영한 것이다. **강낭콩의** 덩굴이 처마까지 뻗어 올라갔다. '고삿'은 '지붕을 이을 때에 쓰는 새끼'와 '좁은 골목이나 길'의 뜻을 가진다. 사글세(－－貰)는

'남의 집이나 방을 빌려 쓰는 값으로 다달이 내는 세, 또는 집이나 방을 빌려 주고 받는 세'의 의미이다. '삭월세(朔月貰)'는 단순한 한자 취음일 뿐으로 취할 바가 아니라고 하여 '사글세'만을 표준어로 인정하였다. **사글세를** 살다. 우리 부부는 돈이 없어 **사글세로** 방 하나를 얻어 신접살림을 시작했지만 어느 부부보다도 행복했다.

'울력성당(一一成黨)'은 '떼 지어 으르고 협박하다.'라는 뜻이다. '완력성당(腕力成黨)'과 같은 의미이다. 모주 사발이나 두둑하게 얻어먹을까 하고 **울력성당으로** 모주 장사 편을 들어 승학이를 발돋움에다 넣으려든다. ≪이해조, 빈상설≫

다만, 어원적으로 원형에 더 가까운 형태가 아직 쓰이고 있는 경우에는, 그것을 표준어로 삼는다(ㄱ을 표준어로 삼고, ㄴ을 버림.).

ㄱ	ㄴ	비고
갓모	갈모	1. 사기 만드는 물레 밑고리
		2. '갈모'는 갓 위에 쓰는 유지로 만든 우비
굴-젓	구-젓	
말-곁	말-겻	
물-수란	물-수랄	
밀-뜨리다	미-뜨리다	
휴지	수지	

현감이란 작자는 동헌은 풀새 내주고 객사에서 밤이나 낮이나 구들장 짊어지고 **"천장 '갈비/가리'나 세고"** 자빠졌고,

　　　　　　　　　　　　　　　　　　　　－송기숙『녹두장군』

속담은 '누워서 헛생각만 한다.'는 뜻으로 빗대는 말이다.

사실 상구는 가을이 시작되고 나서부터 아내의 존재를 까마득하게

잊고 있었던 것이 새삼스럽게 느껴져 '적이/저으기' 미안했다. **"핑계 없
는 무덤이 있겠소?"**   -정동주『백정』

　속담은 '무슨 일이든지 핑계를 만들려면 만들 수 있다.'는 뜻으로 빗
대는 말이다.

　다만, 어원의식(語原意識)이 남아 있어 어원을 반영한 형태가 쓰이는
것들에 대하여 대응하는 비어원적인 형태보다 우선권을 인정하기로 한
것이다.
　'말곁'은 '남이 말하는 옆에서 덩달아 참견하는 말'을 일컫는다. 아버
지가 말할 때마다 어머니도 **말곁을 달았다.** '밀뜨리다'는 '갑자기 힘 있
게 밀어 버리다.'라는 뜻이며, '밀트리다'와 같은 의미이다. 자기에게 불
리한 사람은 수단 방법을 불구하고 일을 꾸며서까지 밀고하여 **밀뜨려**
버려야 한다.≪이병주, 지리산≫ '물수란'은 '계란을 끓는 물에 넣어 반
쯤 익힌 것'을 이르는 것이다.
　'적이'는 부사이며, '꽤 어지간한 정도로'의 의미이다. **적이** 놀라다. **적
이** 당황하다. 의미적으로 '적다'와는 멀어졌다(오히려 반대의 의미를 가
지게 되었다.). 그 때문에 그동안 한편으로는 '저으기'가 널리 보급되기
도 하였다. 그러나 '적다'와의 관계를 부정할 수 없어 이것을 인정하는
쪽으로 결정하였다. '휴지(休紙)'는 종래 표준어로 인정되었던 '수지'보
다 널리 쓰이게 되어 '휴지'를 표준어(標準語)로 인정하였다.

　제6항 다음 단어들은 의미를 구별함이 없이, 한 가지 형태만을 표준
어로 삼는다(ㄱ을 표준어로 삼고, ㄴ을 버림.).

ㄱ	ㄴ	비고
돌	돐	생일, 주기
셋-째	세-째	'제3, 세 개째'의 뜻
넷-째	네-째	'제4, 네 개째'의 뜻

빌리다	빌다	1. 빌려 주다, 빌려 오다
		2. '용서를 빌다'는 '빌다'임.

"큰 말이 없으면 작은 말이 큰 말 노릇한다"는 말은 이런 경우를 지칭한다. 이렇게 언니에게서 '둘째/두째'로 계승되는 딸의 일손 보탬은 내 손이 곧 내 딸이다 ─유안진『도리도리 짝짜꿍』

속담은 '윗사람이 없으면 아랫사람이 그 역할을 맡게 된다.'는 뜻으로 빗대는 말이다.

용법(用法)의 차이가 있는 것은 구별이 어려워 혼란을 일으켜 오던 것을 정리한 것이다.

'돌'은 '특정한 날이 해마다 돌아올 때, 그 횟수를 세는 단위이거나 생일이 돌아온 횟수를 세는 단위'이다. 올해는 세종대왕이 훈민정음을 반포한 지 **566돌**이 된다.

두째, 세째는 언어 현실에서 인위적인 것으로 판단되어 '둘째, 셋째'로 통일하였다.

'빌리다'는 '남의 물건이나 돈 따위를 나중에 도로 돌려주거나 대가를 갚기로 하고 얼마 동안 쓰다'라는 뜻이다. 친구에게 돈을 **빌리려고** 했지만 말이 차마 입 밖으로 나오지 않았다. 예식장에서 **빌린** 웨딩드레스가 몸에 맞춘 듯 꼭 어울렸다.≪최인호, 지구인≫ 마당에서 잔다고 멍석 **빌려** 달라는 과객은 생전 처음 보아.≪홍명희, 임꺽정≫

'빌다'는 '바라는 바를 이루게 하여 달라고 신이나 사람, 사물 따위에 간청하다.'라는 뜻이다. 우리들은 할아버지가 빨리 완쾌되시기를 천주님께 **빌었다.** 어머니는 아들이 이번 시험에서 꼭 붙기를 부처님께 **빌었다.** 아내는 남편의 병이 빨리 낫게 해 달라고 **빌었다.** 그럼 건강하게 개학 후 빌 수 있도록 **빌겠습니다.**≪최인호, 무서운 복수≫

'빌다'에는 '借'는 '빌려 오다', '貸'는 '빌려 주다'가 있다. '빌다'에는 '乞,

祝'의 뜻이 있다.

다만, '둘째'는 십 단위 이상의 서수사에 쓰일 때에는 '두째'로 한다.

ㄱ	ㄴ	비고
열두 - 째		열두 개째의 뜻은 '열둘째'로
스물두 - 째		스물두 개째의 뜻은 '스물둘째'로

다만, 차례(次例)를 나타내는 말로서 '열두째, 스물두째' 등은 '두째' 앞에서 다른 수가 올 때에는 'ㄹ' 받침이 탈락(脫落)하는 것을 표준어로 인정하였다.

제7항 수컷을 이르는 접두사는'수-'로 통일한다(ㄱ을 표준어로 삼고, ㄴ을 버림.).

ㄱ	ㄴ	비고
수-꿩	수-퀑/숫-꿩	'장끼'도 표준어임.
수-나사	숫나사	
수놈	숫-놈	
수-사돈	숫-사돈	
수-소	숫-소	'황소'도 표준어임.
수-은행나무	숫-은행나무	

'암-수'의 '수'는 역사적으로 명사 '숳'이었다. 현재 '수캐, 수탉' 등에서 받침 'ㅎ'의 자취가 있다. 오늘날 '숳'이 혼자 명사로 쓰이는 일이 없어지고 접두사로만 쓰이게 됨에 따라 받침 'ㅎ'의 실현이 복잡하게 되었다.
'수꿩'은 '꿩의 수컷'으로 '웅치(雄雉), 장끼'라고도 한다. '수사돈(-査頓)'은 '사위 쪽의 사돈'을 일컫는다. '수소'는 '황소'라고도 한다. **황소를** 몰아 밭을 갈다. 씨름 대회라면 다 찾아다니며 **황소를** 상으로 몰고 와

그의 이름은 잘 알려져 있었다.≪유현종, 들불≫

다만 1. 다음 단어에서는 접두사 다음에서 나는 거센소리를 인정한다. 접두사 '암-'이 결합되는 경우에도 이에 준한다(ㄱ을 표준어로 삼고, ㄴ을 버림.).

ㄱ	ㄴ	ㄱ	ㄴ
수-캉아지	숫-강아지	수-캐	숫-개
수-컷	숫-것	수-키와	숫-기와
수-탉	숫-닭	수-탕나귀	숫-당나귀
수-톨쩌귀	숫-돌쩌귀	수-퇘지	숫-돼지
수-평아리	숫-병아리		

주제에 '수컷/숫것/숫컷'이라고 다리 들고 오줌 누는 것은 일찌감치 배웠어! 선우지숙은 "**콩밥은 누를수록 좋다**"는 말을 늘 생각했다.

－ 한승원 『까마』

속담은 '못난 사람은 못난 짓을 할수록 다루기가 좋다.'는 뜻으로 빗대는 말이다.

받침 'ㅎ'이 다음 음절 첫소리와 거센소리를 이룬 단어들로서 역사적으로 복합어(複合語, 하나의 실질 형태소에 접사가 붙거나 두 개 이상의 실질 형태소가 결합된 말이다. '덧신', '먹이'와 같은 파생어와 '집안'과 같은 합성어)가 되어 화석화한 것이라 보고 '숳'을 인정하되 표기에서는 받침 'ㅎ'을 독립시키지 않기로 하였다.

'수톨쩌귀'는 '문짝에 박아서 문설주에 있는 암톨쩌귀에 꽂게 되어 있는, 뾰족한 촉이 달린 돌쩌귀'를 일컫는다. '수퇘지'는 '돼지의 수컷.'을 일컫는다. 순간 웅보는 작년 봄 아버지와 함께 송월촌 윤 초시네 **수퇘지**를 몰고 와서 양 진사네 암퇘지와 흘레를 붙이던 기억이 퍼뜩 살아났다.

≪문순태, 타오르는 강≫

다만 2. 다음 단어의 접두사는 '숫-'으로 한다(ㄱ을 표준어로 삼고, ㄴ을 버림.).

ㄱ	ㄴ	비고
숫-양	수-양	
숫-염소	수-염소	
숫-쥐	수-쥐	

발음상 사이시옷과 비슷한 소리가 있다고 하여 '숫-'의 형태를 취한 것이다. 모음 '야, 여, 요, 유, 이'로 시작되는 어휘가 붙어서 'ㄴ'음이 첨가되는 것은 '숫-'으로 하였다.

여기서 제시된 이외의 단어 '거미, 개미, 할미새, 나비' 등은 '수거미, 수개미, 수할미새, 수나비'로 통일하였다. 여기서 '수놈, 수소'의 현실음이 과연 아무 받침이 없이 이렇게 발음되는지 아니면 '숫놈, 숫소'인지 하는 것이 문제로 남는다.

≫≫ 제2절 모 음

제8항 양성모음이 음성모음으로 바뀌어 굳어진 다음 단어는 음성 모음 형태를 표준어로 삼는다(ㄱ을 표준어로 삼고, ㄴ을 버림.).

ㄱ	ㄴ	비고
깡충-깡충	깡총-깡총	큰말은 '껑충껑충'임.
-둥이	-동이	←童-이. 귀-, 막-, 선-, 쌍-, 검-, 바람-, 흰-
발가-숭이	발가-송이	센말은 '빨가숭이', 큰말은 '벌거숭이, 뻘거숭이'임.

봉죽	봉족	←奉足, ~꾼, ~들다
뻗정-다리	뻗장-다리	
아서, 아서라	앗아, 앗아라	하지 말라고 금지하는 말
주추	주초	←柱礎, 주춧-돌

"**사위 사랑 장모닌께**" 오동평이는 어느덧 흡족한 얼굴로 맞장구를 치고는, 요것에 까시가 들기는 들었는디, 고것이 무신까시까? '보통이/보통이'를 끌어당기며 장칠복이를 빤히 쳐다보았다.

- 조정래 『태백산맥』

속담은 '장모는 사위를, 시아버지는 며느리를 끔찍스럽게 아낀다.'는 뜻으로 이르는 말이다.

'쌍둥이/쌍동이'나 털석 낳아 놓으면 어찌나 하는 생각까지 났다. 그만치 안해의 배는 몹시 불렀든 것이다. 속담에 "**아이는 적게 낳아서 크게 길르란 말**"이 있지 안소.

- 한설야 『딸』

속담은 '뱃속의 아이가 너무 크면 난산이 되니, 작게 하여 낳고 낳은 다음에 크게 키우라.'는 뜻으로 이르는 말이다.

모음조화(母音調和)는 한국어의 특성에 해당된다. '모음조화'는 '두 음절 이상의 단어에서, 뒤의 모음이 앞 모음의 영향으로 그와 가깝거나 같은 소리로 되는 언어 현상'이다. 'ㅏ, ㅗ' 따위의 양성 모음은 양성 모음끼리, 'ㅓ, ㅜ, ㅡ, ㅣ' 따위의 음성 모음은 음성 모음끼리 어울리는 현상이다.

'깡총깡총'은 언어 현실에 따라 '깡충깡충'으로 정하였다. '-동이, 발가숭이, 보통이'도 음성 모음화를 인정하여 '-둥이, 발가숭이, 보통이'로 했다. '봉족(奉足), 주초(柱礎)'는 한자어로서의 형태를 인식하지 않고, 쓸 때는 '봉죽, 주추'와 같이 음성모음 형태를 인정한다. '봉죽'은 '일을 꾸려 나가는 사람을 곁에서 거들어 도와줌'을 의미한다.

'뻗정다리'는 '벋정다리'의 센말이다. '벋정다리'는 '구부렸다 폈다 하지 못하고 늘 벋어 있는 다리 또는 그런 다리를 가진 사람'을 일컫는다. '주추'는 '기둥 밑에 괴는 돌 따위의 물건'을 일컫는다.

다만, 어원 의식이 강하게 작용하는 다음 단어에서는 양성모음 형태를 그대로 표준어로 삼는다(ㄱ을 표준어로 삼고, ㄴ을 버림.).

ㄱ	ㄴ	비고
부조(扶助)	부주	~금, 부좃-술
사돈(査頓)	사둔	밭~, 안~
삼촌(三寸)	삼춘	시~, 외~, 처~

이주호는 제 혼자 신명에 떠서 **"턱걸이 혼사한 '사돈/사둔'네 집에 이바지짐 챙기듯"** 무얼 더 주지 못해 안달인 것 같았다.

　　　　　　　　　　　　　　　　　　　　　　　－송기숙『녹두장군』

속담은 '어떤 것들을 조금이라도 더 많이 챙기려고 한다.'는 뜻으로 빗대는 말이다.

사람 모가지 날리기를 **"처'삼촌/삼춘' 묘에 벌초 하듯"** 일같잖게 저지르고 해반주그레한 계집이라면 염낭쌈지에 든 것처럼 겁간하고······.

　　　　　　　　　　　　　　　　　　　　　　　－김주영『활빈도』

속담은 '어떤 일을 별 대수롭지 않게 대충 해낸다.'는 뜻으로 빗대는 말이다.

'부조(扶助), 사돈(査頓), 삼촌(三寸)' 등은 양성 모음을 표준으로 인정한 것과는 대립된다. 이것은 현실발음에서 '부주, 사둔, 삼춘'이 우세를 보이고 있으나 언중들이 그 어원을 분명히 인식하고 있기 때문이다.

'부조'는 '남을 거들어서 도와주는 일.'을 말한다. 생계 **부조**. 이 딸이 집에 와 있으면 그만큼 살림에 **부조가** 되고 의지가 되련마는 뺏긴 것이 아깝고 샘도 나는 것이었다.≪염상섭, 취우≫ '사돈'은 '혼인한 두 집안의 부모들 사이 또는 그 집안의 같은 항렬이 되는 사람들 사이에 서로 상대편'을 이르는 말이다. 저희 아이를 예뻐해 주신다니 **사돈께** 감사할 뿐입니다.

'시삼촌'은 '남편의 삼촌', '외삼촌'은 '어머니의 남자 형제,', '처삼촌'은 '아내의 친정 삼촌'을 일컫는다.

제9항 'ㅣ' 역행 동화 현상에 의한 발음은 원칙적으로 표준 발음으로 인정하지 아니하되, 다만 다음 단어들은 그러한 동화가 적용된 형태를 표준으로 삼는다(ㄱ을 표준으로 삼고, ㄴ을 버림.).

ㄱ	ㄴ	비고
-내기	-나기	서울-, 시골-, 신출-, 풋-
냄비	남비	
동댕이-치다	동당이-치다	

'ㅣ' 역행 동화 현상(逆行同化現象)은 앞 음절의 후설모음(後舌母音) 'ㅏ, ㅓ, ㅗ, ㅜ'가 각각 전설모음(前舌母音) 'ㅐ, ㅔ, ㅚ, ㅟ'로 바뀌어 발음된다는 사실을 확인할 수 있는데, 이는 뒤 음절 'ㅣ' 모음의 전설성에 이끌려 동화된 결과이다. 이 때 변동의 대상이 되는 것은 '혀의 최고점의 전후 위치'이고 다른 성질 즉, 혀의 높낮이나 입술 모양 등은 원래대로 유지된다.

'-나기'는 서울에서 났다는 뜻의 '서울나기'는 그대로 쓰임 직하나, '신출나기, 풋내기'는 어색하므로 일률적으로 '-내기'로 정하였다.

'신출내기'는 '어떤 일에 처음 나서서 일이 서투른 사람.'을 일컫는다. **신출내기가** 뭘 제대로 알겠나? 다행히 그들은 아직 **신출내기인** 종세의 얼굴을 모르고 있었다.≪최인호, 지구인≫ 견습 기자에 출동 명령이 내려서 배꼽 자국도 아물지 않은 **신출내기가** 인력거를 타고 생후 처음으로 사건 속에 뛰어들어 갔다.≪김소운, 일본의 두 얼굴≫

‘동댕이치다’는 ‘들어서 힘껏 내던지다.’라는 의미이다. 장부를 책상에 **동댕이치다**. 그는 편지를 휴지통에 **동댕이쳤다**.

(모음 사각도)

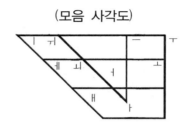

[붙임1] 다음 단어는 ‘ㅣ’역행 동화가 일어나지 아니한 형태를 표준어로 삼는다(ㄱ을 표준어로 삼고, ㄴ을 버림).

ㄱ	ㄴ
아지랑이	아지랭이

현실 언어가 ‘아지랑이’이므로 1936년에 정한 대로 ‘아지랑이’를 표준어로 삼았다. ‘아지랑이’는 ‘주로 봄날 햇빛이 강하게 쬘 때 공기가 공중에서 아른아른 움직이는 현상’을 말한다.

[붙임 2] 기술자에게는 ‘-장이’, 그 외에는 ‘-쟁이’가 붙는 형태를 표준어로 삼는다(ㄱ을 표준어로 삼고, ㄴ을 버림.).

ㄱ	ㄴ	ㄱ	ㄴ
미장이	미쟁이	유기장이	유기쟁이
멋쟁이	멋장이	소금쟁이	소금장이
담쟁이-덩굴	담장이-덩굴	골목쟁이	골목장이
발목쟁이	발목장이		

'장인(匠人)'이란 뜻이 살아 있는 말은 '-장이'로, 그 외는 '-쟁이'로 정하여, '미쟁이'는 '미장이(泥匠-)'로 쓴다. 목수는 집을 짓고 **미장이는** 벽을 바르고 청소부는 청소를 한다.≪이병주, 행복어 사전≫

'유기쟁이'는 유기장이(鍮器匠-)로 사용한다. 관아에 속하여 놋그릇을 만드는 일을 하는 사람이다.

'담쟁이덩굴'은 포도과의 낙엽활엽 덩굴나무를 말한다. 임출네는…기와집도 아니었고 **담쟁이덩굴이** 켜를 이루며 오를 만큼 높은 담장을 두르고 있지도 않았다.≪이문구, 오자룡≫ 열여섯 자 높이의 돌성은 잎 털려 앙상한 **담쟁이덩굴이** 촘촘하게 그물 치고 있었다.≪현기영, 변방에 우짖는 새≫

'골목쟁이'는 '골목에서 좀 더 깊숙이 들어간 좁은 곳'을 말한다. 경애는 잠자코 걷다가 어느 조잡한 **골목쟁이로** 돌더니 커다란 문을 쩍 벌려 놓은 요릿집으로 뒤도 아니 돌아다보고 쏙 들어가 버린다.≪염상섭, 삼대≫ '발목쟁이'는 '발'을 속되게 이르는 말이며, 발목쟁이라고도 한다. 어느 놈의 **발모가지가** 여기를 이렇게 더럽혔는지 잡히기만 하면 그냥 안 놔둔다. 오늘일랑 너희들 **발모가지로** 걸어가서 거기 처박혀 있으라고.≪이문희, 흑맥≫

제10항 다음 단어는 모음이 단순화한 형태를 표준어로 삼는다(ㄱ을 표준어로 삼고, ㄴ을 버림.).

ㄱ	ㄴ	비고
-구면	-구면	
미루-나무	미류-나무	←美柳~
미륵	미력	←彌勒. ~보살, ~불, 돌~
여느	여늬	
온-달	왼-달	만 한 달
케케-묵다	켸켸-묵다	

허우대   허위대

허우적－허우적   허위적－허위적   허우적－거리다

"사람이 궁할 때는 대 끝에서두 삼 년을 사는 게야" 또 그렇게 참느라면
'으레/으례' 때가 오는 법이구, 고사리두 꺾을 때 꺾는다지 않던가?

－박태원『갑오 농민전쟁』

　속담은 '사람이 궁지에 몰리더라도 그것을 견딜만한 끈기가 얼마든지
생길 수 있다.'는 뜻으로 빗대는 말이다.

　이중모음(二重母音, 소리를 내는 도중에 입술 모양이나 혀의 위치가
처음과 나중이 달라지는 모음이다. 'ㅑ, ㅕ, ㅛ, ㅠ, ㅒ, ㅖ, ㅘ, ㅙ, ㅝ,
ㅞ, ㅢ' 따위)을 단모음(單母音, 소리를 내는 도중에 입술 모양이나 혀의
위치가 고정되어 처음과 나중이 달라지지 않는 모음이다. 국어의 단모
음은 'ㅏ, ㅐ, ㅓ, ㅔ, ㅗ, ㅚ, ㅜ, ㅟ, ㅡ, ㅣ' 따위)으로 발음하고, 'ㅚ,
ㅟ, ㅘ, ㅝ' 등의 원순모음(圓脣母音, 발음할 때에 입술을 둥글게 오므려
내는 모음이다. 한글의 'ㅗ, ㅜ, ㅚ, ㅟ' 따위)을 평순모음(平脣母音, 입술
을 둥글게 오므리지 않고 발음하는 모음이다. 'ㅣ, ㅡ, ㅓ, ㅏ, ㅐ, ㅔ'
따위)으로 발음하는 것은 일부 방언의 특징이다. 이 항에서 다룬 단어
들은 표준어 지역에서도 모음의 단순화 과정을 겪고, 이제 애초의 형태
는 들어 보기 어렵게 된 것이다.

　모음(母音)은 입술 모양에 따라 원순모음과 평순모음으로 나뉜다. 원
순모음(圓脣母音)은 발음할 때에 입술을 둥글게 오므려 내는 모음이다.
한글의 'ㅗ, ㅜ, ㅚ, ㅟ' 따위가 있다. '둥근홀소리'라고도 한다. 평순모음
(平脣母音)은 입술을 둥글게 오므리지 않고 발음하는 모음이다. 한글의
'ㅣ, ㅡ, ㅓ, ㅏ, ㅐ, ㅔ' 따위가 있다. '안둥근홀소리'라고도 한다.

　'괴팍하다'는 '붙임성이 없이 까다롭고 별나다.'라는 뜻이다. **괴팍한**
성격. 나의 성미가 남달리 **괴팍하여** 사람을 싫어한다거나 하는 것은 아

니다.≪이양하, 이양하 수필선≫ '－구먼'은 '－군'의 본말이다. 그것참 그럴듯한 **생각이구먼그래**. 가지가 실하니 열매도 많이 **열리겠구먼**. 20년이 지났으니 그 아이가 벌써 대학생이 **되었겠구먼**.

'미륵'은 '미륵보살'이며, 내세에 성불하여 사바세계에 나타나서 중생을 제도하리라는 보살이다. 사보살(四菩薩)의 하나이다. 인도 파라나국의 브라만 집안에서 태어나 석가모니의 교화를 받고, 미래에 부처가 될 수기(受記)를 받은 후 도솔천에 올라갔다.

'여느'는 관형사이며, '그 밖의 예사로운 또는 다른 보통의'라는 뜻이다. 오늘은 **여느** 때와 달리 일찍 자리에서 일어났다. 본부 사무실 안에는 일과 시간이 훨씬 지나고 있는데도 **여느** 날과 달리 방마다 불빛이 환히 밝혀져 있었다.≪이청준, 당신들의 천국≫ 그는 **여느** 사람보다 훨씬 키가 커 보였고 얼굴빛도 새하얗게 보였다.≪송영, 투계≫ '으레'는 원래 '의례(依例)'에서 '으례'가 되었던 것인데, '례'의 발음이 '레'로 바뀌었다. '틀림없이 언제나.'라는 뜻이다. 그는 회사 일을 마치면 **으레** 동료들과 술 한잔을 한다. 오빠와 한자리에 있으면 **으레** 그렇듯 정애의 아름다운 얼굴엔 우수가 서려 있었다.≪이호철, 닳아지는 살들≫

'허우대'는 '겉으로 드러난 체격으로 주로 크거나 보기 좋은 체격'을 이른다. 최 참판 댁을 습격하고 산으로 함께 들어갔을 때만 해도 용이는 **허우대** 좋고 인물 좋고 힘 좋은 사내였다.≪박경리, 토지≫ 하나같이 너무너무 말끔하게 생겨 있었고, 훤칠한 **허우대의** 미남자들이었다. ≪이호철, 문≫

제11항 다음 단어에서는 모음의 발음 변화를 인정하여, 발음이 바뀌어 굳어진 형태를 표준어로 삼는다(ㄱ을 표준어로 삼고, ㄴ을 버림.).

ㄱ	ㄴ	비고
깍쟁이	깍정이	1. 서울~, 알~, 찰~
		2. 도토리, 상수리 등의 받침은 '깍정이'임.

나무라다	나무래다	
미수	미시	미숫－가루
주책	주착	←主着. ～망나니, ～없다
지루－하다	지리－하다	←支離
튀기	트기	
허드레	허드래	허드렛－물, 허드렛－일

요게 배때기 쪼록 소리나게 굶은 거 같으니까, 거 되는 대로뭐하나 말아다 주'구려/구료'. **"사람 하는 일이 다 먹자고 하는 것인데"** 안 그렇냐?
　　　　　　　　　　　　　　　　　　　　　　　－한수산 『까마귀』

　속담은 '사람이 모두 먹고 살기 위해 일하는 것.'이라는 뜻으로 빗대는 말이다.

　그들이 파옥해서 나를 구명하고 아니하고를 두고 활빈당의 세력을 가늠하려 든다면 **"달은 못 보고 가리키는 손가락만 보는 격"**이요. 백성은 대의를 '바라/바래'볼 뿐 한두 목숨 거덜나는 것을 결코 두렵게 생각지는 않을 것입니다.
　　　　　　　　　　　　　　　　　　　　　　　－김주영 『활빈도』

　속담은 '일의 핵심을 파악하지 못하고 부수적인 것에서 머문다.'는 뜻으로 빗대는 말이다.

　모음 변화(母音變化)처럼 어느 한 현상으로 묶기 어려운 것들에 대한 규정이다.

　'－구려'와 '－구료'는 미묘한 의미차가 있는 듯도 하나 확연치 않아 '－구려'만을 표준어(標準語)로 인정하였다. 참 딱하기도 **하구려**. '깍정이' → '깍쟁이'는 'ㅣ'모음 역행 동화의 일종이나 '깍정이'가 아니라 '깍쟁이'를 표준어로 삼았다. '아주 약빠른 사람.'을 말한다. 동생은 **깍쟁이라** 항상 가장 좋은 물건을 차지한다. 어리게 뵈지만 여간 **깍쟁이가** 아닙니

다.≪박경리, 토지≫

'나무래다, 바래다'는 방언으로 해석하여 '나무라다, 바라다'를 표준어로 인정하였다. '바라다'는 '생각이나 바람대로 어떤 일이나 상태가 이루어지거나 그렇게 되었으면 하고 생각하다.'라는 의미이다. 부디 참석하여 주시기를 **바랍니다**. 그는 내심 아들이 하나 있었으면 하고 **바란다**. 친구의 사업이 성공했으면 하고 바라 마지않는다.

'바래다'는 '볕이나 습기를 받아 색이 변하다.'라는 뜻이다. 오래 입은 셔츠가 흐릿하게 색이 **바랬다**. 누렇게 **바랜** 벽지를 뜯어내고 새로 도배를 했다. 회색의 대문에 누렇게 빛이 **바랜** 종잇조각은 여전히 붙어 있다.≪김승옥, 건≫

'시러베아들'은 '실없는 아들'을 말한다. 세상이 수상해 놓으니까 별 **시러베아들** 놈들이 다 제 세상 만난 듯이들 야단이지만 또 지내보라죠.≪한수산, 유민≫ 한번 공짜에 맛을 들인 사람들은 **시러베아들이** 아닌 이상 그 후부터는 너도나도 요금을 물지 않고 거저 타려 할 것이므로….≪윤흥길, 비늘≫ '주책'과 '지루하다'는 한자어 어원을 버리고 변한 형태를 표준어로 인정하였다. '시러베아들', '허드레', '후루라기'는 현실 발음을 받아들인 것이다.

'주책'은 '일정하게 자리 잡은 주장이나 판단력.'을 일컫는다. 나이가 들면서 **주책이** 없어져 쉽게 다른 사람의 말에 귀를 기울이게 됐다. 매리는 **주책이** 없는 여자처럼 자꾸 키들거리고 웃었다.≪이호철, 소시민≫ 생각할수록 운명의 장난이란 **주책이** 없는 것 같다.≪심훈, 영원의 미소≫ '지루하다'는 '시간이 오래 걸리거나 같은 상태가 오래 계속되어 따분하고 싫증이 나다.'라는 뜻이다. 나는 기다리는 것이 **지루하여** 옆에 있는 잡지를 뒤적거리기 시작했다. 병원 침대에서 보내는 시간은 참기 어렵게 **지루했다**.≪최인훈, 광장≫ 한 마디도 귀에 들어오지 않는 안방의 이야기가 끝나기를 기다리기가 **지루하고** 조바심이 되었다.≪염상섭, 취우≫

'허드레'는 '그다지 중요하지 아니하고 허름하여 함부로 쓸 수 있는 물건.'을 뜻한다. **허드레로** 쓰는 방. 친정어머니는 딸이 결혼하여 살림을 날 때 자질구레한 **허드레** 그릇까지 세세히 챙겨 주셨다.

제12항 '웃-' 및 '윗-'은 명사 '위'에 맞추어 '윗-'으로 통일한다(ㄱ을 표준어로 삼고, ㄴ을 버림.).

ㄱ	ㄴ	ㄱ	ㄴ
윗-넓이	웃-넓이	윗-눈썹	웃-눈썹
윗-니	웃-니	윗-당줄	웃-당줄
윗-덧줄	웃-덧줄	윗-막이	웃-막이
윗-머리	웃-머리	윗-목	웃-목
윗-몸	웃-몸	윗-바람	웃-바람
윗-배	웃-배	윗-벌	웃-벌
윗-사랑	웃-사랑	윗-세장	웃-세장
윗-수염	웃-수염	윗-입술	웃-입술
윗-잇몸	웃-잇몸	윗-자리	웃-자리
윗-중방	웃-중방		

비가 내려 서늘한 기온이라 '윗도리/웃도리'는 입혔으나 아랫도리는 기저귀만 찬 모습이다. **"태어나고 석 달 안쪽은 잠과 더불어 자란다"**는 말대로, 아기는 하루 스무 시간 가까이 잠으로 보낸다.

－김원일 『불의 제전』

속담은 '아기는 태어나 석 달 정도를 거의 잠으로 산다.'는 뜻이다.

'웃'과 '윗'을 한쪽으로 통일하고자 한 결과이다. 이들은 명사 '위'에 사이시옷이 결합된 것으로 해석하여 '윗'을 기본으로 삼은 것이다.
'윗당줄'은 '망건당에 꿴 당줄'을 의미하고, '망건당'은 '망건의 윗부분'

을 뜻한다. '윗덧줄'은 '악보의 오선(五線) 위에 덧붙여 그 이상의 음높이를 나타내기 위하여 짧게 긋는 줄'을 일컫는다. '윗도리'는 '윗옷.'이라고도 한다. **윗도리를** 벗다. 그의 쭈그러진 왼쪽 소매는 **윗도리** 주머니에 아무렇게나 꽂혀 있었다.≪김원일, 불의 제전≫

'윗막이'는 '물건의 위쪽 머리를 막은 부분'을 말한다. '윗벌'은 '한 벌로 된 옷에서 윗도리에 입는 옷'을 일컫는다. 그는 **윗벌** 안 포켓에서 웬 종이에 싼 뭉치 하나를 꺼냈다.≪이호철, 소시민≫ '윗세장'은 '지게나 걸채 따위에서 윗부분에 가로질러 박은 나무'를 말한다. '윗자리'는 '윗사람이 앉는 자리.'를 말하며, 상석(上席)·상좌(上座)라고도 한다. 그는 잔치에 온 어른들을 **윗자리에** 모셨다. 대신들이 모인 자리에서 왕은 왕자를 많은 대신들보다 **윗자리에** 앉혔다. '윗중방(－中枋)'은 '창이나 문틀 윗부분 벽의 하중을 받쳐 주는 부재'를 일컫고, '상인방(上引枋)'이라고도 한다.

다만 1. 된소리나 거센소리 앞에서는 '위－'로 한다. (ㄱ을 표준어로 삼고, ㄴ을 버림.)

ㄱ	ㄴ	ㄱ	ㄴ
위－짝	웃－짝	위－쪽	웃－쪽
위－채	웃－채	위－층	웃－층
위－치마	웃－치마	위－팔	웃－팔

한글맞춤법 제30항에 보인 사이시옷의 음운론적인 기능은 뒷말의 첫소리를 된소리[硬音, 후두(喉頭) 근육을 긴장하거나 성문(聲門)을 폐쇄하여 내는 소리이다. 'ㄲ, ㄸ, ㅃ, ㅆ, ㅉ' 따위]로 하거나 뒷말의 첫소리 'ㄴ, ㅁ'이나 모음 앞에서 'ㄴ' 또는 'ㄴㄴ'소리가 덧나도록 하는 것으로 이해할 수 있다. 결국 된소리나 거센소리 앞에서는 사이시옷을 쓰지 않기로 한 한글맞춤법의 규정이다.

'위짝'은 '위아래가 한 벌을 이루는 물건의 위쪽 짝.'을 일컫는다. 김장식이가 엿목판 **위짝을** 훌쩍 들어 아래짝 속을 들여다보았다.≪송기숙, 녹두장군≫ '위치마'는 '갈퀴의 앞초리 쪽으로 대나무를 가로 대고 철사나 끈 따위로 묶은 코.'를 일컫는다. '위팔'은 '어깨에서 팔꿈치까지의 부분.'을 말하며, 상박(上膊)·상완(上腕)이라고도 한다.

다만 2. '아래, 위'의 대립이 없는 단어는 '웃-'으로 발음되는 형태를 표준어로 삼는다(ㄱ을 표준어로 삼고, ㄴ을 버림.).

ㄱ	ㄴ	ㄱ	ㄴ
웃-국	윗-국	웃-기	윗-기
웃-돈	윗-돈	웃-비	윗-비
웃-어른	윗-어른	웃-옷	윗-옷

'웃'으로 표기되는 단어를 최대한 줄이고 '윗'으로 통일함으로써 '웃~윗'의 혼란은 한결 줄어든 셈이다. 결국 대립이 있는 것은 '윗'으로 쓰고, 대립이 없는 것은 '웃'으로 쓰는 것이다.

'웃국'은 '간장이나 술 따위를 담가서 익힌 뒤에 맨 처음에 떠낸 진한 국'을 말한다. 뜨물이나 구정물까지 다 받아 모았다가 **웃국을** 따라서 걸레도 빨고 하기 때문에 돼지까지도 목이 마르다고 꽥꽥 소리를 질렀다.≪박화성, 한귀≫ '웃기'는 '흰 떡에 물을 들여 만든 도병(搗餅, 떡을 찧음 또는 그 떡)의 하나'를 일컫는다. 산을 떡이라 하면 돌은 그 **웃기**요, 물은 그 꿀이니….≪최남선, 심춘순례≫ 보시기 속의 보쌈김치는 마치 커다란 장미꽃 송이가 겹겹이 입을 다물고 있는 것처럼 보였고 갖가지 떡 위에 **웃기로** 얹은 주악은 딸아이가 수놓은 작은 염낭처럼 색스럽고 앙증맞았다.≪박완서, 미망≫

'웃비'는 '아직 우기(雨氣)는 있으나 좍좍 내리다가 그친 비'를 말한다. **웃비가** 걷힌 뒤라서 해가 한층 더 반짝인다. '웃옷'은 '맨 겉에 입는 옷'

을 뜻한다. 날씨가 추워서 **웃옷을** 걸쳐 입었다. 그는 **웃옷으로** 코트 하나만 걸치고 나갔다.

제13항 한자 '구(句)'가 붙어서 이루어진 단어는 '귀'로 읽는 것을 인정하지 아니하고, '구'로 통일한다(ㄱ을 표준어로 삼고, ㄴ을 버림.).

ㄱ	ㄴ	ㄱ	ㄴ
구법(句法)	귀법	구절(句節)	귀절
구점(句點)	귀점	결구(結句)	결귀
경구(警句)	경귀	경인구(警人句)	경인귀
난구(難句)	난귀	단구(短句)	단귀
단명구(短命句)	단명귀	문구(文句)	문귀
시구(詩句)	시귀	어구(語句)	어귀
연구(聯句)	연귀	인용구(引用句)	인용귀
절구(絶句)	절귀		

'구'와 '귀'는 혼동이 심했던 '구(句)'의 음을 '구'로 통일한 것이다. '구법(句法)'은 '시문(詩文) 따위의 구절을 만들거나 배열하는 방법', '구절(句節)'은 '한 토막의 말이나 글', '구점(句點)'은 '구절 끝에 찍는 점', '결구(結句)'는 '문장, 편지 따위의 끝을 맺는 글귀', '경구(警句)'는 '진리나 삶에 대한 느낌이나 사상을 간결하고 날카롭게 표현한 말', '경인구(警人句)'는 '사람을 놀라게 할 만큼 잘 지은 시구'를 말한다.

'난구(難句)'는 '이해하기 어려운 문장이나 구절', '단구(短句)'는 '주로 한시(漢詩)에서, 사륙문(四六文)이나 장편시(長篇詩)의 글자 수가 적은 글귀', '단명구(短命句)'는 '글쓴이의 목숨이 짧으리라는 징조가 드러나 보이는 글귀', '대구(對句)'는 '비슷한 어조나 어세를 가진 것으로 짝 지은 둘 이상의 글귀'를 일컫는다.

'문구(文句)'는 '글의 구절', '성구(成句)'는 '글귀를 이룸, 옛사람이 지어 널리 쓰이는 시문(詩文)의 글귀', '시구(詩句)'는 '시의 구절', '어구(語句)'는 '말의 마디나 구절', '연구(聯句)'는 '한 사람이 각각 한 구씩을 지어 이를 합하여 만든 시', '인용구(引用句)'는 '다른 글에서 끌어다 쓴 구절', '절구(絶句)'는 '한시(漢詩)의 근체시(近體詩) 형식의 하나이며, 기(起)·승(承)·전(轉)·결(結)의 네 구로 이루어졌는데, 한 구가 다섯 자로 된 것을 오언 절구, 일곱 자로 된 것을 칠언 절구'라고 한다.

다만, 다음 단어는 '귀'로 발음되는 형태를 표준어로 삼는다(ㄱ을 표준어로 삼고, ㄴ을 버림.).

ㄱ	ㄴ	비고
귀-글	구-글	
글-귀	글-구	

다만, '구(句)'의 훈(訓)과 음(音)은 '글귀 구'이다. 따라서 '글귀, 귀글'은 예외로 한다. '귀글'은 '한시(漢詩) 따위에서 두 마디가 한 덩이씩 되게 지은 글.'을 말한다. 그 한 덩이를 '구(句)'라 하고 각 마디를 '짝'이라 하는데, 앞마디를 안짝, 뒷마디를 바깥짝이라고 한다. 어느덧 달이 지려 하는데 마을 안에서는 상룡이의 **귀글** 읽는 소리가 들려온다.≪이기영, 봄≫ '말귀'는 '말이 뜻하는 내용.'을 의미하는 것이다. 시계를 쳐다보던 노인도 **말귀는** 못 알아들어도 눈을 크게 벌려 뜨고 영희를 건너다보았다.≪이호철, 닳아지는 살들≫

▒▒ 제 3 절 준 말

제14항 준말이 널리 쓰이고 본말이 잘 쓰이지 않는 경우에는, 준말만을 표준어로 삼는다(ㄱ을 표준어로 삼고, ㄴ을 버림.).

ㄱ	ㄴ	비고
귀찮다	귀치 않다	

김	기음	~매다
따리	또아리	
무	무우	~말랭이, ~생채, 가랑~, 갓~, 왜~, 총각~
미다	무이다	1. 털이 빠져 살이 드러나다.
		2. 찢어지다.
빔	비음	설~, 생일~
샘	새암	~바르다, ~바리
생-쥐	새앙-쥐	
솔개	소리개	

바쁜 세상인데 뭐하러 툭하면 남의 집에 "가을 '뱀/배암' 굴로 기어들 듯" 기어드느냐 그거였다. ㅡ박범신『불의 나라』
속담은 '자취도 없이 은밀하게 어딘가로 스며든다.'는 뜻으로 빗대는 말이다.

사람의 후분이 좋으려면 초년고생을 한다더니 계옥이 좋으려고 그렇 던지, 사사이 괴어 돌아가 '온갖/온가지' 일을 모두 "마른 수수잎 틀리듯" 벗나는 때라. ㅡ육정수『송뢰금』

사전에서만 밝혀져 있을 뿐 현실 언어에서는 전혀 또는 거의 쓰이지 않게 된 본딧말을 표준어에서 제거하고 준말만을 표준으로 삼은 것이다. '귀찮다'는 '마음에 들지 아니하고 괴롭거나 성가시다.'라는 뜻이다. 나는 몸이 아파서 만사가 다 **귀찮다**. 청소하기가 **귀찮아** 그대로 두었더 니 집 안 꼴이 말이 아니다. 나는 너무 피곤해서 어떤 생각도 하기가 **귀찮았다**. '김'은 '논밭에 난 잡풀.'을 말한다. **김을** 매다. 칠보네 산으로 들어섰다가, 산밭에서 **김을** 매고 있는 여자를 보았다.≪한승원, 해일≫ '따리'는 '짐을 머리에 일 때 머리에 받치는 고리 모양의 물건'을 일컫는다. 동이를 이고 부엌으로 들어오던 간난 어멈은 **똬리** 밑으로 흘러내리는 물을 손등으로 뿌리며 대청마루에 장승처럼 선 황 씨를 쳐다보았다. ≪한수산, 유민≫ 정수리에 내리붓고 있는 햇볕이 뜨거웠던지 그녀는 무명 수건으로 반백의 머리를 덮고 또 그 위에다 **똬리를** 동그마니 올려 놓았다. ≪이동하, 우울한 귀향≫

'빔'은 '명절이나 잔치 때에 새 옷을 차려입음. 또는 그 옷의 뜻'을 나타내는 말이다. "아니, 그런데 애 혼인 **빔**, 차려 둔 것은 어떡했소?" 영감은 또 한참 곰곰 생각하다가 묻는다. ≪염상섭, 싸우면서도 사랑은≫

'샘'은 '남의 처지나 물건을 탐내거나, 자기보다 나은 처지에 있는 사람이나 적수를 미워함. 또는 그런 마음.'을 일컫는다. 순이는 동생의 옷장에 걸린 새 옷을 보고는 **샘이** 나서 토라졌다. 진호 같은 앞길이 창창한 젊은 애에게 끼룩거리고 영숙이를 **샘을** 내고 하다니…. ≪염상섭, 화관≫

'솔개'는 수릿과의 새이다. 편 날개의 길이는 수컷이 45~49cm, 암컷이 48~53cm, 꽁지의 길이는 27~34cm이며, 몸빛은 어두운 갈색이다. 다리는 잿빛을 띤 청색이고 가슴에 검은색의 세로무늬가 있다. 꽁지에는 가로무늬가 있고 끝은 누런 백색인데 꽁지깃은 제비처럼 교차되어 있다. 다른 매보다 온순하고, 시가지·촌락·해안 등지의 공중에서 날개를 편 채로 맴도는데 들쥐·개구리·어패류 따위를 잡아먹는다. 우리나라에서는 겨울에 흔한 나그네새로 유라시아, 오스트레일리아 등지에 분포한다.

'장사치'는 '장사하는 사람을 낮잡아 이르는 말'이며, '상고배, 상로배, 장사꾼, 흥정바치'라고도 한다. 말을 듣고 보니 그럴 법한 이치였다. 돈을 좇는 **장사치들의** 눈치만큼 재빠른 것도 없을 것이었다. ≪조정래, 태백산맥≫

준말 형태를 취한 것들 중 2음절이 1음절로 된 음절은 대개 긴소리로 발음된다. 그러나 '귀찮다, 솔개, 온갖' 등은 짧게 발음된다.

제15항 준말이 쓰이고 있더라도, 본말이 널리 쓰이고 있으면 본말을 표준어로 삼는다(ㄱ을 표준어로 삼고, ㄴ을 버림.).

ㄱ	ㄴ	비고
경황-없다	경-없다	
궁상-떨다	궁-떨다	
귀이-개	귀-개	
낙인-찍다	낙-하다/낙-치다	
내왕-꾼	냉-꾼	
돗-자리	돗	
뒤웅-박	뒝-박	
뒷물-대야	뒷-대야	
마구-잡이	들잡이	
맵자-하다	맵자다	모양이 제격에 어울리다
모이	모	
부스럼	부럼	정월 보름에 쓰는 '부럼'은 표준어임.
살얼음-판	살-판	
수두룩-하다	수둑-하다	
일구다	일다	
죽-살이	죽-살	
퇴박-맞다	퇴-맞다	
한통-치다	통-치다	

앞으로 그 작자 소식을 좀 알려주게. 잉임이 될 것 같은지 어쩐지 그런 '낌새/낌'가 보이거든 좀 알려줘. 하하, 잉임이 된다면 훼방놀 길이라도 있는가? 하기사 "**남산골 딸깍박발이가 향청 고지기는 못 시켜도 참판 모가지는 뗀다는 말이 있지.**"
　　　　　　　　　　　　　　　　　　　　　　－송기숙 『녹두장군』

속담은 '옛날 남산골 딸깍발이가 무슨 일을 결정적으로 도와줄 수는 없지만, 방해하여 못 하게 할 수 있다.'는 뜻으로 빗대는 말이다.

본말이 훨씬 널리 쓰이고 있고, 그에 대응되는 준말이 쓰인다고 해도 그 세력이 미진한 경우 본말만을 표준어로 삼았다.

'궁상떨다'는 '궁상이 드러나 보이도록 행동하다.'라는 뜻이다. 남 줬던 돈도 받고, 외상 깔아 놓았던 것도 걷어 가면 그럭저럭 되니까 나 생각해서 너무 **궁상떨** 건 없고……. ≪한수산, 유민≫ '귀이개'와 함께 '귀개'를 복수 표준어로 인정함직도 하지만 '귀개'로 표기하면 단음으로 읽힐 염려가 있다는 점에서 '귀이개'만을 표준어로 인정하였다.

'내왕꾼(來往－)'은 '절에서 심부름하는 속인(俗人)'을 말한다. '뒤웅박'은 '박을 쪼개지 않고 꼭지 근처에 구멍만 뚫어 속을 파낸 바가지'를 말한다. 크고 작은 **뒤웅박에** 갖가지 씨를 넣어 두었다. '뒷물대야'는 '사람의 국부나 항문을 씻을 때 쓰는 대야를 말한다. '맵자하다'는 '모양이 제격에 어울려서 맞다.'라는 뜻이다. 옷차림이 **맵자하다**. 구름 같은 머리 쪽엔 백옥 죽절이 **맵자하게** 가로 꽂혔다.≪박종화, 다정불심≫

'암죽(－粥)'은 '곡식이나 밤의 가루로 묽게 쑨 죽'이며, 어린아이에게 젖 대신 먹인다. '일구다'는 '현상이나 일 따위를 일으키다.'라는 뜻이다. 화로 속의 불씨를 찾아내어 심지에 대고 불어서 불꽃을 **일구었다**.≪유현종, 들불≫ 그의 예사로운 것 같은 말이 김범우의 가슴에 찡한 파문을 **일구었다**.≪조정래, 태백산맥≫ '죽살이'는 '생사(生死)'와 같은 뜻이다. 어제는 동네에서 벌어진 싸움을 말리느라 **죽살이가** 심했다. '한통치다'는 '나누지 아니하고 한곳에 합치다.'라는 뜻이다. 알이 굵고 잔 감자를 **한통쳐서** 셈했다.

다만, 다음과 같이 명사에 조사가 붙은 경우에도 이 원칙을 적용한다. (ㄱ을 표준어로 삼고, ㄴ을 버림.)

ㄱ	ㄴ	비고
아래 - 로	알 - 로	

'알로'는 비교적 널리 쓰이고 있음에도 비표준어(非標準語)로 인정하는 것은 '아래'가 '알'로 주는 것이 조사 '-로'와의 결합에 한하는 것이기 때문이다.

제16항 준말과 본말이 다 같이 널리 쓰이면서 준말의 효용이 뚜렷이 인정되는 것은, 두 가지를 다 표준어로 삼는다(ㄱ은 본말이며, ㄴ은 준말임.).

ㄱ	ㄴ	비고
거짓 - 부리	거짓 - 불	작은말은 '가짓부리, 가짓불'.
노을	놀	저녁~
망태기	망태	
머무르다	머물다	모음 어미가 연결될 때에는
서두르다	서둘다	준말의 활용형을 인정하지
서투르다	서툴다	않음.
석새 - 삼베	석새 - 베	
시 - 누이	시 - 뉘/시 - 누	
오 - 누이	오 - 뉘/오 - 누	
외우다	외다	외우며, 외워 : 외며, 외어
이기죽 - 거리다	이죽 - 거리다	
찌꺼기	찌끼	'찌꺽지'는 비표준어.

땅 짚고 헤엄도 못 치며, "**막대기/막대**'로 하늘 재듯이' 세상을 살아가니, 어디에 쓸모가 있는가. 그렇지 않느냐? 좁다, 속이, 너무 좁디좁다.

　　　　　　　　　　　　　　　　　－이성권『그리운 시냇가』

속담은 '도저히 불가능한 일을 시도한다.'는 뜻으로 빗대어 이르는 말이다.

　본말과 준말을 모두 표준어(標準語)로 삼은 단어들이다. 두 형태가 모두 널리 쓰이는 것들이어서 어느 하나만을 표준어로 인정할 수 없다는 근거이다.

　'거짓부리/거짓불/거짓부렁이'는 '거짓말'을 속되게 이르는 말이다. **거짓부리**에 속아 넘어가다. 제 잘난 맛을 맛보고 과시하려던 허세와 **거짓부리**는 운무처럼 어디론가 사라져 있는 것이었다.≪이정환, 샛강≫ '노을/놀'은 '해가 뜨거나 질 무렵에, 하늘이 햇빛에 물들어 벌겋게 보이는 현상.'을 말한다. 하루의 일이 끝나자 웅보는 잠시 허리를 펴고 서서 **노을로** 물든 서편 하늘을 바라보았다.≪문순태, 타오르는 강≫ **노을은** 해가 떨어진 후에도 얼마큼 사라지지 않고 있다가 차차 보랏빛으로 변색해 갔다.≪한무숙, 만남≫

　'망태기(網--)/망태'는 '물건을 담아 들거나 어깨에 메고 다닐 수 있도록 만든 그릇이며, 주로 가는 새끼나 노 따위로 엮거나 그물처럼 떠서 성기게 만듦'을 의미한다. '머무르다/머물다'는 '머물러, 머무르니'로 활용되며, '도중에 멈추거나 일시적으로 어떤 곳에 묵다.'라는 뜻이다. 버스가 정류장에 **머무르다**. 할머니의 눈은 가끔 누워 있는 손자에게 **머무르곤** 했다. '서투르다/서툴다'는 '서툴러, 서투르니'로 활용되며, '일 따위에 익숙하지 못하여 다루기에 설다.'라는 뜻이다. 그는 애정 표현에 **서투르다**. 그들은 희준이가 농사일에 **서투른** 줄 알면서도 간혹 품앗이로 손을 바꾸기도 하였다.≪이기영, 고향≫

　'석새삼베/석새베'는 '240올의 날실로 짠 베라는 뜻으로, 성글고 굵은 베를 이르는 말'로 쓰인다. '날실'은 '피륙을 짤 때, 세로 방향으로 놓인 실', '씨실'은 '피륙을 짤 때, 가로 방향으로 놓인 실'을 일컫는다. '이기죽거리다/이죽거리다'는 '자꾸 밉살스럽게 지껄이며 짓궂게 빈정거리다.'

라는 의미이다. 영감은 마땅찮게 강 씨의 리어카와 그 행색을 훑어보면서 **이죽거렸다.**≪황석영, 돼지꿈≫ 그때 그 해적같이 거칠게 생긴 사내는 내 흰 얼굴과 매듭 없는 손을 번갈아 살피더니 노골적으로 **이죽거렸다.**≪이문열, 그해 겨울≫

'찌꺼기/찌끼'는 '액체가 다 빠진 뒤에 바닥에 남은 물건.'을 일컫는다. 한약을 짜고 난 **찌꺼기를** 거름으로 쓰면 식물이 잘 자란다. 물독은 비어 있고 바닥에 **찌꺼기가** 가라앉아 있었다.≪한무숙, 어둠에 갇힌 불꽃들≫

>>> 제 4 절 　 단수 표준어

제17항 비슷한 발음의 몇 형태가 쓰일 경우, 그 의미에 아무런 차이가 없고, 그 중 하나가 더 널리 쓰이면, 그 한 형태만을 표준어로 삼는다(ㄱ을 표준어로 삼고, ㄴ을 버림.).

ㄱ	ㄴ	비고
거든-그리다	거둥-그리다	1. 거든하게 거두어 싸다.
		2. 작은말은 '가든-그리다'임.
구어-박다	구워-박다	사람이 한 군데에서만 지내다.
귀-고리	귀엣-고리	
귀-띔	귀-틤	
귀-지	귀에-지	
까딱-하면	까땍-하면	
꼭두-각시	꼭둑-각시	
내색	나색	감정이 나타나는 얼굴빛
내숭-스럽다	내흉-스럽다	
냠냠-거리다	얌냠-거리다	냠냠-하다
냠냠-이	냠얌-이	

너[四]	네	~돈, ~말, ~발, ~푼
넉[四]	너/네	~냥, ~되, ~섬, ~자
다다르다	다닫다	
댑−싸리	대−싸리	
더부룩−하다	더뿌룩−하다/듬뿌룩−하다	
−던	−든	선택, 무관의 뜻을 나타내는 어미는 '−든'임. 가−든(지) 말−든(지), 보−든(가), 말−든(가)
−던가	−든가	
−던걸	−든걸	
−던고	−든고	
−던데	−든데	
−던지	−든지	
−(으)려고	−(으)ㄹ려고/ −(으)ㄹ라고	
−(으)려야	−(으)ㄹ려야/ −(으)ㄹ래야	
망가−뜨리다	망그−뜨리다	
멸치	며루치/메리치	
반빗−아치	반비−아치	'반빗' 노릇을 하는 사람. 찬비(饌婢) '반비'는 밥짓는 일을 맡은 계집종
보습	보십/보섭	
본새	뽄새	
봉숭아	봉숭화	'봉선화'도 표준어임.
뺨−따귀	뺨−따귀/뺨−따구니	'뺨'의 비속어임.
뻐개다[析]	뻐기다	두 조각으로 가르다.

뻐기다[誇]	뻐개다	뽐내다
사자ー탈	사지ー탈	
상ー판대기	쌍ー판대기	
서[三]	세/석	~돈, ~말, ~발, ~푼
석[三]	세	~냥, ~되, ~섬, ~자
설령(設令)	서령	
ー습니다	ー읍니다	먹습니다, 갔습니다, 없습니다, 있습니다, 좋습니다 모음 뒤에는 'ーㅂ니다'임.
시름ー시름	시늠ー시늠	
쓱벅ー쓱벅	썩벅ー썩벅	
아내	안해	
어ー중간	어지ー중간	
오금ー팽이	오금ー탱이	
오래ー오래	도래ー도래	돼지 부르는 소리
ー올시다	ー올습니다	
옹골ー차다	공골ー차다	
우두커니	우두머니	작은말은 '오도카니'임.
잠ー투정	잠ー투세/잠ー주정	
재봉ー틀	자봉ー틀	발~, 손~
짓ー무르다	짓ー물다	
짚ー북데기	짚ー북세기	'짚북더기'도 비표준어임.
쪽	짝	편(便). 이~, 그~, 저~ 다만, '아무ー짝'은 '짝'임.
코ー맹맹이	코ー맹녕이	
흥ー업다	흥ー헙다	

아들이라고 하나 '있던/있든' 놈은, 웬체 놀기를 좋아해 대가리 찰 나이가 되자 객지 떠돌길 **"가뭄에 개떡 주워먹듯"** 하더니, 전쟁이 터지자 빨갱이가 되어 나타났다우.   —신영철 『하늘국화』

속담은 '조금도 마다하지 않고 욕심을 부린다.'는 뜻으로 빗대는 말이다.

퇴에서 웃방으로 들어가는 외짝 지게문이 보이고, '아궁이/아궁지' 붙은 봉당에서 곧장 웃방으로 들어가는 외짝 덧문이 보였다. 가구 차리고 산다는 형편은 못 된다고 할지라고 그만하면 옹색한 **"달팽이 살림"**은 면한 셈이었다.   —김주영 『활빈도』

속담은 '살림이 매우 옹색하다.'는 뜻으로 빗대는 말이다.

현감이란 작자는 동헌은 풀새 내주고 객사에서 밤이나 낮이나 구들장 짊어지고 **"'천장/천정' 갈비나 세고"** 자빠졌고.

    —송기숙 『녹두장군』

속담은 '누워서 헛생각만 한다.'는 뜻으로 빗대는 말이다.

발음상 약간의 차이로 둘 또는 그 이상의 형태에 대하여 더 일반적으로 쓰이는 형태 하나만을 표준어로 인정하였다.

'구어박다'는 '사람이 한군데서만 지내다.'라는 뜻으로 원형을 밝히어 적지 않는다. '내숭스럽다'는 '겉으로는 순해 보이나 속으로는 엉큼한 데가 있다.'라는 뜻이다. **내숭스럽게** 굴지 말고 좀 솔직할 줄 알아라. 저런 능청, 첨부터 사람이 어째 **내숭스럽더라니.**≪조해일, 아메리카≫ '냠냠이'는 '맛있는 음식을 먹고 싶어 하는 일을 비유적으로 이르는 말', '다다르다'는 '목적한 곳에 이르다.'라는 의미이다. 기나긴 항해 끝에 우리는 드디어 보물섬에 **다다랐다.** 소리를 좇아 운암댁이 현장에 **다다랐을** 때는 다행인지 불행인지 이미 싸움은 끝나 있었다.≪윤흥길, 완장≫ 주옥이 드디어 초가집에 **다다라** 판자로 만든 찌그러진 대문을 요란스레

흔들어 댄다.≪홍성원, 흔들리는 땅≫

'더부룩하다'는 '풀이나 나무 따위가 거칠게 수북하다.'라는 뜻이다. 집 앞 묵정밭에는 잡초만 **더부룩하게** 자라 있다. '수염이나 머리털 따위가 좀 길고 촘촘하게 많이 나서 어지럽다.'라는 뜻이다. 머리가 **더부룩하게** 자라다.

'-던'은 '과거에 직접 경험하여 새로이 알게 된 사실에 대한 물음'을 나타내는 종결 어미이다. 그는 잘 **있던**? 그 사람이 더 **친절하던**? '-던가'는 '과거의 사실에 대하여 자기 스스로에게 묻는 물음이나 추측'을 나타내는 종결 어미이다. 걔가 어디 **아프던가**? 난 혹시 그날 비가 오지 **않았던가**? '-던걸'은 '화자가 과거에 경험하여 알게 된 사실이 상대편이 이미 알고 있는 바나 기대와는 다른 것'임을 나타내는 종결 어미이다. 그 사람은 담배를 못 **피우던걸**? '-던고'는 '과거 사실에 대한 물음'을 나타내는 종결 어미이다. 주로 '누구, 무엇, 언제, 어디' 따위의 의문사가 있는 문장에 쓰며 근엄한 말투를 만든다. 용궁은 얼마나 **멀던고**? 거기에는 어떤 사람들이 **왔던고**?

'-던데'는 '과거의 어떤 일을 감탄하는 뜻을 넣어 서술함으로써 그에 대한 청자의 반응을 기다리는 태도'를 나타내는 종결 어미이다. 그 사람은 집에 **있던데**. 그 사람 참, 잘 **달리던데**! '-던지'는 '막연한 의문이 있는 채로 그것을 뒤 절의 사실이나 판단과 관련'시키는 데 쓰는 연결 어미이다. 얼마나 **춥던지** 손이 곱아 펴지지 않았다. 아이가 얼마나 밥을 많이 **먹던지** 배탈 날까 걱정이 되었다. '-려고'는 '어떤 행동을 할 의도나 욕망을 가지고 있음'을 나타내는 연결 어미이다. 내일은 일찍 **일어나려고** 한다. 너는 여기서 **살려고** 생각했니? '-려야'는 '-려고 하여야'가 줄어든 말이다. 그 사람은 성격이 좋아 **미워하려야** 미워할 수 없다.

'반빗아치'는 "'반빗' 노릇을 하는 사람", '찬비(饌婢)'는 '예전에, 반찬을 만드는 일을 맡아 하던 여자 하인', '반비'는 '밥짓는 일을 맡은 계집종'을 일컫는다. '보습'은 땅을 갈아 흙덩이를 일으키는 데 쓰는 농기구이다.
(삽 모양의 쇳조각으로 쟁기나 극젱이의 술바닥에 맞추어 끼운다.)

　'뼈개대[斫]'는 그 단단한 돌을 맨손으로 뼈갠다는 것은 있을 수 없는
일이다. 배는 앞뒤로 연방 곤두박질치고 이따금 집채 같은 물결이 뱃전
을 **뼈갤** 듯이 후려치며 껑충 솟아올라 배 위를 덮치곤 했다.≪현기영,
변방에 우짖는 새≫ '뼈기대[誇]'는 '얄미울 정도로 매우 우쭐거리며 자
랑하다.'라는 뜻이다. 그는 우등상을 탔다고 무척 **뼈기고** 다닌다. 엄마
와 이심전심으로 죽이 맞았달까. 서울 문밖에서 궁색하기 짝이 없이 사
는 주제에 시골 가면 어떡하든 **뼈길** 궁리부터 했다.≪박완서, 그 많던
싱아는 누가 다 먹었을까≫

　'설령(設令)'은 '가정해서 말하여'라는 뜻이며, 주로 부정적인 뜻을 가
진 문장에 쓴다. 설사(設使), 설약(設若), 설혹(設或), 억혹(抑或), 유혹(猶
或)이라고도 한다. 저들이 **설령** 우리를 이곳에서 내보내 준다 해도 아주
놓아주지는 않을 것이다. 그런 일은 없겠지만 **설령** 이번 일이 안된다고
하더라도 너무 실망은 하지 마라.

　'-습니다, -읍니다'는 '-습니다'로 통일하였다. 또한 '-올습니다,
올시다' 중에서도 의미차가 확연하지 않아서 '-올시다'를 표준어로 인
정하였다.

　'씀벅씀벅'은 '눈꺼풀을 움직이며 눈을 자꾸 감았다 떴다 하는 모양',
'오금팽이'는 '구부러진 물건에서 오목하게 굽은 자리의 안쪽', '짓무르
다'는 '살갗이 헐어서 문드러지다.', '북데기'는 '짚이나 풀 따위가 함부로
뒤섞여서 엉클어진 뭉텅이', '흉업다(凶--)'는 '말이나 행동이 불쾌할
정도로 흉하다.'라는 뜻이다. 관골에 그어진 흉터 때문인지, 그러나 그
것은 과히 **흉업지** 않을 만큼 엷었으며 창백한 낯빛에 굴곡이 깊고 음영이
짙었다.≪박경리, 토지≫ 자기가 방에다 불 좀 때기로서니 그다지는 남
볼썽도 **흉업게** 생각은 되지 않던 것이….≪박태원, 비량≫ 이런 미친,
이봐! 말이 **흉업지**, 중매라니?……붙여 주다니?≪염상섭, 대를 물려서≫

》》》 제5절 복수 표준어

제18항 다음 단어는 ㄱ을 원칙으로 하고, ㄴ도 허용한다.

ㄱ	ㄴ	비고
네	예	
쇠-	소-	-가죽, -고기, -기름, -머리, -뼈
괴다	고이다	물이 ~, 밑을 ~(고임새=굄새)
꾀다	꼬이다	어린애를 ~, 벌레가 ~.
쐬다	쏘이다	바람을 ~.
죄다	조이다	나사를 ~.
쬐다	쪼이다	볕을 ~.

사람의 후분이 좋으려면 초년고생을 한다더니 계옥이 좋으려고 그렇던지, 사사이 '괴어/고여' 돌아가 온갖 일을 모두 **"마른 수숫잎 틀리듯"** 벗나는 때라.
　　　　　　　　　　　　　　　　　　　　　　　－육정수『송뢰금』
속담은 '일이 잘 되지 않고 어긋난다.'는 뜻으로 빗대는 말이다.

"밥알이 곤두서서" 못 참겠수. 내 이 나무를 뽑아 보이리다. 갑송이가 손바닥에 침을 퉤 뱉어 비비고 나서 나무둥치를 두 팔로 둘러 안고 허리 굽혀 바짝 '조이며/죄이며' 힘을 썼다.
　　　　　　　　　　　　　　　　　　　　　　　－황석영『장길산』
속담은 '자존심이 상하거나 화가 치민다.'는 뜻으로 빗대는 말이다.

비슷한 발음을 가진 두 형태에 대하여 그 발음 차이가 국어의 일반 음운 현상으로 설명되면서 두 형태가 널리 쓰이는 것들이기에 모두 표준어(標準語)로 인정하였다.
'쇠-', '-소'에서 '쇠'는 전통적 표현이나 '소-'도 우세해져서 표준어로 인정하였다. '괴다'는 '물 따위의 액체나 가스, 냄새 따위가 우묵한 곳에 모이다.'라는 뜻이다. 마당 여기저기에 빗물이 **괴어** 있다. 연기가 안개처럼 골짜기에 가득 **괴어** 빠져나가지를 못했다.≪문순태, 피아골≫ '고임새'는 '그릇에 떡이나 과실 따위를 높이 쌓아 올리는 솜씨'를 말하며, '굄새'의 본말이다. 제사상에는 과일과 떡을 **고임새를** 해서 올려놓는다.

제19항 어감의 차이를 나타내는 단어 또는 발음이 비슷한 단어들이 다 같이 널리 쓰이는 경우에는, 그 모두를 표준어로 삼는다(ㄱ, ㄴ을 모두 **표준어로** 삼음.).

ㄱ	ㄴ	비고
거슴츠레 – 하다	게슴츠레 – 하다	
고까	꼬까	~신, ~옷
고린 – 내	코린 – 내	
교기(驕氣)	갸기	교만한 태도
구린 – 내	쿠린 – 내	
꺼림 – 하다	께름 – 하다	
나부랭이	너부렁이	

어감(語感)이란 '말이 주는 느낌'을 이른다. 어감의 차이가 있다는 것은 별개의 단어라고 할 수 있으나 기원을 같이하는 단어이면서 그 어감의 차이가 미미하기 때문에 복수 표준어로 인정하였다.

'거슴츠레 – 하다/게슴츠레하다'는 '졸리거나 술에 취해서 눈이 정기가 풀리고 흐리멍덩하며 거의 감길 듯한 모양'을 뜻한다. 그는 졸려서 **거슴츠레한** 눈을 비비고 있었다. 그 청년은 **거슴츠레한** 눈으로 술잔을 바라보며 앉아 있었다. '고린내/코린내'는 '썩은 풀이나 썩은 달걀 따위에서 나는 냄새와 같이 고약한 냄새'를 말한다. 여러 달 목욕을 하지 않은 듯, 몸에 때가 덕지덕지 끼고 **고린내가** 심하게 났다. 자빠진 통나무처럼 여섯 명이 머리와 다리를 각각 반대로 하여 누워 있는 굴속은 후끈한 열기와 **고린내** 섞인 악취로 꽉 차 있었다. ≪김원일, 불의 제전≫ '구린내/쿠린내'는 '똥이나 방귀 냄새와 같이 고약한 냄새'의 뜻이다. 아이가 똥을 쌌는지 방 안에 **구린내가** 진동했다. 얼마 동안 발을 씻지 않았는지 **구린내가** 지독했고 양말은 엿물에서 건져 낸 듯했다. ≪김원일, 불의 제전≫

'꺼림하다/께름하다'는 '마음에 걸려 언짢은 느낌이 있다.', '나부랭이'는 '종이나 헝겊 따위의 자질구레한 오라기'를 일컫는 말이다. 조카에게 차비도 주지 않고 그냥 보낸 것이 아무래도 **꺼림하다.** 나는 내 이익만을 위해서 그를 보내는 것이 **꺼림하였다.** 그렇다고 그를 둘 수도 없는 사정이다. ≪최서해, 갈등≫ '나부랭이/너부렁이'는 '종이나 헝겊 따위의 자질구레한 오라기'를 일컫는 말이다. 직원들이 일할 생각은 안 하고 잡지 **나부랭이나** 들여다보고 있다. 소년이 책 **나부랭이를** 챙겨 가지고 나온다. ≪서정인, 강≫

제 3 장 어휘 선택의 변화에 따른 표준어 규정

⫸ 제 1 절 고 어

제20항 사어(死語)가 되어 쓰이지 않게 된 단어는 고어로 처리하고, 현재 널리 사용되는 단어를 표준어로 삼는다(ㄱ을 표준어로 삼고, ㄴ을 버림.).

ㄱ	ㄴ	비고
난봉	봉	
낭떠러지	낭	
설거지-하다	설겆다	

애달프다	애닯다
오동-나무	머귀-나무
자두	오얏

안절부절못하는 두 다리는 "가로 뛰고 세로 '**난봉/봉**'"이었지만, 이미 남의 손을 탄 쌀자루가 굴러 나올리는 없었다.

—이문구『그때는 옛날』

속담은 '이리저리 옮겨 다니며 설쳐대는 사람.'을 두고 빗대어 이르는 말이다.

　"'자두/오얏' 껍데기가 시다고 해서 '자두/오얏'(이)가 신과일은 아닐 것" 이며 껍데기를 벗기고 먹으면 달다고 해서 마음 놓고 덥썩 먹을 수 있는 과일도 아닐 것이며, 조심스럽게 발라 먹어야지 씨앗 가까이 가면 껍데기 못잖게 시거든.

—박경리『토지』

속담은 '겉과 속이 같지 않다.'는 뜻으로 비유해 이르는 말이다.

　'사어(死語)'는 '과거(過去)에는 쓰였으나 현재(現在)에는 쓰이지 아니하게 된 언어'를 말한다. '고어(古語)'는 '오늘날은 쓰지 아니하는 옛날의 말'을 일컫는다. 발음상의 변화가 아니라 어휘적으로 형태를 달리하는 단어들을 사정한 것이다.

　'난봉'은 '허랑방탕한 짓'을 의미한다. 아들은 얼마 남지 않은 가산을 거덜을 내 **난봉을** 피우면서 다섯 살 맏이의 아내를 구박했다.≪박완서, 도시의 흉년≫ '설겆다'를 쓰지 않는 이유는 '설겆어라, 설겆으니, 설겆더니'와 같은 활용형이 쓰이지 않아 어간 '설겆-'을 추출해 낼 수가 없기 때문이다. 명사 '설거지'를 '설겆-'에서 파생된 것으로 보지 않고 원래부터의 명사로 처리하고 '설거지하다'는 이 명사에서 '-하다'가 결합된 것으로 해석하였다. '먹고 난 뒤의 그릇을 씻어 정리하다.'라는 뜻이다. 먹고 난 그릇을 **설거지하다**.

'애닯다'는 고어로 처리하고 현재 널리 쓰이고 있는 '애달파서, 애달픈' 등의 활용형을 가진 '애달프다'를 표준어로 인정하였다. 자기의 지체가 낮아서 품석 장군과 혼담이 있다가 깨어지고 자기는 이 이름도 없는 금일에게 시집을 온 것을 생각하니 **애달프기** 짝이 없다.≪홍효민, 신라통일≫ 그렇게도 그립고 그렇게도 보고 싶던 남편을 지척에 두고 못 만나는 슬프고 **애달픈** 마음이야 여북하랴마는….≪현진건, 무영탑≫

'자두'는 '살구보다 조금 크고 껍질 표면은 털이 없이 매끈하며 맛은 시큼하며 달콤함'의 의미이다.

░░ 제 2 절 한자어

제21항 고유어 계열의 단어가 널리 쓰이고 그에 대응되는 한자어 계열의 단어가 용도를 잃게 된 것은, 고유어 계열의 단어만을 표준어로 삼는다(ㄱ을 표준어로 삼고, ㄴ을 버림.).

ㄱ	ㄴ	비고
가루-약	말-약	
구들-장	방-돌	
길품-삯	보행-삯	
까막-눈	맹-눈	
꼭지-미역	총각-미역	
나뭇-갓	시장-갓	
늙-다리	노닥다리	
두껍-닫이	두껍-창	
떡-암죽	병-암죽	
마른-갈이	건-갈이	
마른-빨래	건-빨래	

메−찰떡	반−찰떡	
박달−나무	배달−나무	
밥−소라	식−소라	큰 놋그릇
사래−논	사래−답	묘지기나 마름이 부쳐 먹는 땅
사래−밭	사래−전	
삯−말	삯−마	
성냥	화곽	
솟을−무늬	솟을−문(〜紋)	
외−지다	벽−지다	
움−파	동−파	
잎−담배	잎−초	
잔−돈	잔−전	
조−당수	조−당죽	
죽데기	피−죽	'죽더기'도 비표준어임.
지겟−다리	목−발	지게 동발의 양쪽 다리
짐−꾼	부지−군(負持−)	
푼−돈	분전/푼전	
흰−말	백−말/부루−말	'백마'는 표준어임.
흰−죽	백−죽	

뒤꼍에다 등물을 마련해 놓긴 하였습니다만 곤하시면 그대로 침석에
드시지요. 나 또한 면목이 없소만 **"자빠진 김에 쉬어 가더라고"** 하룻밤
'구들장/방돌' 신세를 겨야 하겠소.   −김주영 『객주』
    속담은 '어떤 일이 일어난 김에 그동안 하고 싶었던 것을 한다.'는 뜻
으로 빗대는 말이다.

    이 절 큰스님이란 자가 알구보니 어찌나 어물쩍한지 **"반디불루 언 쥐**

껍데기를 벗길" 늙다립니다. 아 글쎄 그 '늙다리/노닥다리'가 그럴듯하게 꾸며내서 하는 말이……. —홍석중 『황진이』

속담은 '소견이 좁고 옹졸한 사람.'을 두고 빗대어 이르는 말이다.

며칠간은 그래도 말이 없어서 길수도 인제 체념했나보다 하고 생각했던 것인데, "'**박달나무/배달나무'도 좀이 쓴다고,**" 그로서는 길수에게 허를 찔린 셈이 되고 말았다. —박범신 『불의 나라』

속담은 '아무리 똑똑한 사람도 실수를 할 때가 있고, 건강한 사람도 아플 때가 있다.'는 뜻으로 빗대어 이르는 말이다.

한자어(漢字語) 계열의 단어가 용도를 잃게 된 것은 고유어(固有語) 계열의 단어가 더 자연스럽기에 만들어진 규정이다.

'구들장'은 '방고래 위에 깔아 방바닥을 만드는 얇고 넓은 돌'을 말한다. 어쩌면 골방에 **구들장이** 깔린 이래 처음으로 웃음이 찐득하게 괴어 넘치고 있는 것인지도 몰랐다.≪문순태, 타오르는 강≫ '길품삯'은 '남이 갈 길을 대신 가 주고 받는 삯'을 뜻한다. '꼭지미역'은 '한 줌 안에 들어올 만큼을 모아서 잡아맨 미역', '나뭇갓'은 '나무를 가꾸는 말림갓'을 말한다. 마을의 일꾼들은 열흘께까지 **나뭇갓을** 말끔하게 베어 놓고 집집마다 추석빔 할 대목장을 보기 위하여 제가끔 돈거리를 장만하기에 분주하였다.≪이기영, 봄≫ '떡암죽'은 '말린 흰무리를 빻아 묽게 쑨 죽', '마른갈이'는 '마른논에 물을 넣지 않고 논을 가는 일'을 뜻한다.

'삯말'은 '삯을 주고 빌려 쓰는 말'을 말한다. 삼십 리를 걷자니 나 같은 약지로서는 도저히 생각만 하여도 뻐근한 일이다. 나는 부득이 **삯말을** 얻기로 하였다.≪정비석, 비석과 금강산의 대화≫ '솟을무늬'는 '피륙 따위에 조금 도드라지게 놓은 무늬'라는 뜻이다. '외지다'는 '외따로 떨어져 있어 으슥하고 후미지다.'라는 뜻이다. 소녀는 인적 없는 **외진** 곳에 살고 있었다. 가장 싼 병실이었으므로 병실 풍경은 어느 구석이고

다 그만그만했지만 아내가 누운 자리야말로 가장 **외지고** 쓸쓸한 구석 장소였다.≪최인호, 지구인≫

　'움파'는 '겨울에 움 속에서 자란, 빛이 누런 파', '조당수'는 '좁쌀을 물에 불린 다음 갈아서 묽게 쑨 음식'을 말한다. 겨울이 되어 푸성귀가 귀해지자 숟가락에 걸리던 시래기마저 없어져 멀건 **조당수로** 바뀌어 버린 죽이었다.≪이문열, 영웅시대≫ '죽데기'는 '통나무의 표면에서 잘라 낸 널조각'을 의미한다. 집이 서너 채는 넘게 들어앉을 만한 공터가 초희가 든 집과 함께 **죽데기로** 담장을 친 한 울타리 안에 들어 있었다. ≪한수산, 유민≫

　'지겟다리'는 '지게 몸체의 맨 아랫부분에 있는 양쪽 다리.'를 일컫는다. 작대기로 **지겟다리를** 치며 그 장단에 맞추어 초부타령을 부르는 것이다.≪이어령, 흙 속에 저 바람 속에≫ **지겟다리를** 땅에 붙이며 앞으로 쏠리는 짐의 무게를 지겟작대기로 버틴 남자가 혼잣말을 씨부렁거렸다.≪조정래, 태백산맥≫

　제22항 고유어 계열의 단어가 생명력을 잃고 그에 대응되는 한자어 계열의 단어가 널리 쓰이면, 한자어 계열의 단어를 표준어로 삼는다 (ㄱ을 표준어로 삼고, ㄴ을 버림.).

ㄱ	ㄴ	ㄱ	ㄴ
개다리-소반	개다리-밥상	겸-상	맞-상
고봉-밥	높은-밥	단-벌	홑-벌
마방-질(馬房-)	마바리-집		
민망/면구-스럽다	민주-스럽다	방-고래	구들-고래
부항-단지	뜸-단지	산-누에	멧-누에
산-줄기	멧-줄기/멧-발		
수-삼	무-삼	심-돋우개	불-돋우개
양-파	둥근-파	어질-병	어질-머리

윤-달	군-달	장력-세다	장성-세다
제석	젯-돗		
총각-무	알-무/알타리-무		
칫-솔	잇-솔	포수	총-댕이

한 사내가 듣기 '민망/면구/민주'한 쌍욕을 하기가 바쁘게 몽둥이가 어지러이 날았다. 몽둥이는 세 사람 모두에게 인정사정없이 쏟아졌다. 복날에 개 패듯, **"가을 콩 타작에 도리깨질 하듯"** 그야말로 빗발치다시피 했다.　　　　　　　　　　　　　　　　　　　　　－김종록 『소설 풍수』

속담은 '있는 힘을 다해서 후려치는 모습.'을 두고 비유하여 이르는 말이다.

"나가는 '포수/총댕이'는 있어도 돌아오는 '포수/총댕이'**는 없다"**는 말처럼 선달님은 꾸어가는 쌀은 있어도 갚으러 오는 쌀은 없으니 이거 되겠어요. 그러나 저러나 우리도 쌀이 없어요.　　　　　　　　　　　　　　　　　　　　　－이상비 『봉이 김선달』

속담은 '사냥을 나간 포수가 행방불명이 된다.'는 뜻이거나, '재물이 나가기만 하고 들어올 줄을 모른다.'는 뜻으로 빗대는 말이다.

고유어(固有語)라도 일상 언어생활에서 쓰이는 일이 없어 생명을 잃게 된 것들은 버리고 그에 대응되는 한자어(漢字語)만을 표준어로 인정한 것이다.

'개다리소반(－－－小盤)'은 '상다리 모양이 개의 다리처럼 휜 막치 소반', '마방(馬房)'은 '마구간을 갖춘 주막집'을 말한다. '방고래(房－－)' 는 '방의 구들장 밑으로 나 있는, 불길과 연기가 통하여 나가는 길'을 뜻한다. **방고래가** 막혀서 불김이 잘 돌지 않는다. 찬방에다 **방고래를** 놓아 방이 하나 더 생기긴 했지만…. ≪박완서, 가≫

'심돋우개(心---)'는 '등잔의 심지를 돋우는 쇠꼬챙이', '윤달(閏
-)'은 '달력의 계절과 실제 계절과의 차이를 조절하기 위하여, 1년 중의
달수가 어느 해보다 많은 달을 이른다. 즉, 태양력에서는 4년마다 한
번 2월을 29일로 하고, 태음력에서는 19년에 일곱 번, 5년에 두 번의
비율로 한 달을 더하여 윤달을 만듦'을 의미한다. 예부터 **윤달이** 든 해
에는 이야깃거리가 많다. 2월 **윤달이** 들면 보리농사가 풍년이고, 5월
윤달이 들면 늦장마와 전염병이 기승을 부린다고 했다. ≪유주현, 대한
제국≫

'장력세다(壯力--)'는 '씩씩하고 굳세어 무서움을 타지 아니하다.'라
는 뜻이다. 그동안 사뭇 옆에서 배 문지르고 등 두드리며 받자를 해
오던 **장력센** 사내가 그만 결기를 삭이지 못하고 선돌의 따귀를 보기
좋게 갈기고 말았다. ≪김주영, 객주≫ '제석(祭席)'은 '제사를 지낼 때
까는 돗자리'를 뜻한다. 그 외에도 '총각무(總角-)', '칫솔(齒-)', '포수
(砲手)' 등이 있다.

≫≫ 제3절 방 언

제23항 방언이던 단어가 표준어보다 더 널리 쓰이게 된 것은, 그것을
표준어로 삼는다. 이 경우, 원래의 표준어는 그대로 표준어로 남겨 두는
것을 원칙으로 한다(ㄱ을 표준어로 삼고, ㄴ도 표준어로 남겨 둠.).

ㄱ	ㄴ	비고
멍게	우렁쉥이	
물-방개	선두리	
애-순	어린-순	

'방언(方言)'은 '한 언어에서, 사용 지역 또는 사회 계층에 따라 분화된
말'의 체계로 '사투리'라고도 한다. 방언 중에서도 언어생활을 하는 사람

들이 널리 쓰게 된 것을 표준어(標準語)로 규정하였다.

　제24항 방언이던 단어가 널리 쓰이게 됨에 따라 표준어이던 단어가
안 쓰이게 된 것은, 방언이던 단어를 표준어로 삼는다(ㄱ을 표준어로
삼고, ㄴ을 버림.).

ㄱ	ㄴ	비고
귀밑─머리	귓─머리	
까─뭉개다	까─무느다	
막상	마기	
빈대─떡	빈자─떡	
생인─손	생안─손	준말은 '생─손'임.
역─겹다	역─스럽다	
코─주부	코─보	

　안채 부엌에서 부녀자들이 '부침질/지짐질/부침개질'을 하며 놓고 먹
이고 받아넘기는 말들을 듣다 못해 판돌네는 밖으로 나와서 사랑채 쇠
죽솥에다 불을 때고 있었다. 이전 같으면 신바람이 나서 잠자리의 손놀
림 하나 **빼놓지 않고 "콩 까고 팥 까고 할"** 판돌네다.

─류영국 『만월까지』

속담은 '이 일 저 일 다 한다.'는 뜻으로 이르는 말이다.

　방언(方言) 중에서 세력을 얻어 표준어보다 널리 쓰이는 것은 표준어
(標準語)로 인정하였다.
　'귀밑머리'는 '이마 한가운데를 중심으로 좌우로 갈라 귀 뒤로 넘겨
땋은 머리'를 말한다. 웬 **귀밑머리** 땋은 총각 하나가 숨이 턱에 닿게
헐레벌떡 달려오더니….≪현기영, 변방에 우짖는 새≫ 서희는 **귀밑머
리를** 남은 머리에 모아서 머리채를 앞으로 넘겨 다시 세 가닥으로 갈라

딿는다.≪박경리, 토지≫ 희끗희끗 **귀밑머리가** 세게 늙었으나 체대가 큰 모습은 아직 육중하였다.≪이호철, 소시민≫

'생인손'은 '손가락 끝에 종기가 나서 곪는 병'을 일컫는다. 손톱 밑에 기직가시가 박혀 있고 그것이 덧나 **생인손을** 앓고 있었던 것이옵지요. ≪한무숙, 생인손≫ '새앙손이'는 '손가락 모양이 생강처럼 생긴 사람'을 말한다. '코주부'는 '코가 큰 사람을 놀림조로 이르는 말'이다. **코주부** 영감. 중늙은이의 맞은편에 앉아 있는 그 나이 또래의 **코주부가** 막걸리 잔을 들며 말을 받았다.≪김원일, 노을≫

≫≫ 제 4 절   단수 표준어

제25항 의미가 똑같은 형태가 몇 가지 있을 경우, 그 중 어느 하나가 압도적으로 널리 쓰이면, 그 단어만을 표준어로 삼는다(ㄱ을 표준어로 삼고, ㄴ을 버림.).

ㄱ	ㄴ	비고
－게끔	－게시리	
겸사－겸사	겸지－겸지/겸두－겸두	
고구마	참－감자	
고치다	낫우다	병을~.
골목－쟁이	골목－자기	
광주리	광우리	
괴통	호구	자루를 박는 부분
국－물	멀－국/말－국	
군－표	군용－어음	
길－잡이	길－앞잡이	'길라잡이'도 표준어임.
까다롭다	까닭－스럽다/까탈－스럽다	
까치－발	까치－다리	선반 따위를 받치는 물건

꼬창-모	말뚝-모	꼬창이로 구멍을 뚫으면서 심는 모
나룻-배	나루	'나루[津]'는 표준어임.
납-도리	민-도리	
농-지거리	기롱-지거리	다른 의미의 '기롱지거리'는 표준어임.
다사-스럽다	다사-하다	간섭을 잘 하다.
다오	다구	이리 ~.
담배-꽁초	담배-꼬투리/담배-꽁치/담배-꽁추	
담배-설대	대-설대	
대장-일	성냥-일	
뒤져-내다	뒤어-내다	
뒤통수-치다	뒤꼭지-치다	
등-나무	등-칡	
등-때기	등-떠리	'등'의 낮은 말
등잔-걸이	등경-걸이	
떡-보	떡-충이	
똑딱-단추	딸꼭-단추	
매-만지다	우미다	
먼-발치	먼-발치기	
며느리-발톱	뒷-발톱	
명주-붙이	주-사니	
목-메다	목-맺히다	
밀짚-모자	보릿짚-모자	
바가지	열-바가지/열-박	
바람-꼭지	바람-고다리	튜브의 바람을 넣는 구멍에 붙은, 쇠로 만든 꼭지
반-나절	나절-가웃	

반두	독대	그물의 한 가지
버젓-이	뉘연-히	
본-받다	법-받다	
부각	다시마-자반	
부끄러워-하다	부끄리다	
부스러기	부스럭지	
부지깽이	부지팽이	
부항-단지	부항-항아리	부스럼에서 피고름을 빨아 내기 위하여 부항을 붙이는 데 쓰는 자그마한 단지
붉으락-푸르락	푸르락-붉으락	
비켜-덩이	옆-사리미	김맬 때에 흙덩이를 옆으로 빼내는 일, 또는 그 흙덩이
빙충-이	빙충-맞이	작은말은 '뱅충이'
빠-뜨리다	빠-치다	'빠트리다'도 표준어임.
뻣뻣-하다	왜긋다	
뽐-내다	느물다	
사로-잠그다	사로-채우다	자물쇠나 빗장 따위를 반 정도만 걸어 놓다.
살-풀이	살-막이	
상투-쟁이	상투-꼬부랑이	상투 튼 이를 놀리는 말
새앙-손이	생강-손이	
샛-별	새벽-별	
선-머슴	풋-머슴	
섭섭-하다	애운-하다	
속-말	속-소리	국악 용어 '속소리'는 표준어임.
손목-시계	팔목-시계/팔뚝-시계	

손-수레	손-구루마	'구루마'는 일본어임.
쇠-고랑	고랑-쇠	
수도-꼭지	수도-고동	
숙성-하다	숙-지다	
순대	골집	
술-고래	술-꾸러기/술-부대/술-보/술-푸대	
식은-땀	찬-땀	
신기-롭다	신기-스럽다	'신기하다'도 표준어임.
쌍동-밤	쪽-밤	
쏜살-같이	쏜살-로	
아주	영판	
안-걸이	안-낚시	씨름 용어
안다미-씌우다	안다미-시키다	제가 담당할 책임을 남에게 넘기다.
안쓰럽다	안-슬프다	
안절부절-못하다	안절부절-하다	
앉은뱅이-저울	앉은-저울	
알-사탕	구슬-사탕	
암-내	곁땀-내	
앞-지르다	따라-먹다	
애-벌레	어린-벌레	
얕은-꾀	물탄-꾀	
언뜻	펀뜻	
언제나	노다지	
얼룩-말	워라-말	
-에는	-엘랑	
열심-히	열심-으로	

옅어-제치다	옅어-젖뜨리다	
입-담	말-담	
자배기	너벅지	
전봇-대	전선-대	
주책-없다	주책-이다	'주착→주책'은 제11항 참조
쥐락-펴락	펴락-쥐락	←-지마는
-지만	-지만서도	
짓고-땡	지어-땡/짓고-땡이	
짧은-작	짜른-작	
찹-쌀	이-찹쌀	
청대-콩	푸른-콩	
칡-범	갈-범	

새댁을 어려워하고 받자해주면 해줬지 **"바가지 부리듯"**이 부려먹거나, 실없이 내돌릴 정도로 교양이 없는 위인은 절대 아니라고 너스레를 떨려다가 그 또한 구차스러워서 알만하면 알'게끔/게시리' 추려서 말했다.   －이문구『산너머 남촌』

속담은 '사람을 제 마음껏 시켜먹는다.'는 뜻으로 비유해 이르는 말이다.

"팔자 치레 못하면 염치 치레라도 하랬더라고," 염치 좋은 놈은 염치 좋은 놈대로 넉살 좋은 놈은 넉살 좋은 놈대로 타고난 치레 따라 '국물/멀국/말국'을 한 숟가락이라도 더 얻어먹었다.

－송기숙『녹두장군』

속담은 '팔자가 좋지 않으면 염치라도 좋아야 한다.'는 뜻으로 빗대는 말이다.

"**풀쐐기한테 쏘인 황소**"모양으로 갈팡질팔 뛰면서 살아온 내력을 풀자하면 구차하'다오/다구.' 구차하단 넋두리는 구태여 혈려 들지말고 노질이나 바로 하게. — 김주영 『객주』

　　속담은 '아프거나 놀라서 마구 나댄다.'는 뜻으로 비유하는 말이다.

　　그 젊은 친구는 "**낙양의 지가를 올린**" 천재 작가요 나는 번역 '부스러기/부스럭지'나 하는 뭐 그런 처지지만 적어도 문필에 뜻을 두고 있는데 그만한 이래를 못하겠나. — 박경리 『토지』

　　속담은 '책이 무척 많이 팔린다.'는 뜻으로 비유하는 말이다.

　　"'**부지깽이/부지팽이**'**도 덤벙이는 모내기철이나 가을걷이 때,**" 꽃치에게 일 좀 도와 달라고 하면 꽃치는 그 말을 듣고서 좋다 싫다 말은 한 마디도 없지만, 말은커녕 고개 한 번 끄덕이는 일도 없지만, 무슨 일을 해야 하는지 다 알고 일을 시작한다.

　　　　　　　　　　　　　　　　　　　　　— 박상률 『봄바람』

　　속담은 '가을철 추수에는 하도 바빠서 모든 사람들이나 뭇 사물들이 다 그냥 있지 못할 정도.'라는 뜻으로 빗대는 말이다.

　　내가, "**풀 끝에 앉은 새**" 같지? 뼛가루만 남아 있는 작은 항아리가 우석의 손을 떠나, 구름에 가렸다가 '언뜻/펀뜻' 몸을 드러내는 달덩이처럼 희미하게 바위 위의 허공을 날아가 어둠 속으로 사라졌다.

　　　　　　　　　　　　　　　　　　　　　— 한수산 『까마귀』

　　속담은 '매우 불안한 처지에 있다.'는 뜻으로 빗대는 말이다.

　　"**가만 있으면 가마떼긴 줄 알고 점잖으면 '전봇대/전선대'나 되는 줄 아는 놈들헌테**" 우리도 배알은 가지고 있다는 것쯤은 알려야제.

　　　　　　　　　　　　　　　　　　　　　— 김영현 『달맞이꽃』

속담은 '사람 좋게 가만히 있으면 상대방이 무시하고 들어온다.'는 뜻
으로 빗대는 말이다.

복수 표준어(複數標準語)로 인정한 것이 국어의 어휘를 풍부하게 하
기보다는 혼란을 일으킨다는 판단에서 어느 한 형태만을 표준어로 삼은
것이다.

'-게끔'은 주로 동사 어간이나 어미 '-으시-'뒤에 붙어 앞의 내용
이 뒤에서 가리키는, 사태의 목적이나 결과, 방식, 정도 따위가 됨을
나타내는 연결 어미이다. 우리는 트럭이 **지나가게끔** 길가로 비켜섰다.
마당에 나무를 심어 그늘이 **지게끔** 하였다. '괴통'은 '괭이, 삽, 쇠스랑,
창 따위의 자루를 박는 부분'을 말한다. '까다롭다'는 '조건 따위가 복잡
하거나 엄격하여 다루기에 순탄하지 않다.'라는 뜻이다. 사립인 S대는
총장의 강의 관리가 **까다로워서** 구멍을 내기 힘든 곳이었다.≪이청준,
별을 보여 드립니다≫ 어쩌면 의사로서 생전 그 문제하고 씨름해도 결
론이 안 날지도 모르는 **까다로운** 문제를 그는 눈 깜빡할 새 풀어서 해답
을 얻어 가진 셈이었고….≪박완서, 오만과 몽상≫

'까치발'은 '발뒤꿈치를 든 발'을 말한다. **까치발을** 하고 손을 최대한
뻗어 보았으나 담장 위로는 손이 미치지 않았다. 그는 **까치발을** 딛고
서서 강의 여기저기를 두루 굽어보았지만 그가 타고 왔던 무곡선은 눈
에 띄지 않았다.≪문순태, 타오르는 강≫ '납도리'는 '모가 나게 만든 부
분'을 말한다. '농지거리'는 '점잖지 아니하게 함부로 하는 장난이나 농
담을 낮잡아 이르는 말'을 일컫는다. 킬킬대며 **농지거리들을** 주고받다.
깡철이가 조금 전 색시와 **농지거리를** 할 때와는 딴판인 차고 가라앉은
목소리로 그렇게 말하자 색시가 깜짝 놀란 얼굴로 물었다.≪이문열, 변
경≫ '다사스럽다(多事———)'는 '보기에 바쁜 데가 있다.'라는 뜻이다.
얼마나 바쁘기에 그렇게 **다사스러워? 다사스럽게** 남의 일에 신경 쓰지
말고 자네 일이나 잘하게. '뒤져내다'는 '샅샅이 뒤져서 들춰내거나 찾아

내다.'라는 뜻이다. 농을 뒤져 옷가지를 마구 꺼내기도 했고, 부엌에서
갖가지 양념을 **뒤져내기도** 했고, 작은방에서는 쌀을 마구 퍼내기도 했
다.≪하근찬, 야호≫ '매만지다'는 '잘 가다듬어 손질하다.'라는 뜻이다.
머리를 **매만지다.** 늘어진 넥타이를 **매만져** 바로잡았다.

 '며느리발톱'은 '새끼발톱 뒤에 덧달린 작은 발톱', '명주붙이(明紬-
-)'는 '명주실로 짠 여러 가지 피륙'을 말한다. '반두'는 '양쪽 끝에 가늘
고 긴 막대로 손잡이를 만든 그물'을 일컫는다. **반두로** 물고기를 잡다.
그는 물고기를 잡으러 **반두를** 들고 냇가로 나갔다. '부스러기'는 '쓸 만
한 것을 골라내고 남은 물건.'을 말한다. 손님이 먹다 남긴 요리 **부스러
기를** 먹다. 그가 람 장군의 부관인 팜 소령을 보좌하고 얻어먹은 돈은
부스러기 돈에 지나지 않소.≪황석영, 무기의 그늘≫ 가장 소중한 물건
이란 이렇게 시시한 일일까? 만일 다른 사람이 본다면 하찮은 **부스러기
에** 지나지 않을 것이다.≪최인훈, 회색인≫

 '부지깽이'는 '아궁이 따위에 불을 땔 때에, 불을 헤치거나 끌어내거나
거두어 넣거나 하는 데 쓰는 가느스름한 막대기'를 일컫는다. 그녀는
치맛귀를 잡아 눈물을 훔치고는 **부지깽이로** 삭정이가 탄 작은 불덩이들
을 솥 아래로 긁어모았다.≪조정래, 태백산맥≫ '붉으락푸르락/푸르락
붉으락'은 모두 표준어로 인정될 듯도 하지만 '오락가락'이나 '들락날락'
이 '가락오락'이나 '날락들락'이 되지 못하듯이 이러한 종류의 합성어에
는 일정한 어순이 있는 까닭에 더 널리 쓰이는 것을 표준어로 인정하였
다. '빙충이'는 '똘똘하지 못하고 어리석으며 수줍음을 잘 타는 사람'을
말한다. '새앙손이'는 '손 모양이 생강처럼 생긴 것'을 말한다. '샛별'은
'장래에 큰 발전을 이룩할 만한 사람'을 비유적으로 이르는 말이다. 씨
름계의 **샛별로** 떠오르다. 이 아이들은 한국 음악계를 밝게 비출 **샛별들
이다.** '신기롭다'는 '신비롭고 기이한 느낌이 있다.'라는 뜻이다. 그가 느
닷없이 석양의 바닷가에서 트럼펫을 꺼내 올린 것이 무엇인가 **신기롭기
만** 해서 종대는 차마 웃지도 못하고 그를 물끄러미 바라보았다.≪최인

호, 지구인≫

　'안절부절못하다/안절부절하다'와 '주책없다/주책이다'에서 '안절부절하다, 주책이다'는 부정사를 빼고 쓰면서도 의미는 반대가 되지 않고 부정사가 있는 '안절부절못하다, 주책없다'와 같은 의미로 쓰이는 특이한 용법인데, 오용으로 판단되어 표준어로 인정하지 않는다. '-에는'은 앞말이 부사어임을 나타내는 조사이다. 격 조사 '에'에 보조사 '는'이 결합한 말이다. **사랑에는** 국경도 없다. 이번 **주말에는** 아이들과 눈썰매장을 갈 계획이다.

　'열어제치다/열어젖히다'는 '문이나 창문 따위를 갑자기 벌컥 열다.'라는 뜻이다. 이상한 소리가 나서 창문을 **열어젖혀** 밖을 보았다. 문을 활짝 **열어젖히자** 한눈에 달빛이 가득 찬 마당이 내다보였다.≪황석영, 폐허 그리고 맨드라미≫

　'자배기'는 '둥글넓적하고 아가리가 넓게 벌어진 질그릇'을 말한다. 금순네는 **자배기에다** 바지락을 쏟아 담고 바가지로 물을 끼얹어 가며 주무르기 시작했다.≪윤흥길, 묵시의 바다≫ 갑득이가 **자배기** 속의 국밥을 게염스러운 눈으로 들여다보더니 먼저 한 술을 푹 떠냈다.≪김원일, 노을≫ '-지만'은 '-지마는'의 준말이며 어미이다. 그래, 자그마한 **초가집이지만** 참 아름답구나. 더 들어 보면 잘 **알겠지만** 실정은 아주 복잡하다네. '짓고땡'은 화투 노름의 하나. 다섯 장의 패 가운데 석 장으로 열 또는 스물을 만들고, 남은 두 장으로 땡 잡기를 하거나 끗수를 맞추어 많은 쪽이 이긴다. 복희네 사랑은 어부들이 밤을 새워 가며 **짓고땡을** 하는 장소로 변해 갔다.≪황석영, 영등포 타령≫ '짧은작'은 '길이가 짧은 화살', '청대콩'은 '푸르대콩'이라고도 한다. '칡범'은 '몸에 칡덩굴 같은 어룽어룽(여러 가지 빛깔의 큰 점이나 줄 따위가 고르고 촘촘하게 무늬를 이룬 모양)한 줄무늬가 있는 범'을 일컫는다.

≫ 제 5 절 복수 표준어

　제26항 한 가지 의미를 나타내는 형태 몇 가지가 널리 쓰이며 표준
어 규정에 맞으면, 그 모두를 표준어로 삼는다.

복수 표준어	비고
가는-허리/잔-허리	
가락-엿/가래-엿	
가뭄/가물	
가엾다/가엽다	가엾어/가여워, 가엾은/가여운
감감-무소식/감감-소식	
개수-통/설거지-통	'설겆다'는 '설거지-하다'로
개숫-물/설거지-물	
갱-엿/검은-엿	
-거리다/-대다	가물-, 출렁-
거위-배/횟-배	
것/해	내~, 네~, 뉘~
게을러-빠지다/게을러-터지다	
고깃-간/푸줏-간	'고깃-관, 푸줏-관, 다림-방'은 비표준어임.
곰곰/곰곰-이	
관계-없다/상관-없다	
교정-보다/준-보다	
구들-재/구재	
귀퉁-머리/귀퉁-배기	'귀퉁이'의 비어임.
극성-떨다/극성-부리다	
기세-부리다/기세-피우다	
기승-떨다/기승-부리다	

깃-저고리/배내-옷/배냇-저고리

까까-중/중-대가리   '까까중이'는 비표준어임.

꼬까/때때/고까   ~신, ~옷

꼬리-별/살-별

꽃-도미/붉-돔

나귀/당-나귀

날-걸/세-뿔   윷판의 쩰밭 다음의 셋째 밭

내리-글씨/세로-글씨

넝쿨/덩굴   '덩쿨'은 비표준어임.

녘/쪽   동~, 서~

눈-대중/눈-어림/눈-짐작

느리-광이/느림-보/늘-보

늦-모/마냥-모   ←만이앙-모

다기-지다/다기-차다

다달-이/매-달

-다마다/-고말고

다박-나룻/다박-수염

닭의-장/닭-장

댓-돌/툇-돌

덧-창/겹-창

독장-치다/독판-치다

동자-기둥/쪼구미

돼지-감자/뚱딴지

되우/된통/되게

두동-무늬/두동-사니   윷놀이에서, 두 동이 한데 어울려
                          가는 말

뒷-갈망/뒷-감당

뒷－말/뒷－소리

들락－거리다/들랑－거리다

들락－날락/들랑－날랑

딴－전/딴－청

땅－콩/호－콩

땔－감/땔－거리

－뜨리다/－트리다   깨－, 떨어－, 쏟－

뜬－것/뜬－귀신

마룻－줄/용총－줄   돛대에 매어 놓은 줄. '이어줄'은 비
                                    표준어임.

마－파람/앞－바람

만장－판/만장－중(滿場中)

만큼/만치

말－동무/말－벗

매－갈이/매－조미

매－통/목－매

먹－새/먹음－새   '먹음－먹이'는 비표준어임.

멀찌감치/멀찌가니/멀찍이

멱통/산－멱/산－멱통

면－치레/외면－치레

모－내다/모－심다   모－내기/모－심기

모쪼록/아무쪼록

목판－되/모－되

목화－씨/면화－씨

무심－결/무심－중

물－봉숭아/물－봉선화

물－부리/빨－부리

물-심부름/물-시중

물추리-나무/물추리-막대

물-타작/진-타작

민둥-산/벌거숭이-산

밑-층/아래-층

바깥-벽/밭-벽

바른/오른[右]   ~손, ~쪽, ~편

발-모가지/발-목쟁이   '발목'의 비속어임.

버들-강아지/버들-개지

벌레/버러지   '벌거지, 벌러지'는 비표준어임.

변덕-스럽다/변덕-맞다

보-조개/볼-우물

보통-내기/여간-내기/예사-내기   '행-내기'는 비표준어임.

볼-따구니/볼-퉁이/볼-때기   '볼'의 비속어임.

부침개-질/부침-질/지짐-질   '부치개-질'은 비표준어임.

불똥-앉다/등화-지다/등화-앉다

불-사르다/사르다

비발/비용(費用)

뾰두라지/뾰루지

살-쾡이/삵   삵-피

삽살-개/삽사리

상두-꾼/상여-꾼   '상도-꾼, 향도-꾼'은 비표준어임.

상-씨름/소-걸이

생/새앙/생강

생-뿔/새앙-뿔/생강-뿔   '쇠뿔'의 형용

생-철/양-철   1. '서양-철'은 비표준어임.

                                    2. '生鐵'은 '무쇠'임.

서럽다/섧다	'설다'는 비표준어임.
서방−질/화냥−질	
성글다/성기다	
−(으)세요/−(으)셔요	
송이/송이−버섯	
수수−깡/수숫−대	
술−안주/안주	
−스레하다/−스름하다	거무−, 발그−
시늉−말/흉내−말	
시새/세사(細沙)	
신/신발	
신주−보/독보(−褓)	
심술−꾸러기/심술−쟁이	
씁쓰레−하다/씁쓰름−하다	
아귀−세다/아귀−차다	
아래−위/위−아래	
아무튼/어떻든/어쨌든/하여튼/여하튼	
앉음−새/앉음−앉음	
알은−척/알은−체	
애−갈이/애벌−갈이	
애꾸눈−이/외눈−박이	'외대−박이, 외눈−퉁이'는 비표준어임.
양념−감/양념−거리	
어금버금−하다/어금지금−하다	
어기여차/어여차	
어림−잡다/어림−치다	
어이−없다/어처구니−없다	
어저께/어제	

언덕-바지/언덕-배기

얼렁-뚱땅/엄벙-떵

여왕-벌/장수-벌

여쭈다/여쭙다

여태/입때   '여직'은 비표준어임.

여태-껏/이제-껏/입때-껏   '여지-껏'은 비표준어임.

역성-들다/역성-하다   '편역-들다'는 비표준어임.

연-달다/잇-달다

엿-가락/엿-가래

엿-기름/엿-길금

엿-반대기/엿-자박

오사리-잡놈/오색-잡놈   '오합-잡놈'은 비표준어임.

옥수수/강냉이   ~떡, ~묵, ~밥, ~튀김

왕골-기직/왕골-자리

외겹-실/외올-실/홑-실   '홑겹-실, 올-실'은 비표준어임.

외손-잡이/한손-잡이

욕심-꾸러기/욕심-쟁이

우레/천둥   우렛-소리/천둥-소리

우지/울-보

을러-대다/을러-메다

의심-스럽다/의심-쩍다

-이에요/-이어요

이틀-거리/당-고금   학질의 일종임.

일일-이/하나-하나

일찌감치/일찌거니

입찬-말/입찬-소리

자리-옷/잠-옷

자물-쇠/자물-통

장가-가다/장가-들다   '서방-가다'는 비표준어임.

재롱-떨다/재롱-부리다

제-가끔/제-각기

좀-처럼/좀-체   '좀-체로, 좀-해선, 좀-해'는
                                    비표준어임.

줄-꾼/줄-잡이

중신/중매

짚-단/짚-뭇

쪽/편   오른~, 왼~

차차/차츰

책-씻이/책-거리

척/체   모르는~, 잘난~

천연덕-스럽다/천연-스럽다

철-따구니/철-딱서니/철-딱지   '철-때기'는 비표준어임.

추어-올리다/추어-주다   '추켜-올리다'는 비표준어임.

축-가다/축-나다

침-놓다/침-주다

통-꼭지/통-젖   통에 붙은 손잡이

파자-쟁이/해자-쟁이   점치는 이

편지-투/편지-틀

한턱-내다/한턱-하다

해웃-값/해웃-돈   '해우-차'는 비표준어임.

혼자-되다/홀로-되다

흠-가다/흠-나다/흠-지다

아들이라고 하나 있던 놈은, 웬체 놀기를 좋아해 대가리 찰 나이가

되자 객지 떠돌길 "'가뭄/가물'에 **개떡 주워먹듯**" 하더니, 전쟁이 터지자 빨갱이가 되어 나타났다우.　　　　　　　　　　　　　 －신영철 『하늘국화』

　　속담은 '조금도 마다하지 않고 욕심을 부린다.'는 뜻으로 빗대는 말이다.

　　시골에 있는 우리 국민학교 운동장은 거기에 비하면 "'나귀/당나귀' 귓밥" 정도더군요. 하긴 그 넓은 광장에 척 들어서니까 나는 또 다시 어리둥절할 수밖에 없더군요.　　　　　　　　　 －김주영 『과외수업』

　　속담은 '귀는 커도 귓밥은 없는 것이 당나귀니, 아주 보잘 것 없이 작다.'는 뜻으로 빗대는 말이다.

　　그렇기에 옛말에도 "**담장에 호박**'넝쿨/덩굴/넝굴/덩쿨' **키를 넘을 때에는 딸네 집에도 가지 말라**"는 말이 있지 않느냐. 어려운 춘궁 칠궁을 겸한 이때 그들이 무엇으로 주린 창자를 채워보겠느냐.

　　　　　　　　　　　　　　　　　　　　 －박태원 『갑오농민전쟁』

　　속담은 '아무리 가까운 딸이라고 하더라도 춘궁기에 가면 더욱 어려움을 주게 된다.'는 뜻으로 이르는 말이다.

　　형부한테 '된통/되우/되게' 꾸지람을 들었단 말이에요. 자존심 상해, 정말. "**잠자던 입에다 콩까리 집어넣는다**"카디 분위기도 안 잡고 불쑥 꺼내는 말을 나는 목이 메어서 삼킬 수가 없네요.

　　　　　　　　　　　　　　　　　　　　　 －김주영 『아라리 난장』

　　속담은 '갑자기 어처구니없는 짓을 한다.'는 뜻으로 비유해 이르는 말이다.

　　이처럼 '땔감/땔거리'(를)을 거두는 것만을 생각할 뿐 나무를 기를 계획은 전혀 세우고 있지 않고 있으니 "**아홉 길 깊은 샘물은 파지 않고 소 발자욱에 고인 물만 기대하는 격**"이 아닐 수 없다.

　　　　　　　　　　　　　　　　　　　 －이태원 『현산어보를 찾아서』

속담은 '앞날을 충분히 준비하지 않고, 그때그때만 때워 넘기려 한다.'는 뜻으로 빗대는 말이다.

늙은이는 **"자다가 생병을 얻은 사람처럼"** 갈팡질팡하기 시작했다. 비록 겨우 알아볼 '만큼/만치' 실금이기는 해도 그것은 분명 제석님의 심상치 않은 흥조를 보여주시는 것이라고 굳게 믿었다.
　　　　　　　　　　　　　　　　　　　　　　　－홍석중 『높새바람』
속담은 '뜻밖의 화를 당했다.'는 뜻으로 비유해 이르는 말이다.

새벽까지 '멀찍이/멀찌감치/멀찌가니' 지켜섰던 사람들은 동이 훤하게 터오자, 시장기에 피로에 무엇보다도 싱겁고 또한 후환이 두려워져 누가 제 얼굴이라도 알아볼까 하여, **"첩 들어온 뒤 뒤주 밑창 드러나듯"** 휑뎅그레 줄어들고 말았다.　　　　　　　　　－황석영 『장길산』
속담은 '무언가 서서히 줄어든다.'는 뜻으로 빗대는 말이다.

승냥이가 아무리 개와 비슷하게 생겼어도 개는 집에서 살고 승냥이는 산에서 살게 마련입니다. "텃밭 '벌레/버러지/벌거지/벌거지'는 **텃밭에서 죽는 것이 운명입니다."**　　　　　　　　　－홍석중 『황진이』
속담은 '누구나 제 살던 터전에서 살다 죽게 마련.'이라는 뜻으로 빗대는 말이다.

대기업체라고 선전물도 봐 준다는 거야 뭐야? 봐줘야 될 테지, 정기적으로 물을 **"코가 삐뚤어지게"** 받아먹을 테니까, '아무튼/어떻든/어쨌든/하여튼/여하튼' 그런 거야. 우리 소관두 아니구, 내가 알 게 뭐야.
　　　　　　　　　　　　　　　　　　　　　　　－김원우 『짐승의 시간』
속담은 '뭔가를 실컷 먹는다.'는 뜻으로 빗대는 말이다.

"'천둥/우레' 비에 검둥개 날뛰듯"이 뜸도 들이기 전에 휘여멀겋게 선 웃음을 치며 거웃으로 손을 디밀고 막무가내로 행요부터 퍼지르려 북새를 놓았다.   -김주영『객주』

속담은 '무엇인가 느닷없이 날뛰는 것.'을 두고 빗대는 말이다.

사람이라께 희한한 짐승'이에요/이어요'. 잘 따둑거리면, 없다는 돈이 어디서 나오는지 모르겠어요. 아 왜, "난리가 나면 앉은뱅이가 삼십 리를 뛴다"고 하지 않아요?   -서정인『달궁』

속담은 '아무리 시원찮은 사람도 큰 일이 닥치면 놀랄 만한 일을 하게 된다.'는 뜻으로 빗대는 말이다.

눈에 뵈능 것은 머엇이든지 한심 천만, 큰일이 나기는 날랑갑다. "날리가 날라먼 산천초목이 먼첨 안다등마는," 그나저나 동이 트면 평순이 아부지라도 '일찌감치/일찌거니' 원뜸으로 올라가서 괴기를 좀 건져 와야 혈랑가.   -최명희『혼불』

속담은 '큰일이 나려면 산천초목들이 그 조짐을 먼저 내보이게 된다.'는 뜻이다.

"다리가 자식보다 낫다고," '혼자/홀로' 나다닐 수 있을 때는, 다녀오마, 한마디 뒤로 내던지고 언제든지 마음 내키는 대로 나서면 되겠지만, 노인이 더 쇠약해지고 병이 깊어 행보가 불편해지자, 걸핏하면 부자간에 싸움이 벌어졌다.   -서정인『달궁』

속담은 '다리만 튼튼하면 마음껏 다닐 수 있어 그 어떤 도움보다도 낫다.'는 뜻으로 빗대는 말이다.

비슷한 발음을 가진 두 형태의 발음 차이가 국어의 음운 현상으로 설명되고 두 형태가 다 널리 쓰이는 것은 복수 표준어로 인정한다.

'가뭄/가물'은 '오랫동안 계속하여 비가 내리지 않아 메마른 날씨'를 말한다. 극심한 **가뭄으로** 논의 벼가 말라 죽고 있다. 오랜 **가뭄** 끝에 단비가 내렸다. '구들재'는 '방고래에 앉은 그을음과 재', '날걸'은 '윷판의 끝에서 셋째 자리'를 말한다. '─거리다/─대다'는 '그런 상태가 잇따라 계속됨'의 뜻을 더하고 동사를 만드는 접미사이다. **까불거리다, 반짝거리다, 방실거리다, 출렁거리다.** '게을러빠지다/게을러터지다'는 어린 녀석이 **게을러빠져서** 아침에 깨우지 않으면 일어나질 않는다. '교정보다/준보다'는 '교정쇄와 원고를 대조하여 오자, 오식, 배열, 색 따위'를 바로잡다. 교정지를 **교정보다.**

'기세부리다/기세피우다'는 '남에게 영향을 끼칠 기운이나 태도를 드러내 보이다.'라는 뜻이다. '기승떨다/기승부리다'는 '기운이나 힘 따위가 성해서 좀처럼 누그러들지 않다.'라는 뜻이다. 사흘간 **기승부리던** 산불을 겨우 잡았다. 이튿날은 영등바람이 몰고 온 꽃샘추위가 유별나게 **기승부리는** 날씨였건만 회민들은 아침부터 화톳불을 피우고 종일 자리를 뜨지 않았다. ≪현기영, 변방에 우짖는 새≫ '꼬리별/살별/혜성'은 '가스 상태의 빛나는 긴 꼬리를 끌고 태양을 초점으로 긴 타원이나 포물선에 가까운 궤도를 그리며 운행하는 천체'를 말한다. 핵, 코마, 꼬리 부분으로 이루어져 있다. 집으로 돌아가려고 댓돌에 나서서 우연히 하늘을 우러러보니 이마 꼭 맞은편 하늘에는 경오년 **살별이** 꼬리를 길게 **뻗치고** 있다. ≪김동인, 대수양≫

'넝쿨/덩굴'은 '길게 뻗어 나가면서 다른 물건을 감기도 하고 땅바닥에 퍼지기도 하는 식물의 줄기.'를 말한다. 찔레 **넝쿨.** 울타리에 **넝쿨을** 올려 심은 애호박도 따고, 그 밑을 파고 몇 포기 심어서 열은 가지도 따고…. ≪박경수, 동토≫

'다기지다/다기차다'는 '마음이 굳고 야무지다'라는 뜻이다. 그는 키는 작아도 성격은 **다기진** 사람이다. 수줍고 예쁜 얼굴에 이런 용기는 어디가 있었을까 싶으리만큼 그녀는 **다기지고** 악지스럽기까지 하였다. ≪오유권, 대지의 학대≫ '다박수염(－－鬚髯)'은 '다보록하게 난 짧은 수염', '댓돌(臺－)/뜰돌'은 '집채의 낙숫물이 떨어지는 곳 안쪽으로 돌려 가며 놓은 돌'을 말한다. **댓돌에** 신발을 벗고 마루에 오르다. 계숙은 **댓돌을** 발로 더듬어 신짝을 꿰고 뜰 아래로 내려서면서도 눈물이 앞을 가려서 머리를 쳐들지 못한다.≪심훈, 영원의 미소≫ '동자기둥(童子－－)/쪼구미'은 '들보 위에 세우는 짧은 기둥으로 상량(上樑), 오량(五樑), 칠량(七樑) 따위'를 받치고 있다. '되우/된통/되게'는 부사이다. 그 자식 의심은 **되우** 많네. 기운이 푹 꺼진 걸 보면 아마 **되우** 괴로운 모양 같다.≪김유정, 금≫ '－뜨리다/트리다'는 '강조'의 뜻을 더하는 접미사이다. **깨뜨리다, 밀어뜨리다, 부딪뜨리다, 밀뜨리다, 쏟뜨리다, 젖뜨리다.** '뜬귀신/뜬것'은 '우연히 관계를 맺게 된 사물.'을 말한다. 죽은 상여 뒤에 상주하나는 달아야 할 것이고, 귀신도 **뜬귀신** 안 만들려면 제상에 냉수 한 그릇 떠 올 놈은 떨궈야 하지 않겠나?≪송기숙, 녹두장군≫

'마룻줄/용총줄'은 '돛대에 매어 놓은 줄', '매갈이/매조미'는 '벼를 매통에 갈아서 왕겨만 벗기고 속겨는 벗기지 아니한 쌀을 만드는 일', '매통/목매'는 '벼의 겉겨를 벗기는 농기구이다. 굵은 통나무를 잘라 만든 두 개의 마구리에 요철(凹凸)로 이를 파고, 위짝의 윗마구리는 우긋하게 파서 가운데에 구멍을 뚫어 벼를 담고 위짝 양쪽에 자루를 가로 박아서 그것을 손잡이로 하여 이리저리 돌려 벼의 겉껍질을 벗기는 데 쓴다.', '산면통/면통/산면'은 '살아 있는 동물의 목구멍'을 의미한다. '목판되/모되'는 '네 모가 반듯하게 된 되'를 말한다. 예전에 쓰던 되가 아니고 근래에 나왔다. 꼭 한 홉들이 조그만 **모되** 가운데에 칸이 있습죠. 아기는 반 홉, 아낙은 살짝 한 홉, 남정들은 후하게 한 홉….≪한무숙, 생인손≫ '물부리/빨부리'는 **물부리에** 담배를 꽂다. 여관에 들어올 때 가짜배기 상아 **물부리에** 궐련을 끼워 물고…앉아 있던 여자의 남편 얼굴이 떠오른다.≪박경리, 토지≫ '발모가지/발목쟁이'는 '발'을 속되게 이르는 말이다. 어느 놈의 **발모가지가** 여기를 이렇게 더럽혔는지 잡히기만 하면 그냥 안 놔둔다. 오늘일랑 너희들 **발모가지로** 걸어가서 거기 처박혀 있으라고.≪이문희, 흑맥≫ '버들강아지/버들개지'는 식물의 이름이다. 돌 개천 주위에는 **버들강아지가** 목화송이처럼 하얗게 피어 있다.≪홍성원, 육이오≫ '보통내기/여간내기/예사내기'는 '만만하게 여길 만큼 평범한 사람.'을 일컫는다. 말하는 것을 보니 **보통내기가** 아니다. 그런데 여기 지주는 **보통내기가** 아니라 쉽게 수그러지지 않을 것 같아요.≪송기숙, 암태도≫ '불똥앉다/등화지다/등화앉다(燈花ㅡㅡ)'는 '심지 끝에 등화가 생기다', '상씨름(上ㅡㅡ)/소걸이'는 '씨름판에서 결승을 다투는 씨름'을 일컫는다.

  '성글다/성기다'는 '물건의 사이가 뜨다'라는 뜻이다. 돗자리의 올이 굵고 **성글게** 짜이다. 굵어져 후두둑 **성글게** 떨어지는 빗방울이 얼굴을 때렸으나 그는 유쾌했다.≪유주현, 하오의 연가≫ '서럽다/섧다'는 '원통하고 슬프다'라는 뜻이다. 강진에 유배된 그는 죄인과의 접촉을 두려워하는 고장 사람들로부터 외면당하고 있는 외롭고 **서러운** 신세였다.≪한무숙, 만남≫ 삼은 대감의 초라한 상여가 돗단배에 실려 육지로 떠나던 날, 산지포에 모여 영결하던 접객들은 **서럽게** 호곡하며 눈물을 뿌렸다.≪현기영, 변방에 우짖는 새≫ 따뜻한 밥 한 끼 얻어먹지 못하고 돈 몇 푼을 얻어 다시 거리로 밀려난 그는 그때부터 세상과의 **서럽고** 고달픈 싸움을 시작했다.≪이문열, 영웅시대≫ '서방질/화냥질'은 '자기 남편이 아닌 남자와 정을 통하는 짓.'을 말한다. 이혼하자는 말만 없는 것이 다행해서 **서방질을** 해도 눈을 감아 주고….≪나도향, 뽕≫ 몰래 하는 **서방질은** 모르지만 그렇게 펴놓고 하지는 못했을 것이지만….≪방영웅, 분례기≫ '송이/송이버섯'은 식물이름이다. **송이버섯을** 따다. 장마철이라 미처 사람 눈에 띄지 않은 **송이버섯이** 비죽비죽 솟아 있는 솔잎 깔린 땅 위에….≪전상국, 바람난 마을≫ '시새/세사'는 '가늘고 고운 모래.'를 일컫는다. 물과 **세사와** 잿물을 든 닦이질꾼이 꾸역꾸역 현궁 안으로 쏟아져 들어오고….≪박종화, 다정불심≫

'신주보/독보(櫝褓)'는 '예전에, 신주를 모셔 두는 나무 궤를 덮던 보', '아귀세다'는 '마음이 굳세어 남에게 잘 꺾이지 아니하다'라는 뜻이다. '앉음새/앉음앉음/앉음앉이'는 '자리에 앉아 있는 모양새.'를 일컫는다. 몸이 굵고 상반신이 늠름하여 **앉음새가** 당당했다.≪김원일, 불의 제전≫ 형도 드러나게 달라져 갔다. 제수씨를 어려워하여, 마주 앉아도 **앉음새** 하나 흐트리지 않았다.≪이호철, 소시민≫

 '알은척/알은체'는 '어떤 일에 관심을 가지는 듯한 태도'를 보인다는 뜻이다. 그녀는 일일이 따졌지만 벽창호 같은 벙어리는 **알은척도** 않고 자기 고집만을 내세웠다.≪정한숙, 쌍화점≫ '애갈이'는 '논이나 밭을 첫 번째 가는 일', '어금버금하다'는 '사이가 어그러지고 버그러져 있는 모양'을 뜻한다. '언덕바지/언덕배기'는 '언덕의 꼭대기'를 말한다. 수리 봉을 내려오는 즉시 귀신에 홀린 듯 상암리 돌산으로 갔고, 거기서 죽은 아들의 뼈를 추려 은장봉 그 **언덕배기로** 올라갔다.≪전상국, 하늘 아래 그 자리≫ 계곡의 비탈진 **언덕배기에** 단풍나무 몇 그루가 어숫하게 뿌리를 박고 서서 빨갛게 물든 온몸을 바람에 실려 흐늘거렸다.≪문순태, 피아골≫ '얼렁뚱땅/엄벙뗑'은 '어떤 상황을 얼김에 슬쩍 넘기는 모양. 또는 남을 엉너리로 슬쩍 속여 넘기게 되는 모양.' 등의 뜻이다. 번연히 괘가 그른 줄 다 알면서 **얼렁뚱땅** 거짓말이나 해 가면서 처자식 고생이나 시키지 않게 처신하는….≪최인훈, 회색인≫ 점심을 **얼렁뚱땅** 걸렀더니 속이 쓰린데….≪박완서, 엄마의 말뚝≫

 '여태/입때'는 '지금까지. 또는 아직까지.'의 뜻이다. 어떤 행동이나 일이 이미 이루어졌어야 함에도 그렇게 되지 않았음을 불만스럽게 여기거나 또는 바람직하지 않은 행동이나 일이 현재까지 계속되어 옴을 나타낼 때 쓰는 말이다. 내가 벽운사에 머문 지가 한 달이 되지만 처음 만났던 날 말고는 **여태** 단 한 마디도 이야기를 나누지 못했다.≪김성동, 만다라≫ 그 죄악은 30년 동안 **여태** 한 번도 고발되어 본 적이 없었다.≪현기영, 순이 삼촌≫ '엿반대기/엿자박'은 '둥글넓적하게 반대기처럼 만든 엿’을 말한다. ‘오사리잡놈/오색잡놈/오가잡탕/오구잡탕/오사리잡탕놈’은 ‘온갖 못된 짓을 거침없이 하는 잡놈.’을 일컫는다. 내가 설령 천하에 다시 없는 불한당이요, **오사리잡놈이며**, 불효막심한 자식이라 할지라도….≪최명희, 혼불≫ ‘왕골기직/왕골자리’는 ‘왕골을 굵게 쪼개어 엮어 만든 자리.’를 뜻한다. 선반에 얹힌 **왕골기직** 한 닢을 부리나케 내려 먼지를 툭툭 떨어 아랫목에 깔면서….≪이해조, 빈상설≫ ‘우지/울보’는 ‘걸핏하면 우는 아이.’를 말한다. 너 **울보구나.** 다음에는 울다가 강물에 떠내려가겠다.≪박경리, 토지≫

‘을러대다/을러메다’는 ‘위협적인 언동으로 을러서 남을 억누르다.’라는 뜻이다. 그 여자가 너무 앙칼지고 영악해서 공갈을 치거나 **을러대도** 아무 소용이 없었다. 당장 조세를 내지 않으면 토지를 몰수하겠다고 **을러대는** 터에 그대로 내버려 두면 또 어떤 관재(官災)를 당할까 두려웠다.≪문순태, 타오르는 강≫ ‘일찌감치/일찌거니’는 ‘조금 이르다고 할 정도로 얼른.’의 뜻이다. **일찌감치** 군불을 지펴 둔 방바닥은 적당히 따뜻했고….≪김성동, 먼 산≫ 맞동이는…최 마름 하는 짓에 거들지 않을 수 없고 하니 **일찌감치** 알아차리고 자청하여 어디로 심부름 나간 것이 분명한 듯했다.≪이문구, 오자룡≫ ‘입찬말/입찬소리’는 ‘자기의 지위나 능력을 믿고 지나치게 장담하는 말.’을 뜻한다. 사람 일이란 어떻게 될지 모르는 일이니 그렇게 **입찬말만** 하지 마라.

‘제가끔/제각기’는 ‘저마다 각기’라는 뜻이다. **제가끔** 다른 주장을 펴다. 실히 백 명은 넘음 직한 손들이 그 포장 아래와 은행나무 밑에 **제가끔** 무리 지어 앉아 있었다.≪김원일, 노을≫ ‘좀처럼/좀체’는 주로 부정적인 의미를 가진 단어와 호응하여 ‘여간하여서는.’이라는 뜻이다. 싸움은 **좀처럼** 가라앉을 것 같지 않았다.≪한승원, 해일≫ 사내는 **좀처럼** 돌아갈 생각은 아니하고….≪정비석, 성황당≫ ‘줄꾼/줄잡이’는 ‘가래질을 할 때, 줄을 잡아당기는 사람’을 말한다. ‘책씻이/책거리/세책례/책례’는 ‘글방 따위에서 학생이 책 한 권을 다 읽어 떼거나 다 베껴 쓰고

난 뒤에 선생과 동료들에게 한턱내는 일.'을 일컫는다. 그해 가을인지 겨울인지, 천자문을 다 떼었다고 송편이랑 만들어 **책씻이를** 하던 일이 어렴풋이나마 지금도 기억된다.≪유진오, 구름 위의 만상≫

'천연덕스럽다/천연스럽다'는 '생긴 그대로 조금도 거짓이나 꾸밈이 없고 자연스러운 느낌이 있다.', '시치미를 뚝 떼어 겉으로는 아무렇지 않은 체하는 태도가 있다.' 등의 뜻이다. 우리는 그들의 행동을 전혀 보지 못한 것처럼 **천연덕스럽게** 자리에 앉아 있었다. 기도가 끝나 눈을 뜨고 보니 계집애는 아주 **천연덕스러운** 낯짝으로 아멘 하고 중얼거리면서 나를 보고 웃었다.≪최인호, 처세술 개론≫ '철따구니/철딱서니/철딱지'는 '철'을 속되게 이르는 말이다. 집 안팎이 어수선하고 어른들은 침중하지만 열댓 살 이쪽저쪽인 두 것들은 아직 **철딱서니** 없는 티를 못 벗었는지라….≪최명희, 혼불≫

'추어올리다/추어주다'는 '위로 끌어 올리다.'라는 뜻이다. 바지를 **추어올리다.** 그는 땀에 젖어 이마에 찰싹 눌어붙은 머리카락을 손가락으로 **추어올렸다.** 그는 완장을 어깨 쪽으로 바싹 **추어올린** 다음 가슴을 활짝 펴고는 심호흡을 했다.≪윤흥길, 완장≫ '축가다/축나다'는 '일정한 수나 양에서 모자람이 생기다.'라는 뜻이다. 재물이 **축나다.** 통장으로 입금되는 남편의 월급은 한 푼도 **축나지** 않고 고스란히 아내의 손에 들어간다. 덕환이, 칠보, 그리고 이 서방까지 세 명이나 **축나게** 되었으니, 사기 도가에 제대로 납품할 도리가 없다.≪서기원, 조선백자 마리아 상≫ '통꼭지(桶－－)/통젖'은 '통의 바깥쪽에 달린 손잡이'를 말한다.

'파자쟁이/해자쟁이'는 '한자의 자획을 나누거나 합하여 길흉을 점치는 사람.'을 일컫는다. '편지투(便紙套)/편지틀'은 '편지에서 쓰는 글투'를 말한다. '한턱내다/한턱하다'는 '한바탕 남에게 음식을 대접하다.'라는 뜻이다. 공돈이 생겨 친구들에게 **한턱냈다.** 오늘 일은 물론 그런 의논을 하자는 것은 아니요, 다만 종엽이가 월급 탄 김에 **한턱내고** 놀자는 것이지만….≪염상섭, 무화과≫ '해웃값'은 '기생, 창기 따위와 관계를 가지고 그 대가로 주는 돈'을 일컫는다.

'혼자되다/홀로되다'는 '부부 가운데 한쪽이 죽어 홀로 남다.'라는 뜻이다. 어머니는 젊어서 **혼자되어** 평생 자식들만 바라보며 사셨다. 젊어서 **혼자된** 하나밖에 없는 누이가 집일을 돌보아 주어 그런대로 좀 마음을 놓았었는데….≪한무숙, 어둠에 갇힌 불꽃들≫

제2부 표준 발음법

제1장 총 칙

제1항 표준 발음법은 표준어의 실제 발음을 따르되, 국어의 전통성
과 합리성을 고려하여 정함을 원칙으로 한다.

표준어(標準語)를 발음하는 방법에 대한 대원칙을 정한 것이다. '표준
어의 실제 발음을 따른다.'라는 근본 원칙에 '국어의 전통성(傳統性)과
합리성(合理性)을 고려하여 정한다.'라는 조건이 붙어 있다. 표준어의
실제 발음에 따라 표준 발음법을 정한다는 것은 표준어의 규정과 직접
적인 관련을 가진다. 표준어 사정 원칙 제1장 제1항에서 '표준어(標準語)
는 교양(敎養) 있는 사람들이 두루 쓰는 현대 서울말로 정함을 원칙으로
한다.'라고 규정하고 있다. 이에 따라 표준 발음법은 교양 있는 사람들
이 두루 쓰는 현대 서울말의 발음을 표준어의 실제 발음으로 여기고서
일단 이를 따르도록 원칙을 정한 것이다.

전통(傳統)이란 예로부터 전해내려 오는 계통으로서, 현실적으로 규범
적인 의의를 지닐 때 문화적인 가치가 인정된다. 언어의 사회적 공약은
관용(慣用)에 의해 성립되는 것이다. 따라서 전통적인 관용 형식은 중시
되어야 한다. 그런데 관용형식이 몇 가지로 갈리고 있거나 변화 과정에
서 변종(變種)의 처리 등은 합리성(合理性)이 고려되어야 하는 것이다.

제2장 자음과 모음

'자음(子音)'은 '목, 입, 혀 따위의 발음 기관에 의하여 장애를 받으면
서 나는 소리'이다. '자음'은 '조음 위치(調音位置)'와 '조음 방법(調音方

法)'에 따라서 분류할 수 있는데, 국어(國語)의 경우에 조음 위치(調音位置)에 따른 자음의 부류는 양순음(兩脣音, ㅂ, ㅃ, ㅍ, ㅁ), 치조음(齒槽音, ㄷ, ㄸ, ㅌ, ㅅ, ㅆ, ㄴ, ㄹ), 경구개음(硬口蓋音, ㅈ, ㅉ, ㅊ), 연구개음(軟口蓋音, ㄱ, ㄲ, ㅋ, ㅇ), 성문음(聲門音, ㅎ)이 있으며, 조음 방법(調音方法)에 따른 부류는 파열음(破裂音, ㅂ, ㅃ, ㅍ, ㄷ, ㄸ, ㅌ, ㄱ, ㄲ, ㅋ), 파찰음(破擦音, ㅈ, ㅉ, ㅊ), 마찰음(摩擦音, ㅅ, ㅆ, ㅎ), 유음(流音, ㄹ), 비음(鼻音, ㄴ, ㅁ, ㅇ)이 있다. '닿소리'라고도 일컫는다.

'모음(母音)'은 '성대의 진동을 받은 소리가 목, 입, 코를 거쳐 나오면서, 그 통로가 좁아지거나 완전히 막히거나 하는 따위의 장애를 받지 않고 나는 소리'이다. 'ㅏ, ㅑ, ㅓ, ㅕ, ㅗ, ㅛ, ㅜ, ㅠ, ㅡ, ㅣ' 따위가 있다. '홀소리'라고도 한다.'

제2항 표준어의 자음은 다음 19개로 한다.

ㄱ ㄲ ㄴ ㄷ ㄸ ㄹ ㅁ ㅂ ㅃ ㅅ ㅆ ㅇ ㅈ ㅉ ㅊ ㅋ ㅌ ㅍ ㅎ

19개의 자음(子音)을 위와 같이 배열한 것은 일반적인 한글 자모의 순서에다가 국어 사전(國語辭典)에서의 자모 순서를 고려한 것이다. 자음을 조음 방법과 조음 위치에 따라 분류하면 다음과 같다.

\<자음체계\>

조음방법＼조음위치		양순음 (두 입술)	치조음 (윗잇몸, 혀끝)	경구개음 (센입천장, 앞 혓바닥)	연구개음 (여린입천장, 뒷 혓바닥)	성문음 (목청 사이)
파열음	예사소리	ㅂ	ㄷ		ㄱ	
	거센소리	ㅍ	ㅌ		ㅋ	
	된소리	ㅃ	ㄸ		ㄲ	
파찰음	예사소리			ㅈ		
	거센소리			ㅊ		
	된소리			ㅉ		
마찰음	예사소리		ㅅ			ㅎ
	된소리		ㅆ			
비음		ㅁ	ㄴ		ㅇ	
유음			ㄹ			

조음 위치에 따른 분류는 다음과 같다.

'양순음(兩脣音)'은 '두 입술 사이에서 나는 소리'이다. 국어의 'ㅂ, ㅃ, ㅍ, ㅁ'이 여기에 해당한다. '치조음(齒槽音)'은 '혀끝과 잇몸 사이에서 나는 소리'이다. 한글의 'ㄷ, ㅌ, ㄸ, ㄴ, ㄹ' 따위가 있다. '경구개음(硬口蓋音)'은 '혓바닥과 경구개 사이에서 나는 소리'이다. 'ㅈ, ㅉ, ㅊ' 따위가 있다. '연구개음(軟口蓋音)'은 '혀의 뒷부분과 연구개 사이에서 나는 소리'이다. 'ㅇ, ㄱ, ㅋ, ㄲ' 따위가 있다. '후음(喉音)'은 '목구멍, 즉 인두의 벽과 혀뿌리를 마찰하여 내는 소리'이다. 'ㅎ'이 있다.

조음 방법에 따른 분류는 다음과 같다.

'파열음(破裂音)'은 '폐에서 나오는 공기를 일단 막았다가 그 막은 자리를 터뜨리면서 내는 소리'이다. 'ㅂ, ㅃ, ㅍ, ㄷ, ㄸ, ㅌ, ㄱ, ㄲ, ㅋ' 따위가 있다. '파찰음(破擦音)'은 '파열음과 마찰음의 두 가지 성질을 다

가지는 소리'이다. 'ㅈ, ㅉ, ㅊ' 따위가 있다. '마찰음(摩擦音)'은 '입 안이
나 목청 따위의 조음 기관이 좁혀진 사이로 공기가 비집고 나오면서
마찰하여 나는 소리'이다. 'ㅅ, ㅆ, ㅎ' 따위가 있다. '비음(鼻音)'은 '입
안의 통로를 막고 코로 공기를 내보내면서 내는 소리'이다. 'ㄴ, ㅁ, ㅇ'
따위가 있다. '유음(流音)'은 '혀끝을 잇몸에 가볍게 대었다가 떼거나, 잇
몸에 댄 채 공기를 그 양옆으로 흘려보내면서 내는 소리'이다. 국어의
자음 'ㄹ' 따위이다.

　제3항 표준어의 모음은 다음 21개로 한다.

　ㅏ ㅐ ㅑ ㅒ ㅓ ㅔ ㅕ ㅖ ㅗ ㅘ ㅙ ㅚ ㅛ ㅜ ㅝ ㅞ ㅟ ㅠ ㅡ ㅢ ㅣ

　표준어(標準語)의 단모음(單母音)과 이중모음(二重母音)이다. 이의 배
열 순서도 자음의 경우와 마찬가지로 국어 사전(國語辭典)에 올릴 때의
자모 순서를 취한 것이다.

　제4항 'ㅏ ㅐ ㅓ ㅔ ㅗ ㅚ ㅜ ㅟ ㅡ ㅣ'는 단모음(單母音)으로 발음
한다.

　표준어의 모음 중에서 단모음을 추려 배열한 것이다. 모음 체계(母音
體系)는 다음과 같다.

<모음체계>

	front(전설모음)		back(후설모음)	
	평　순	원　순	평　순	원　순
high (고모음)	i (ㅣ)	ü (=y, ㅟ)	ɨ (ㅡ)	u (ㅜ)
mid (중모음)	e (ㅔ)	ö (=ø, ㅚ)	ə (ㅓ)	o (ㅗ)
low (저모음)	ɛ (ㅐ)		a (ㅏ)	

1. 혀의 전후 위치에 따른 분류

혀의 가장 높은 위치가 입의 앞부분이면 전설모음, 뒷부분이면 후설모음이다.

'전설모음(前舌母音, front vowel)'은 '혀의 앞쪽에서 발음되는 모음(母音)'으로 우리말에는 'ㅣ, ㅔ, ㅐ, *ㅟ, *ㅚ'가 있으며, '앞혀홀소리, 앞홀소리'라고도 한다. '후설모음(後舌母音, back vowel)'은 '혀의 뒤쪽과 여린입천장 사이에서 발음되는 모음'으로 'ㅜ, ㅗ' 따위가 있다. '뒤혀홀소리, 뒤홀소리'라고도 한다. '중설모음(中舌母音, central vowel)'은 '혀의 가운데 면과 입천장 중앙부 사이에서 조음되는 모음'으로, 국어에서는 'ㅡ, ㅓ, ㅏ' 따위가 있다. '가온혀홀소리, 가운데 홀소리, 혼합 모음'이라고도 한다.

2. 혀의 높이에 따른 분류

혀의 높이에 따라서 고모음, 중모음, 저모음으로 나뉘면서, 혀의 높이가 낮아질수록 개구도는 커지고, 높이가 높아질수록 개구도는 좁아진다.

'고모음(高母音, high vowel)'은 '입을 조금 열고, 혀의 위치를 높여서 발음하는 모음'이다. 국어에서는 'ㅣ, ㅟ, ㅡ, ㅜ' 따위가 있다. '높은홀소리, 닫은홀소리, 폐모음'이라고도 한다. '중모음(中母音, middle vowel)'은 '입을 보통으로 열고 혀의 높이를 중간으로 하여 발음하는 모음'이다. 'ㅔ, ㅚ, ㅓ, ㅗ' 따위가 있다. '반높은홀소리'라고도 한다. '저모음(低母音, low vowel)'은 '입을 크게 벌리고 혀의 위치를 가장 낮추어서 발음하는 모음'이다. 'ㅐ, ㅏ' 따위가 있다. '개모음, 낮은홀소리, 연홀소리, 저위 모음'이라고도 한다.

3. 입술 모양에 따른 분류

발음할 때 입술의 모양이 동그라면 원순, 옆으로 평평한 모양이면 평순모음이 된다.

원순모음(圓脣母音, rounded vowel)은 발음할 때에 입술을 둥글게 오
므려 내는 모음이다. 한글의 'ㅗ, ㅜ, ㅚ, ㅟ' 따위가 있다. '둥근홀소리'
라고도 한다. 평순모음(平脣母音, spread vowel)은 입술을 둥글게 오므
리지 않고 발음하는 모음이다. 국어에서는 'ㅣ, ㅡ, ㅓ, ㅏ, ㅐ, ㅔ' 따위
가 있다. '안둥근홀소리'라고도 한다.

[붙임] 'ㅚ, ㅟ'는 이중 모음으로 발음할 수 있다.

'이중모음(二重母音)'은 '소리를 내는 도중에 입술 모양이나 혀의 위치
가 처음과 나중이 달라지는 모음'이다. 'ㅑ, ㅕ, ㅛ, ㅠ, ㅒ, ㅖ, ㅘ, ㅙ,
ㅝ, ㅞ, ㅢ' 따위가 있다. 전설 원순모음인 'ㅚ, ㅟ'는 원칙적으로 단모음
으로 규정한다. 입술을 둥글게 하면서 동시에 'ㅔ, ㅣ'를 각각 발음한다.
그러나 입술을 둥글게 하면서 계기적으로 'ㅔ, ㅣ'를 내는 이중모음으로
발음함도 허용하는 규정이다.

第5항 'ㅑ ㅒ ㅕ ㅖ ㅘ ㅙ ㅛ ㅝ ㅞ ㅠ ㅢ'는 이중 모음으로 발음한다.

이중 모음(二重母音)들 가운데 'ㅕ'가 긴소리인 경우에는 긴소리의 'ㅓ'
를 올린 'ㅓ'로 발음하는 경우에 준하여 올린 'ㅕ'로 발음하는 것이다.

다만 1. 용언의 활용형에 나타나는 '져, 쪄, 쳐'는 [저, 쩌, 처]로 발음
한다.
가지어→가져[가저], 찌어→쪄[쩌], 다치어→다쳐[다처]

'담비 집 보고 꿀돈 내어 쓴다'는 속담도 있는데 이것은 무슨 뜻인가?
담비가 꿀을 좋아한다. 내가 꿀을 '가져[가제]'올 테니 먼저 꿀 돈을 주시

오라고 한다면 나보고 성급하다고 할 것이다.

　　　　　　　　　　　　　　　　　－ 최래옥『말이 씨가 된다』

　속담은 '무척 성급한 사람.'을 두고 빗대어 이르는 말이다.

　'져, 쪄, 쳐' 등은 '지어, 찌어, 치어'를 줄여 쓴 것인데, 이 때에 각각 [저, 쩌, 처]로 발음한다. [저, 쩌, 처]와 같이 'ㅈ, ㅉ, ㅊ' 다음에서 'ㅕ' 같은 이중모음이 발음되는 경우가 없음을 규정한 것이다.

　다만 2. '예, 례' 이외의 'ㅖ'는 [ㅔ]로도 발음한다.

　계집[계 : 집/게 : 집], 　계시다[계 : 시다/게 : 시다], 　시계[시계/시게] (時計), 연계[연계/연게](連繫), 메별[메별/메별](袂別), 개폐[개폐/개페] (開閉), 혜택[혜 : 택/헤 : 택](惠澤), 지혜(지혜/지헤)(智慧)

　김선달의 행동에 평양의 한 장자는 '사례[사례]'금로 일만 금을 주었음은 물론 서울의 이가 역시 그 뒤로 마음을 고쳐 바른 사람이 되었다. 속담에 **"악을 쓰는 자는 결국 악으로 망한다"**는 말이 있지만 김선달은⋯ 나갔던 것이다. 　　　　　　　　　　　－ 이상비『봉이 김선달』

　속담은 '악행으로 남을 괴롭히면, 결국 자신도 악으로 망하게 된다.' 는 뜻이다.

　"사내새끼가 '계집[계집/게집]' 말 들어도 패가하고, 안 들어도 망신한다 던가?" 패가한들 이에서 더 줄일 게 어디에 있고 망신한들 쭈그러진 낯 바대기에 통칠하자고 덤빌 놈이 있을 성싶냐.

　　　　　　　　　　　　　　　　　　－ 백우암『366일』

　속담은 '사내가 아내의 말을 냉철하게 판단하여 들을 것은 듣고, 말 것은 말아야 한다.'는 뜻으로 빗대는 말이다.

'ㅖ'는 본음대로 [ㅖ]로 발음한다. 그러나 '예, 례' 이외의 경우는 [ㅔ]로도 발음하기 때문에 실제의 발음까지 고려하여 [ㅔ]로 발음하는 것도 허용한다.

'연계(連繫)'는 '어떤 일이나 사람과 관련하여 관계를 맺음'을 뜻한다. '몌별(袂別)'은 '소매를 잡고 헤어진다.'는 의미이다.

다만 3. 자음을 첫소리로 가지고 있는 음절의 'ㅢ'는 [ㅣ]로 발음한다.

닐리리, 닁큼, 무늬, 띄어쓰기, 씌어, 틔어, 희어, 희떱다, 희망, 유희

"가장 어두울 때 여명이 가깝다"는 말도 있지 않아요? 그걸 '희망[히망]' 삼아… 다시 철 계단이 삐걱거리면서 완준이 올라온다.

－윤정모 『들』

속담은 '가장 어려운 때라 여겨지면 곧 바로 희망을 가지게 되는 때가 온다.'는 뜻으로 빗대는 말이다.

자음(子音)을 첫소리로 가지고 있는 'ㅢ'에 대하여 표기와는 달리 [ㅣ]로 발음하는 언어 현실을 수용한 것이다. 결국 [ㅢ], [ㅡ]로는 발음하지 않는다.

다만 4. 단어의 첫음절 이외의 '의'는 [ㅣ]로, 조사 '의'는 [ㅔ]로 발음함도 허용한다.

주의[주의/주이], 협의[혀븨/혀비], 우리의[우리의/우리에], 강의의 [강 : 의의/강 : 이에]

"다듬잇돌을 베고 자면 혼인 이야기가 잘 이루어지지 않는다"는 속담에서 보듯이 정갈하고 말쑥하게 다루도록 주부를 일깨워 주었으며 또한

다듬잇돌도 소중히 다루도록 '주의[주의/주이]'를 주었다.

─조효순『복식』

속담은 '옷을 깔끔하게 해주는 다듬잇돌을 소중하게 하라.'는 뜻으로 빗대는 말이다.

"사랑과 기침과 가난은 숨길 수 없다"더니 '우리의[우리의/우리에]' 가난은 슬그머니 집안 구석구석에 스며들어 그 특유의 냄새를 뿜어내었다. 그리하여 처음에는 우리의 멱살을 잡고 흔들어대더니 차츰 숨이 막힐 정도로 각박하게 조여오기 시작했다.

─백도기『그 여름의 상처』

속담은 '기침은 참을 수 없고 가난하면 거지 근성이 드러나듯이 남을 사랑하는 마음도 숨길 수 없다.'는 뜻으로 빗대는 말이다.

현실음을 고려한 허용 규정이다. 원칙적으로는 [ㅢ]로 발음한다. 단어의 첫음절 이외의 '의'는 [ㅣ]로, 조사'의'는 [ㅔ]로 발음함도 허용한다.

제3장 소리의 길이

제6항 모음의 장단을 구별하여 발음하되, 단어의 첫 음절에서만 긴소리가 나타나는 것을 원칙으로 한다.

(1) 눈보라[눈 : 보라], 말씨[말 : 씨], 밤나무[밤 : 나무], 많다[만 : 타], 멀리[멀 : 리], 벌리다[벌 : 리다]

옛말에 **"자식 자랑은 반 불출이요 아내 자랑은 온 불출"**이라 했지만 나는 여기서 온 불출이 아니라 온 병신이 되더라도 아내 자랑을 좀 해야겠다. 아내는 기질이 곱고 '말씨[말:씨]' 고운 사람으로 천생여자였다.
- 강준희 『하늘이여 하늘이여』

속담은 '제 자식을 자랑하는 사람은 못난이로 취급받게 된다.'는 뜻으로 빗대는 말이다.

(2) 첫눈[천눈], 참말[참말], 쌍동밤[쌍동밤], 수많이[수 : 마니], 눈멀다
[눈멀다], 떠벌리다[떠벌리다]

'참말[참말]'로, 와 봉게로 **"가자니 태산이요, 돌아서자니 숭산이라,"** 첩첩산중을 걸음서 울음을 터친 일도 한두 번이 아니었지라우.
- 최명희 『혼불』

속담은 태산보다 숭산이 높다. '가자니 높은 산이 막혀있고 돌아가자니 더 높은 산이 있다.'는 뜻으로 '이러지도 저러지도 못한다'는 뜻으로 이르는 말이다.

표준발음(標準發音)으로 소리의 길이를 규정한 것으로 긴소리와 짧은 소리 두 가지만 인정하되 단어의 제1 음절에서만 긴소리를 인정하고 그 이하의 음절은 모두 짧게 발음하는 것이 원칙이다. (1)은 단어의 첫 음절에서 긴소리를 가진 경우에는 긴소리로 발음한다. (2)는 본래 긴소리였던 것이 복합어 구성에서 제2 음절 이하에 놓인 것들로서 단어의 첫 음절에서만 긴소리를 인정하기에 짧게 발음해야 한다.

다만, 합성어의 경우에는 둘째 음절 이하에서도 분명한 긴소리를 인정한다.
반신반의[반 : 신 바 : 늬/반 : 신 바 : 니], 재삼재사[재 : 삼 재 : 사]

다만, 합성어의 경우에 단어의 첫 음절에서만 긴소리를 인정하는데,

둘째 음절 이하에서도 분명히 긴소리로 발음되는 것만은 긴소리를 인정한다.

[붙임] 용언의 단음절 어간에 어미 '-아/-어'가 결합되어 한 음절로 축약되는 경우에도 긴소리로 발음한다.
보아 → 봐[봐 :], 기어 → 겨[겨 :], 되어 → 돼[돼 :], 두어 → 둬[둬 :], 하여 → 해[해 :]

황 서방댁이 의아하여 개키던 옷을 손에 든 채로 남편을 올려다 보았다. 황 서방은 아내의 앞에 앉으며 어이가 없다는 듯 웃었다. **"다 '보아[봐:]'도 남의 제사 흉은 안 본다던데."**　　　－최명희『혼불』
속담은 '집집마다 예법이 다르기 때문에 함부로 흉을 보아서는 안 된다'는 뜻으로 이르는 말이다.

용언(用言)의 단음절 어간에 '-아/-어, -아라/-어라, -았다/-었다' 등이 결합될 때에 그 두 음절이 다시 한 음절로 축약되는 경우에는 준 형태로 표기하고 긴소리로 발음한다.
다만, '오아 → 와, 지어 → 져, 찌어 → 쪄, 치어 → 쳐' 등은 긴소리로 발음하지 않는다.

절마다 신도들이 무더기로 떼를 '지어[져]' 온 모양이었다. 스님들도 **"밥그릇에 뉘 섞이듯"** 여기저기서 보였다. 신도를 인솔해온 스님들일 거였다.　　　－이문구『누구는 누구만 못해서』
속담은 '무엇인가 드문드문 섞여 있다.'는 뜻으로 비유하는 말이다.

다만, '오아 → 와, 지어 → 져, 찌어 → 쪄, 치어 → 쳐' 등은 예외적으로 짧게 발음한다. 또한 '가+아 → 가, 서+어 → 서, 켜+어 → 켜'처럼 같은 모음끼리 만나 모음 하나가 없어진 경우에도 긴소리를 발음하지 않는다.

제7항 긴소리를 가진 음절이라도, 다음과 같은 경우에는 짧게 발음한다.

1. 단음절인 용언 어간에 모음으로 시작된 어미가 결합되는 경우
감대감 : 때 ─ 감으니[가므니], 밟대밥 : 때 ─ 밟으면[발브면]
신대신 : 때 ─ 신어[시너], 알대알 : 다 ─ 알애아래

"사랑에 눈이 멀면 곰보도 안 보이고 째보도 안 보인다"더니 그 쉬운 말도 무슨 뜻인지 못 알어 먹어? 너 있잖니, 그 사내가 네 말 다 '알애아라] 들으면서도 음흉하게 못 알아듣는 척하면서 딴 여자와 널 살살 저울질하고 있는지도 모른다 그런 말이야.

― 조정래 『한강』

속담은 '사랑에 빠지면 약점마저도 오히려 좋게만 보이게 된다.'는 뜻으로 빗대는 말이다.

다만, 다음과 같은 경우에는 예외적이다
끌대끌 : 대 ─ 끌어[끄 : 레], 떫대떫 : 때 ─ 떫은떫 : 븐]
벌대벌 : 대 ─ 벌어[버 : 레], 썰대썰 : 다 ─ 썰어[써 : 레], 없대업 : 때 ─ 없으니[업 : 쓰니]

"토끼 잡다가 범 걸리는 수도 있으니까." 하고 책상을 '끌어[끄:레' 다니고 아닌게 아니라 코 쌈지 같은 것을 그 뒤에서 집어 내어서….

― 염상섭 『사랑과 죄』

속담은 '하찮은 것을 노리다가 큰 이익을 얻는 수가 있다.'는 뜻으로 빗대는 말이다.

긴소리를 가진 용언 어간이 짧게 발음되는 경우를 규정한 것인데 우리말에서 가장 규칙적으로 나타나는 현상이다. 단음절인 용언 어간으로 시작하는 어미와 결합되는 경우에 그 용언의 어간은 짧게 발음한다.

2. 용언 어간에 피동, 사동의 접미사가 결합되는 경우
감다[감 : 따]-감기다[감기다], 꼬다[꼬 : 다]-꼬이다[꼬이다], 밟다[밥 : 따]-밟히다[발피다]

다만, 다음과 같은 경우에는 예외적이다.
끌리다[끌 : 리다], 벌리다[벌 : 리다], 없애다[업 : 쌔다]

[붙임] 다음과 같은 합성어에서는 본디의 길이에 관계없이 짧게 발음한다.
밀-물, 썰-물, 쏜-살-같이, 작은-아버지

단음절(單音節) 용언 어간의 피동·사동형은 짧게 발음한다.
다만, 모음(母音)으로 시작된 어미 앞에서도 예외적으로 긴소리를 유지하는 용언 어간들의 피동·사동형의 경우에 여전히 긴소리로 발음된다.

[붙임]은 용언(用言)의 활용형을 가진 합성어로 중에는 그러한 활용형에서 긴소리를 가짐에도 불구하고 합성어에서는 짧게 발음하는 것들이 있다.

제4장 　받침의 발음

제8항 받침소리로는 'ㄱ, ㄴ, ㄷ, ㄹ, ㅁ, ㅂ, ㅇ'의 7개 자음만 발음한다.
국어(國語)에서 받침에 사용할 수 있는 자음은 19자 중에서 3자 'ㄸ,

ㅃ, ㅉ'을 제외한 16자이다. 우리말은 음절 말에서 발음되는 자음으로
'ㄱ, ㄴ, ㄷ, ㄹ, ㅁ, ㅂ, ㅇ' 7개 뿐이며, 음절 말에 이 일곱 가지 외의
자음이나 자음군이 오면 7개 자음 중에서 하나의 대표음으로 발음한다.

  제9항 받침 'ㄲ, ㅋ', 'ㅅ, ㅆ, ㅈ, ㅊ, ㅌ', 'ㅍ'은 어말 또는 자음 앞에서
각각 대표음 [ㄱ, ㄷ, ㅂ]으로 발음한다.
  닭[닥따], 키읔[키윽], 키읔과[키윽꽈], 옷[옫], 웃다[욷 : 따], 있다[읻
따], 젖[젇], 빚다[빋따], 꽃[꼳], 쫓다[쫃따], 솥[솓], 뱉다[밷 : 따], 앞[압],
덮다[덥따]

  저 애들 중에 그 누군가가 얼마 전까지는 어머니를 위하여 저렇게
손님들을 꼬였을 것이다. **"푸른 '옷[옫]'을 입을 때는 왜나무를 잊지 말라
는 옛말이 있지 않은가."**   ─홍석중 『황진이』
  속담은 '근원을 늘 생각해야 한다.'는 뜻으로 빗대는 말이다.

  도시 사람 열이 촌 엿장수 하나만 같지 못하다고 흰소리 치고서도
코앞의 하찮은 잇속에 눈이 **"바더리 '쫓다[쫃따]'가 왕퉁이에게 쐰 꼴"**을
당한 것이 못내 부끄럽다 것이다. ─이문구 『우리동네』
  속담은 '작은 이익을 좇다가 큰 화를 당했다.'는 뜻으로 비유하는 말이
다.

  "받침 'ㄲ, ㅋ', 'ㅅ, ㅆ, ㅈ, ㅊ, ㅌ', 'ㅍ'은 어말(語末) 또는 자음(子音)
앞에서 각각 대표음 [ㄱ, ㄷ, ㅂ]으로 발음한다."는 규정이다. '키읔과[키
윽꽈]'는 'ㄱ', '젖[젇], 쫓다[쫃따], 뱉다[밷 : 따]'는 'ㄷ', '앞[압]'는 'ㅂ' 등으
로 발음한다. 또한 받침 'ㄴ, ㄹ, ㅁ, ㅇ'은 변화 없이 본음대로 각각
[ㄴ, ㄹ, ㅁ, ㅇ]으로 발음되어 [ㄱ, ㄷ, ㅂ]과 함께 음절 말 위치에서
7개의 자음이 발음되는 것이다.

제10항 겹받침 'ㄳ', 'ㄵ', 'ㄼ, ㄽ, ㄾ', 'ㅄ'은 어말 또는 자음 앞에서 각각 [ㄱ, ㄴ, ㄹ, ㅂ]으로 발음한다.

넋[넉], 넋과[넉꽈], 앉다[안따], 여덟[여덜], 넓다[널따], 외곬[외골], 핥다[할따], 값[갑]

"사람은 죽어서도 '넋[넉]'두리가 있는 법인데" 산 입 두었다가 뭐하려고 말을 안허냐? —이문구『산너머 남촌』

속담은 '사람은 죽어서라도 이런저런 방법으로 넋두리를 하게 된다.'는 뜻으로 빗대는 말이다.

두 개의 자음(子音)으로 된 겹받침 가운데, 어말 위치에서 또는 자음으로 시작된 조사(助詞)나 어미(語尾) 앞에서 'ㄳ', 'ㄵ', 'ㄼ, ㄽ, ㄾ', 'ㅄ'은 어말 또는 자음 앞에서 각각 [ㄱ, ㄴ, ㄹ, ㅂ]으로 발음한다.

다만, '밟-'은 자음 앞에서 [밥]으로 발음하고, '넓-'은 다음과 같은 경우에 [넙]으로 발음한다.

(1) 밟다[밥 : 따], 밟소[밥 : 쏘], 밟지[밥 : 찌], 밟는[밥 : 는→밤 : 는], 밟게[밥 : 께], 밟고[밥 : 꼬]

부산을 빼앗더라도 만약 왜적이 패전한 것을 수치스럽게 여겨 다시 일어나 대대적으로 침범해 온다면 이는 속담에 이른바 **"잠자는 호랑이의 꼬리를 '밟는[밥:는→밤:는]'다"**는 격이 되어 후회가 있을까 두렵다.

—『조선왕조실록(선조)』

속담은 '가만히 있는 것을 괜스레 건드려 화를 자초한다.'는 뜻으로 빗대는 말이다.

(2) 넓-죽하다[넙쭈카다], 넓-둥글다[넙뚱글다]

겹받침 '래'은 'ㄹ'로 발음되지 않고 'ㅂ'으로 발음되며, 뒤의 음절은 된소리로 발음한다. 겹받침의 발음에서 예외적인 규정으로 '래'은 'ㄹ'로 발음되는데, 동사 '밟다[밥 : 따]'는 'ㅂ'으로 발음한다.

제11항 겹받침 'ㄺ, ㄻ, ㄿ'은 어말 또는 자음 앞에서 각각 [ㄱ, ㅁ, ㅂ]으로 발음한다.

닭[닥], 흙과[흑꽈], 맑다[막따], 늙지[늑찌], 삶[삼 :], 젊다[점 : 따], 읊고[읍꼬], 읊다[읍따]

"아침에 차맛이 좋으면 날씨가 '맑다[막따]'"라는 말이 있다. 이런 때는 자고 나면 몸이 가볍고 기분이 좋아진다. 그래서 차의 맛도 한결 좋아지는 것이다.   ─박대홍『날씨를 알면 내일이 보인다』

속담은 '음식물을 쾌적하게 받아들이는 것은 고기압으로 인한 신체 조건 때문.'이라는 뜻으로 이르는 말이다.

어말(語末) 위치(位置)에서 또는 자음 앞에서 겹받침 'ㄺ, ㄻ, ㄿ'이 'ㄹ'을 탈락(脫落)시키고 각각 [ㄱ, ㅁ, ㅂ]으로 발음한다는 규정이다. 겹받침에서 첫 음절의 받침인 'ㄹ'이 탈락하는 경우이다.

다만, 용언의 어간 발음 'ㄺ'은 'ㄱ' 앞에서 [ㄹ]로 발음한다.

맑게[말께], 묽고[물꼬], 얽거나[얼꺼나]

용언(用言, 문장의 주체를 서술하는 기능을 가진 동사와 형용사)의 경우에는 뒤에 오는 자음의 종류에 따라 'ㄺ'이 두 가지로 발음된다. 첫째는 'ㄷ, ㅅ, ㅈ' 앞에서는 [ㄱ]으로 발음되고(맑다[막따], 늙지[늑찌]), 'ㄱ'앞에서는 이와 동일한 'ㄱ'은 탈락시키고서 [ㄹ]로 발음한다(맑게[말께], 늙게[늘께]).

제12항 받침 'ㅎ'의 발음은 다음과 같다.

1. 'ㅎ(ㄶ, ㅀ)' 뒤에 'ㄱ, ㄷ, ㅈ'이 결합되는 경우에는, 뒤 음절 첫소
   리와 합쳐서 [ㅋ, ㅌ, ㅊ]으로 발음한다.
   놓고[노코], 좋던[조 : 턴], 쌓지[싸치], 많고[만 : 코], 않던[안턴], 닳지
   [달치]

그런 걸 보면서도 나는 전혀 고민하지 않았다. 내 딸이야 그러지 않
겠지. **"자식 '놓고[노코]'는 장담하는 게 아니라더니"** 내가 그 짝이었다.
　　　　　　　　　　　　　　　　　－이유진『나는 봄꽃과 다투지 않는 국화를 사랑한다』
속담은 '제 자식이 어떻게 될지 모르기 때문에 함부로 입 빠른 말을
하지 말라.'는 뜻을 빗대는 말이다.

받침 'ㅎ'과 이 'ㅎ'이 포함된 겹받침 'ㄶ, ㅀ' 뒤에 'ㄱ, ㄷ, ㅈ'과 같은
예사소리가 결합된 경우에는 'ㅎ+ㄱ', 'ㅎ+ㄷ', 'ㅎ+ㅈ' 등이 결합하면
'ㅋ, ㅌ, ㅊ'으로 축약(縮約)되어 [ㅋ, ㅌ, ㅊ]으로 발음한다.

[붙임 1] 받침 'ㄱ(ㄺ), ㄷ, ㅂ(ㄼ), ㅈ(ㄵ)'이 뒤 음절 첫소리 'ㅎ'과
결합되는 경우에도, 역시 두 소리를 합쳐서 [ㅋ, ㅌ, ㅍ, ㅊ]으로 발음
한다.
　각해[가카], 먹히다[머키다], 밝히다[발키다], 맏형[마텽], 좁히다[조피
다], 넓히다[널피다], 꽂히다[꼬치다], 앉히다[안치다]

눈만 하나 퀭하게 남겨놓고, 새파랗게 사색을 뒤집어 쓴 자랏골 사람
들을, **"푸줏간에 소 몰아 넣듯"** 분견소 뒷마당에다 몰아넣어 꿇어 '앉혀

[안혜]' 놓고, 한놈씩 끌어내다 쇠좆몽둥이로 조져댔다.

$\qquad$ —송기숙『자랏골의 비가』

속담은 '어떤 일을 억지로 하게 한다.'는 뜻으로 비유하는 말이다.

한 단어 안에서 받침 'ㄱ(ㄺ), ㄷ, ㅂ(ㄼ), ㅈ(ㄵ)'이 뒤 음절의 첫소리 'ㅎ'과 결합되어 [ㅋ, ㅌ, ㅍ, ㅊ]으로 발음한다. 이것은 용언에 한정된 것이 아닐 뿐만 아니라 한자어(漢字語)나 합성어(合成語, 둘 이상의 실질 형태소가 결합하여 하나의 단어) 또는 파생어(派生語, 실질 형태소에 접 사가 붙은 말) 등의 경우에도 적용된다.

[붙임 2] 규정에 따라 'ㄷ'으로 발음되는 'ㅅ, ㅈ, ㅊ, ㅌ'의 경우에는 이에 준한다.

옷 한 벌[오탄벌], 낮 한때[나탄때], 꽃 한 송이[꼬탄송이], 숱하다[수타다]

둘 또는 그 이상의 단어(單語)를 이어서 한 마디로 발음하는 경우에도 마찬가지이다. 다만 단어마다 끊어서 발음할 때는 '꽃 한 송이[꼰 한 송 이]'와 같이 발음한다. 둘 다 인정한다.

2. 'ㅎ(ㄶ, ㅀ)'뒤에 'ㅅ'이 결합되는 경우에는, 'ㅅ'을 [ㅆ]으로 발음한다.
닿소 [다쏘], 많소[만 : 쏘], 싫소[실쏘]

받침 'ㅎ(ㄶ, ㅀ)'이 'ㅅ'을 만나면 둘을 결합시켜 'ㅅ'을 [ㅆ]으로 발음 한다.

3. 'ㅎ'뒤에 'ㄴ'이 결합되는 경우에는, [ㄴ]으로 발음한다.
놓는[논는], 쌓네[싼네]

'ㄴ'으로 시작된 어미 '-는(다), -네, -나' 등 앞에서 받침 'ㅎ'은 [ㄴ]으로 발음한다.

[붙임] 'ㄶ, ㅀ'뒤에 'ㄴ'이 결합되는 경우에는, 'ㅎ'을 발음하지 않는다.
않네[안네], 않는[안는], 뚫네[뚫네→뚤레], 뚫는[뚤는→뚤른]
* '뚫네[뚫네→뚤레], 뚫는[뚤는→뚤른]'에 대해서는 제20항 참조.

저놈이 저렇게 **"하늘에다 방망아리를 달구 도리질을 하다가 큰코를 다치지 '않는[안는]'가보지?"** 양반 앞에서 큰 기침을 해두 물볼기를 맞는 세상인데 재산이나 세 줄을 믿구 저런 무엄한 짓을 하다니.
– 홍석중 『높새바람』
속담은 '아주 큰 시련이 닥치고, 사람들은 하찮은 것에도 두려움을 갖는다.'는 뜻으로 비유하는 말이다.

받침 'ㄶ, ㅀ'뒤에 'ㄴ'으로 시작된 어미가 결합되는 경우에는 'ㅎ'을 발음하지 않는데, 다만 'ㅀ' 뒤에서는 'ㄴ'이 [ㄹ]로 발음된다.

4. 'ㅎ(ㄶ, ㅀ)'뒤에 모음으로 시작된 어미나 접미사가 결합되는 경우에는, 'ㅎ'을 발음하지 않는다.
낳은[나은], 놓아[노아], 쌓이다[싸이다], 많아[마 : 나], 않은[아는], 닳아[다라], 싫어도[시러도]

"아들 열 '낳은[나은]' 집 고추 값" 이라는 말이 있다. 무슨 뜻인가? 값이 비싸다는 말이다. 아들을 열씩이나 낳았으니 그보다 더 당당한 일이 없고, 금줄에 붉은 고추 열 번이나 꽂았으니 딸만 낳은 집에서야 오죽이나 부러워 했을까? – 최래옥 『여보게 김서방』
속담은 '어떤 물건의 값이 매우 비싸다'는 뜻으로 빗대는 말이다.

"그 애비를 보면 그 자식을 알 수 있고 자식을 보면 그 애비를 짐작할 수 있다" 자식 놈을 여럿 기르다 보면 그 애비도 애미도 형도 동생도 닮지 '않은(아는)' 엉뚱한 놈도 보게 된다.

－오영수 『어린 상록수』

속담은 '아비와 자식은 서로 닮았기 때문에 어느 한쪽만 보고도 다른 한쪽을 추측할 수 있다.'는 말이다.

받침 'ㅎ, ㄶ, ㅀ'의 'ㅎ'이 모음으로 시작된 어미(語尾, 용언 및 서술격 조사가 활용하여 변하는 부분)나 접미사와 결합될 때는 그 'ㅎ'을 발음하지 않는다. 한자어나 복합어(複合語)에서 '모음+ㅎ'이나 'ㄴ, ㅁ, ㅇ, ㄹ+ㅎ'의 결합을 보이는 경우에는 본음대로 발음한다.

제13항 홑받침이나 쌍받침이 모음으로 시작된 조사나 어미, 접미사와 결합되는 경우에는, 제 음가대로 뒤 음절 첫소리로 옮겨 발음한다.

깎아[까까], 옷이[오시], 있어[이써], 낮이[나지], 꽂아[꼬자], 꽃을[꼬츨], 쫓아[쪼차], 밭에[바테], 앞으로[아프로], 덮이다[더피다]

시방 때가 어느 때라고 그런 정신없는 소리를 하고 '있어[이써]'? 수염이 대자라도 묶어사 양반인디, **"코 아래 진상이 물 때 있겠어?"** 이주호는 아내한테 눈을 허옇게 떴다.　　　　　－송기숙 『녹두장군』

속담은 '먹을 것을 뇌물로 바치는데 따로 때가 있겠느냐'는 뜻으로 빗대는 말이다.

"콩'밭에[바테]' **가서 두부 찾고 있네**" 잉. 일의 순서도 모름시롱 보채쌓기만 하면 무신 일이 된당가요. 요년아, 죽 쑤어 식힐 동안이 급하다고 한허드냐.　　　　　－문순태 『타오르는 강』

연음법칙(連音法則, 앞 음절의 받침에 모음으로 시작되는 형식 형태소가 이어지면, 앞의 받침이 뒤 음절의 첫소리로 발음되는 음운 법칙)에 해당하는 발음 규정이다. 이 규정은 받침을 다음 음절의 첫소리로 옮겨서 발음하는 것을 말하며, 홑받침의 경우이다.

제14항 겹받침이 모음으로 시작된 조사나 어미, 접미사와 결합되는 경우에는 뒤엣것만을 뒤 음절 첫소리로 옮겨 발음한다(이 경우, 'ㅅ'은 된소리로 발음함.).
넋이[넉씨], 앉아[안자], 닭을[달글], 젊어[절머], 곬이[골씨], 핥아[할타], 읊어[을퍼], 값을[갑쓸], 없어[업 : 써]

"'닭을[달글]' 헤아리다 보면 봉을 본다 하였으나" 그 처소에 그렇게 준수한 낭재가 있었다는 것은 금시초문이오.　　　　－김주영『객주』
속담은 '많은 평범한 것들 속에는 반드시 특별한 것이 있다.'는 뜻으로 빗대는 말이다.

얼랴, 꿈보담 해몽이 좋네그랴. 근디 그 한성서 내래온 사람덜 말이시, 변호사가 무섭기넌 무섭드마. 왜놈들이 쩔쩔매고. 긍게 **"사람언 갤쳐야 사람**'값을[갑쓸]' **지대로 헌다고 안혀."**

　　　　　　　　　　　　　　　　　　　－조정래『아리랑』
속담은 '사람은 누구나 배워야 제대로 행세를 할 수 있다.'는 뜻이다.

연음법칙(連音法則)에 대한 규정으로 겹받침의 경우이다. 첫 음절의 받침은 그대로 받침의 소리로 발음하되, 둘째 음절은 다음 음절의 첫소리로 옮겨서 발음한다. 겹받침 'ㄳ, ㄽ, ㅄ'의 경우에는 'ㅅ'을 연음하되, 된소리 [ㅆ]으로 발음한다.

제15항 받침 뒤에 모음 'ㅏ, ㅓ, ㅗ, ㅜ, ㅟ'들로 시작되는 실질 형태소가 연결되는 경우에는, 대표음으로 바꾸어서 뒤 음절 첫소리로 옮겨 발음한다.

밭 아래[바다래], 늪 앞[느밥], 젖어미[저더미], 맛없다[마덥따], 겉옷[거돋], 헛웃음[허두슴], 꽃 위[꼬뒤]

받침 있는 단어(單語)나 접두사(接頭辭)가 모음으로 시작된 단어와의 결합에서 발음되는 연음법칙(連音法則)에 대한 규정이다. 이 규정에서 받침 뒤에 오는 모음으로 받침 뒤에 모음 'ㅏ, ㅓ, ㅗ, ㅜ, ㅟ'로 한정시킨 이유는 'ㅣ, ㅑ, ㅕ, ㅛ, ㅠ'와의 결합에서는 연음(連音)을 하지 않으면서 [ㄴ]이 드러나는 경우가 있기 때문이다.

다만, '맛있다, 멋있다'는 [마싣따], [머싣따]로도 발음할 수 있다.
'맛있다, 멋있다'는 [마딛따], [머딛따]를 표준발음으로 정하고 있지만 [마싣따], [머싣따]도 실제 발음 현실을 고려하여 허용하였다.

[붙임] 겹받침의 경우에는 그 중 하나만을 옮겨 발음한다.
넋 없다[너겁따], 닭 앞에[다가페], 값어치[가버치], 값있는[가빈는]

겹받침의 발음 규정이다. 겹받침의 경우에도 원칙은 마찬가지여서, 독립형으로 쓰이는 받침의 소리가 모음 'ㅏ, ㅓ, ㅗ, ㅜ, ㅟ'들로 시작되는 실질 형태소에 연결되면 이어서 발음하는 연음법칙이 이용된다.

제16항 한글 자모의 이름은 그 받침 소리를 연음하되, 'ㄷ, ㅈ, ㅊ, ㅋ, ㅌ, ㅍ, ㅎ'의 경우에는 특별히 다음과 같이 발음한다.
디귿이[디그시], 디귿을[디그슬], 디귿에[디그세]
지읒이[지으시], 지읒을[지으슬], 지읒에[지으세]

치읓이[치으시], 치읓을[치으슬], 치읓에[치으세]
키읔이[키으기], 키읔을[키으글], 키읔에[키으게]
티읕이[티으시], 티읕을[티으슬], 티읕에[티으세]
피읖이[피으비], 피읖을[피으블], 피읖에[피으베]
히읗이[히으시], 히읗을[히으슬], 히읗에[히으세]

한글 자모(子母)의 이름에 대한 발음이다. 한글 자모의 이름은 첫소리와 끝소리 둘을 모두 보이기 위한 방식으로 붙인 것이기에 원칙적으로는 모음 앞에서 디귿이[디그디], 디귿을[디그들]과 같이 발음하여야 하지만 실제 발음에서는 디귿이[디그시], 디귿을[디그슬]과 같아 이 현실 발음을 반영시켜 규정한 것이다.

제5장 ┃ 소리의 동화

동화(同化)는 말소리가 서로 이어질 때, 어느 한쪽 또는 양쪽이 영향을 받아 비슷하거나 같은 소리로 바뀌는 소리의 변화를 이르는 말이다.

제17항 받침 'ㄷ, ㅌ(ㄾ)'이 조사나 접미사의 모음 'ㅣ'와 결합되는 경우에는, [ㅈ, ㅊ]으로 바꾸어서 뒤 음절 첫소리로 옮겨 발음한다.
곧이듣대[고지듣따], 굳이[구지], 미닫이[미다지], 땀받이[땀바지], 밭이 [바치], 벼훑이[벼훌치]

변선달의 말을 "태산같이 믿고" 금선이를 위하여 기쁜 마음으로 자기 집에를 돌아오니 길고 긴 삼사월 해가 중천에 이르도록 부엌은 쓸쓸하여 기울 기운이 생기고 방문은 '굳이[구지]' 닫혀 밤중과 일반이라.
— 이해조 『모란병』
속담은 '아주 조금도 의식하지 않고 꼭 믿는다.'는 뜻으로 비유하는 말이다.

"아무리 '밭이[바치]' 좋아도 피보리 심은 땅에 보리 나까!" 하늘 보고 침 뱉기지. 와 날 원망하요! 김 서방댁이 홀짝홀짝 뛰면서 삿대질을 했다.　　　　　　　　　　　　　　　　　　　　　　　　　　　－박경리 『토지』
속담은 '근본이 시원치 않으면 노력도 한계가 있다.'는 뜻으로 빗대는 말이다.

구개음화(口蓋音化)는 끝소리가 'ㄷ, ㅌ'인 형태소가 모음 'ㅣ'나 반모음 'ㅣ[j]'로 시작되는 형식 형태소와 만나면 그것이 구개음 'ㅈ, ㅊ'이 되거나, 'ㄷ' 뒤에 형식 형태소 '히'가 올 때 'ㅎ'과 결합하여 이루어진 'ㅌ'이 'ㅊ'이 되는 현상이다.

[붙임] 'ㄷ'뒤에 접미사 '히'가 결합되어 '티'를 이루는 것은 [치]로 발음한다.
굳히다[구치다], 닫히다[다치다], 묻히다[무치다]

'이' 이외에 '히'가 결합될 때에도 받침 'ㄷ'과 합하여 [ㅊ]으로 구개음화하여 발음한다. 구개음화(口蓋音化)는 조사(助詞)나 접미사(接尾辭)에 의해서만 일어날 수 있는 것이다. 합성어(合成語)에서는 받침 'ㄷ, ㅌ' 다음에 '이'로 시작되는 단어가 결합되어 있을 때는 구개음화가 일어나지 않는다(밭이랑[반니랑]×[바치랑]).

제18항 받침 'ㄱ(ㄲ, ㅋ, ㄳ, ㄺ), ㄷ(ㅅ, ㅆ, ㅈ, ㅊ, ㅌ, ㅎ), ㅂ(ㅍ, ㄼ, ㄿ, ㅄ)'은 'ㄴ, ㅁ' 앞에서 [ㅇ, ㄴ, ㅁ]으로 발음한다.
먹는[멍는], 국물[궁물], 깎는[깡는], 키읔만[키응만], 몫몫이[몽목씨], 긁는[궁는], 흙만[흥만], 닫는[단는], 짓는[진ː는], 옷맵시[온맵씨], 있는

[인는], 맞는[만는], 젖멍울[전멍울], 쫓는[쫀는], 꽃망울[꼰망울], 붙는[분는], 놓는[논는], 잡는[잠는], 밥물[밤물], 앞마당[암마당], 밟는[밤는], 읊는[음는], 없는[엄 : 는], 값매다[감매다]

술에 취하면 보이는 게 없고 "**하늘이 돈짝만하게 보인다**"는 것쯤이야 술 안 '먹는[멍는]' 사람인들 모를 쏘냐? ─조규익『술꾼의 노래』
속담은 '술에 취하거나, 다른 것에 현혹되어 사물을 제대로 보지 못한다.'는 뜻으로 빗대는 말이다.

중이 제 머리 못 깎는[깡는]다는 속언이 있어. 아, 그래, 나으리께서 나 임금 하겠노라, 해야만 자네들이 "**팔 걷고 나설 참인가.**"
─신봉승『소설 한명회』
속담은 '어떤 일에 적극적으로 나선다.'는 뜻으로 빗대는 말이다.

"**하늘에다 방망아리를 달구 도리질을 하다가 큰코를 다치지 않는가보지?**" 양반 앞에서 큰 기침을 해두 물볼기를 '맞는[만는]' 세상인데 재산이나 세줄을 믿구 저런 무엄한 짓을 하다니…."
─홍석중『높새바람』
속담은 '큰 세력을 믿고 함부로 나대다가 화를 당한다.'는 뜻으로 빗대는 말이다.

"**한강물도 제 곬으로 흐르게**" 마련이고 초록은 동색이며 낙락장송도 본분은 종자이다. 벌써 그녀와 나는 체격부터가 초록은 동색이고, 무엇보다 새앙쥐 불가심할 것도 '없는[엄는]' 가난뱅이 농사꾼집 출신이라는 점에서……. ─박범신『개뿔』
속담은 '모든 것은 제 스스로의 질서에 따른다.'는 뜻으로 빗대는 말이다.

비음화(鼻音化)는 어떤 음의 조음(調音)에 비강의 공명이 수반되는 현상을 일컫는다. 받침 'ㄱ, ㄷ, ㅂ'은 'ㄴ, ㅁ' 앞에서 [ㅇ, ㄴ, ㅁ]으로 동화(同化)되어 발음됨을 규정한 것이다. 변동의 양상을 음운 규칙으로 정리하면 다음과 같다. 첫째, [ㄱ, ㄲ, ㅋ, ㄳ, ㄺ] → /ㅇ/ _ [ㄴ, ㅁ]으로 '깎는[깡는], 키읔만[키응만], 흙만[흥만]' 등이 있다. 둘째, [ㄷ, ㅅ, ㅆ, ㅈ, ㅊ, ㅌ, ㅎ] → /ㄴ/ _ [ㄴ, ㅁ]으로 '옷맵시[온맵시], 있는[인는], 맞는[만는], 놓는[논는]' 등이 있다. 셋째, [ㅂ, ㅍ, ㄼ, ㄿ, ㅄ] → /ㅁ/ _ [ㄴ, ㅁ]으로 '앞마당[암마당], 읊는[음는], 값매다[감매다]' 등이 있다.

[붙임] 두 단어를 이어서 한 마디로 발음하는 경우에도 이와 같다.
책 넣는다[챙넌는다], 흙 말리다[흥말리다], 옷 맞추다[온마추다], 밥 먹는다[밤멍는다], 값 매기다[감매기다]

[붙임]의 규정(規定)에는 조건이 있는데 그것은 '한 마디로 발음하는 경우'를 말한다. 문법적으로는 두 단어이나 발음상으로는 이어서 하나처럼 발음하는 것이다.

제19항 받침 'ㅁ, ㅇ' 뒤에 연결되는 'ㄹ'은 [ㄴ]으로 발음한다.
담력[담 : 녁], 침략[침냑], 강릉[강능], 항로[항 : 노], 대통령[대 : 통녕]

한자어(漢字語)에서 받침 'ㅁ, ㅇ' 뒤에 결합되는 'ㄹ'은 [ㄴ]으로 발음됨을 보인 규정이다. 본래 'ㄹ'을 첫소리로 가진 한자어는 'ㄴ, ㄹ' 이외의 받침 뒤에서는 언제나 'ㄹ'이 [ㄴ]으로 발음된다.

[붙임] 받침 'ㄱ, ㅂ' 뒤에 연결되는 'ㄹ'도 [ㄴ]으로 발음한다.
막론[막논→망논], 백리[백니→뱅니], 협력[협녁→혐녁], 십리[십니→심니]

받침 'ㄱ, ㅂ' 뒤에 연결되는 'ㄹ'은 [ㄴ]으로 발음되고, 그 [ㄴ] 때문에 'ㄱ, ㅂ'은 다시 [ㅇ, ㅁ]으로 역행동화(逆行同化)되어 발음된다.

제20항 'ㄴ'은 'ㄹ'의 앞이나 뒤에서 [ㄹ]로 발음한다.

(1) 난로[날 : 로], 신라[실라], 천리[철리], 광한루[광 : 할루], 대관령 [대 : 괄령]

"한 다리가 '천리[철리]'"라는 말이 있다. 이웃사이라는 사이는 그렇게 자로 재거나 저울로 달아서 헤아릴 수 있는 사이가 아니다.
－이문구『까치둥지가 보이는 동네』
속담은 '친척들 사이에는 한 촌수라도 큰 차이가 있다.'는 뜻으로 빗대는 말이다.

(2) 칼날[칼랄], 물난리[물랄리], 줄넘기[줄럼끼], 할는지[할른지]

둘의 사이에는 그리하여 조만간 파탈이 나고라야 말 형편이었는데, 계제에 초봉이가 **"달밤에 삿갓 쓰고 나오더란"** 푼수로, 사사이 이쁘잖은 짓만 해싸니 그거야말로 붙는 불에 제라서 부채질하는 것이라고나 '할는지[할른지]'.
－채만식『탁류』
속담은 '어이없는 짓이나 미운 짓을 한다.'는 뜻으로 빗대는 말이다.

비음(鼻音)인 'ㄴ'이 'ㄹ'의 앞이나 뒤에서 유음(流音) [ㄹ]로 동화되어 발음되는 경우를 규정한 것으로 유음화(流音化) 현상이라고 불린다. (1) 은 한자어(漢字語)의 경우, (2)는 합성어(合成語)와 파생어(派生語)의 경우와 '－(으)ㄹ 는지'의 경우이다.

[붙임] 첫소리 'ㄴ'이 'ㅀ', 'ㄾ'뒤에 연결되는 경우에도 이에 준한다.
닳는[달른], 뚫는[뚤른], 핥네[할레]

"낙수가 돌에 구멍을 '뚫는[뚤른]'다더니" 백련이는 가히 보살이로구나
무엇이든 한 가지에 이른 자는 모두 불심을 아는 모양이구나.
                   — 조정래 『태백산맥』
 속담은 '사소한 힘이지만 계속되면 큰일을 해낸다.'는 뜻으로 비유하
는 말이다.

 'ㅀ', 'ㄾ'과 같이 자음 앞에서 [ㄹ]이 발음되는 용언 어간 다음에 'ㄴ'으
로 시작되는 어미가 결합되면 그 'ㄴ'을 [ㄹ]로 동화시켜 발음한다.

 다만, 다음과 같은 단어들은 'ㄹ'을 [ㄴ]으로 발음한다.
 의견란[의ː견난], 임진란[임ː진난], 생산량[생산냥], 결단력[결딴녁],
공권력[공꿘녁], 동원령[동ː원녕], 상견례[상견녜], 횡단로[횡단노], 이원
론[이ː원논], 입원료[이붠뇨], 구근류[구근뉴]

 한자어(漢字語)에서 'ㄴ'과 'ㄹ'이 결합하면서도 [ㄹㄹ]로 발음되지 않
고 [ㄴㄴ]으로 발음되는 규정이다.

 제21항 위에서 지적한 이외의 자음 동화는 인정하지 않는다.
 감기[감ː기](×[강ː기]), 옷감[옫깜](×[옥깜]), 있고[읻꼬] (×[익꼬])
 꽃길[꼳낄](×[꼭낄]), 젖먹이[전머기](×[점머기]), 문법[문뻡](×[뭄뻡]),
꽃밭[꼳빧](×[꼽빧])

 '신문'을 가끔은 역행동화(逆行同化)된 [심문]으로 발음하는 경우처럼
실제 언어 현실에서는 발견할 수 있는 발음이지만 국어의 음운 규칙에

의한 것이 아닐 뿐만 아니라 그러한 발음 현상이 일반적인 것도 아니라는 점에서 표준발음법(標準發音法)에서는 허용하지 않는다. '자음동화(子音同化)'는 '음절(音節) 끝 자음(子音)이 그 뒤에 오는 자음과 만날 때, 어느 한쪽이 다른 쪽을 닮아서 그와 비슷하거나 같은 소리로 바뀌기도 하고, 양쪽이 서로 닮아서 두 소리가 다 바뀌기도 하는 현상'을 의미한다.

제22항 다음과 같은 용언의 어미는 [어]로 발음함을 원칙으로 하되, [여]로 발음함도 허용한다.
피어[피어/피여], 되어[되어/되여]

[붙임] '이오, 아니오'도 이에 준하여 [이요], [아니요]로 발음함을 허용한다.
모음(母音)으로 끝난 용언 어간에 모음으로 시작된 어미가 결합될 때에에 'ㅣ'모음 순행 동화 현상이 일어난다.

제6장 된소리되기

된소리되기는 예사소리였던 것이 된소리로 바뀌는 현상이며, '경음화(硬音化)'라고도 한다.

제23항 받침 'ㄱ(ㄲ, ㅋ, ㄳ, ㄺ), ㄷ(ㅅ, ㅆ, ㅈ, ㅊ, ㅌ), ㅂ(ㅍ, ㄼ, ㄿ, ㅄ)' 뒤에 연결되는 'ㄱ, ㄷ, ㅂ, ㅅ, ㅈ'은 된소리로 발음한다.
국밥[국빱], 깎다[깍따], 넋받이[넉빠지], 삯돈[삭똔], 닭장[닥짱], 칡범[칙뺌], 뻗대다[뻗때다], 옷고름[온꼬름], 있던[읻떤], 꽂고[꼳꼬], 꽃다발[꼳따발], 낯설다[낟썰다], 밭갈이[받까리], 솥전[솓쩐], 곱돌[곱똘], 덮개[덥깨], 옆집[엽찝], 넓죽하다[넙쭈카다], 읊조리다[읍쪼리다], 값지다[갑

찌다

내가 죽은 줄 알았더냐? 하고 **"'닭장[닥짱]' 속에 들어간 족제비를 튀기
듯"**이 소리를 벽력같이 질렀다.　　　　　　　　　　－심훈『탈춤』
　속담은 '아주 큰 소리로 어떤 것을 꾸짖거나 놀라게 한다.'는 뜻이다.

"자식이사 '옷고름[옫꼬름]'의 패물겉은 기라 안깝디까" 돈 있으믄 사
요. 뭐니뭐니 해도 돈 없는 놈이 젤 불쌍치. 아니다. 강산이 지꺼라도
자식없는 사람이 젤 섧단다.　　　　　　　　　　　－박경리『토지』
　속담은 '자식이란 장식물에 불과하다.'는 뜻으로 빗대어 이르는 말이다.

　화장이 고개를 빼어 '꽂고[꼳꼬]' 몇 번인가 마중군을 입속에 넣고 되
뇌는가 싶더니 불쑥 내뱉기를, 맹감역이란 명자는 들었소만 마중군이란
놈은 **"콧등도 못 봤소."**　　　　　　　　　　－김주영『활빈도』
　속담은 '어떤 사람을 아예 보지 못했다.'는 뜻으로 빗대는 말이다.

　한 단어 안에서나 체언(體言, 문장의 몸체가 되는 자리에 쓰이는 명
사, 대명사, 수사 따위)의 곡용(曲用, 국어에서는 명사, 대명사와 같은
체언의 격 변화를 가리키며, 곡용 어간은 체언, 곡용 어미는 격 조사로
처리하나, 학교 문법에서는 곡용을 인정하지 않음) 및 용언(用言)의 활
용(活用, 용언의 어간이나 서술격 조사에 변하는 말이 붙어 문장의 성격
을 바꾸며, 국어에서는 동사, 형용사, 서술격 조사의 어간에 여러 가지
어미가 붙는 형태를 이르는데, 이로써 시제·서법 따위)에서는 된소리
로 발음한다. 받침 'ㄱ(ㄲ, ㅋ, ㄳ, ㄺ), ㄷ(ㅅ, ㅆ, ㅈ, ㅊ, ㅌ), ㅂ(ㅍ,
ㄼ, ㄿ, ㅄ)' 뒤에 연결되는 'ㄱ, ㄷ, ㅂ, ㅅ, ㅈ'은 된소리 [ㄲ, ㄸ, ㅃ,
ㅆ, ㅉ]으로 발음한다.

제24항 어간 받침 'ㄴ(ㄵ), ㅁ(ㄻ)' 뒤에 결합되는 어미의 첫소리 'ㄱ, ㄷ, ㅅ, ㅈ'은 된소리로 발음한다.

신고[신 : 꼬], 껴안다[껴안따], 앉고[안꼬], 얹대[언때], 삼고[삼 : 꼬], 더듬지[더듬찌], 닮고[담 : 꼬], 젊지[점 : 찌]

병의 뿌리는 허두가 씌운 데 있거늘 이 약 저 약 써 봤자 **"가죽신 '신고[신꼬]' 가려운 발바닥 긁기지."** 판을 벌여야지. 갑석 아범의 눈이 데꾼해졌다.   ─ 김소진 『장석조네 사람들』
속담은 '하는 짓이 갑갑하고 어리석음.'을 빗대어 이르는 말이다.

"패가한 문전엔 황아장수와 엿목판만 꾄다"더니 이미 그 지경을 넘어섰음인가 처가 대문 앞엔 으레 있을 만한 중병아리 한 마리 얼씬 '앉고[안꼬]' 있었다.   ─ 이문구 『매화 옛 등걸』
속담은 '재물이 거덜난 집에는 하찮은 사람들만 나댄다.'는 뜻으로 빗대는 말이다.

용언(用言)의 어간(語幹)에만 적용되는 규정으로 용언의 어간 받침이 'ㄴ(ㄵ), ㅁ(ㄻ)' 뒤에 결합되는 어미의 첫소리 'ㄱ, ㄷ, ㅅ, ㅈ'은 된소리[ㄲ, ㄸ, ㅆ, ㅉ]으로 발음한다. 체언(體言)의 경우에는 '신도[신도], 신과[신과]' 등과 같이 된소리로 발음하지 않는다.
다만, 피동(被動, 남의 행동을 입어서 행하여지는 동작을 나타내는 동사이다. '보이다, 물리다, 잡히다, 안기다, 업히다' 따위), 사동(使動, 문장의 주체가 자기 스스로 행하지 않고 남에게 그 행동이나 동작을 하게 함을 나타내는 동사이다. 대개 대응하는 주동문의 동사에 사동 접미사 '─이─, ─히─, ─리─, ─기─' 따위)의 접미사 '─기─'는 된소리로 발음하지 않는다.
안기다, 감기다, 굶기다, 옮기다

'ㄴ, ㅁ' 받침을 가진 용언 어간의 피동·사동은 이 규정에 따르지 않아서 '감기다[감기다], 옮기다[옴기다]'와 같이 발음한다. 용언의 명사형의 경우에는 '안기[안끼], 굶기[굼끼]' 등과 같이 된소리[硬音]로 발음한다.

제25항 어간 받침 'ㄼ, ㄾ' 뒤에 결합되는 어미의 첫소리 'ㄱ, ㄷ, ㅅ, ㅈ'은 된소리로 발음한다.
넓게[널께], 핥다[할따], 훑소[훌쏘], 떫지[떨찌]

"아이 낳기도 전에 포대기 장만한다고" 자라서 더 '넓게[널께]' 옮겨 심어야 할 나무, 새로 사다 심을 나무 밑에 덮어 줄 갈비를 긁어 오려면 좀 먼 데까지 가야 해요.   ─전우익 『사람이 뭔데』
속담은 '성질이 무척 급하다.'는 뜻으로 빗대어 이르는 말이다.

자음(子音) 앞에서 [ㄹ]로 발음되는 겹받침 'ㄼ, ㄾ' 다음에서도 뒤에 연결되는 'ㄱ, ㄷ, ㅅ, ㅈ'은 된소리 [ㄲ, ㄸ, ㅆ, ㅉ]으로 발음한다.

제26항 한자어에서, 'ㄹ'받침 뒤에 결합되는 'ㄷ, ㅅ, ㅈ'은 된소리로 발음한다.
갈등[갈뜽], 발동[발똥], 절도[절또], 말살[말쌀], 불소(弗素)[불쏘], 일시[일씨], 갈증[갈쯩], 물질[물찔], 발전[발쩐], 몰상식[몰쌍식], 불세출[불쎄출]

나는 다시 부산으로 떠나 내려가다가 중로에서 '절도[절또]' 혐의로 경찰서에 잡혔지요. "가도록 심산이라"더니 나 두고 한 말인가 봐요
            ─최서해 『누이 동생을 따라』
속담은 심산(深山)은 첩첩산중이다. '점점 더 큰 어려움을 당한다.'는 뜻으로 빗대는 말이다.

다만, 같은 한자가 겹쳐진 단어의 경우에는 된소리로 발음하지 않는다.

허허실실[허허실실](虛虛實實), 절절－하다[절절하다](切切－)

한자어(漢字語)의 'ㄹ' 받침 뒤에 연결되는 'ㄷ, ㅅ, ㅈ'은 된소리 [ㄸ, ㅆ, ㅉ]으로 발음한다. 그러나 '결과(結果), 불복(不服), 절기(節氣), 팔경(八景)' 등은 된소리로 발음하지 않는다. 'ㄹ' 받침 뒤의 'ㄷ, ㅅ, ㅈ'이 된소리로 발음되는 것은 'ㄹ'의 영향 때문이라고 할 수 있다. 유음(流音)의 혀끝소리인 'ㄹ'은 혀끝을 윗잇몸에 대고 혀의 양 옆으로 바람을 흘려 발음하는 음이다. 'ㄹ'이 발음되면서 다음에 발음되는 자음을 된소리로 할 수 있는 것은 조음 위치가 가까운 자음에 한하기 때문이다. 따라서 같은 입술소리인 'ㄷ, ㅅ'과 구개음인 'ㅈ'은 영향을 받아 된소리로 발음되지만 연구개음인 'ㄱ'과 입술소리인 'ㅂ'은 된소리로 발음하지 않는다.

다만, 한자어(漢字語) 중에서 첩어(疊語, 한 단어를 반복적으로 결합한 복합어이다. '누구누구, 드문드문, 꼭꼭' 따위)의 경우는 된소리로 발음하지 않는다.

제27항 관형사형 '－(으)ㄹ' 뒤에 연결되는 'ㄱ, ㄷ, ㅂ, ㅅ, ㅈ'은 된소리로 발음한다.

할 것을[할꺼슬], 갈 데가[갈떼가], 할 바를[할빠를], 할 수는[할쑤는], 할 적에[할쩌게], 갈 곳[갈꼳], 할 도리[할또리], 만날 사람[만날싸람]

대관(臺官)에게 위풍이 있다면 바루지 못'할 것을[할꺼슬]' 걱정하지 않을 것이다. 속담에 **"사나운 범이 산에 있으면 명아주와 콩을 따지 않는다."** 한 말이 어찌 우리를 속이겠는가.

－『조선왕조실록(선조)』

속담은 '누구나 위험한 일을 피하게 마련.'이라는 뜻으로 빗대는 말이다.

　　"미숫가루나 수제비를 한 달에 세 번 정도만 해서 먹어도 집안이 망한다"고 보았다. 보리를 볶아서 만든 미숫가루인 개역과 수제비 정도 해먹기로서 집안 망'할 수늰[할쑤늰] 없다.

－고재환『제주도 속담 연구』

　　속담은 '옛날 식량이 부족할 때 간식을 자주 해먹으면 집안 살림이 거덜난다.'는 뜻으로 빗대는 말이다.

　　다만, 끊어서 말할 적에는 예사소리로 발음한다.

　　관형사형(冠形詞形, 관형사처럼 체언을 꾸미는 용언의 활용형이다. 앞의 말에 대해서는 서술어, 그 뒤의 말에 대해서는 관형어 구실을 하는 것으로, '－(으)ㄴ'이 붙은 '읽은', '본', '－(으)ㄹ'이 붙은 '갈', '잡을', '－는'이 붙은 '먹는' 따위) '－ㄹ' 다음에 'ㄱ, ㄷ, ㅂ, ㅅ, ㅈ'은 예외 없이 된소리 [ㄲ, ㄸ, ㅃ, ㅆ, ㅉ]으로 발음한다. 그러나 관형사형 '－ㄴ' 뒤에서는 된소리로 발음하지 않는다.

　　[붙임] '－(으)ㄹ'로 시작되는 어미의 경우에도 이에 준한다.

　　할걸[할껄], 할밖에[할빠께], 할세라[할쎄라], 할수록[할쑤록], 할지라도[할찌라도], 할지언정[할찌언정], 할진대[할찐대]

　　암만 그리해도 김장의를 못 당'할걸[할껄]'! 왜놈들은 돈 많은 사람들의 편을 든다니까. 그거야 있는 놈들이 **"코 아래 진상"**을 잘해줄 수 있으니까 그렇겠지요.

－이기영『두만강』

　　속담은 '먹을 것을 바친다.'는 뜻으로 빗대는 말이다.

　　지하의 아버지나 어머니도 **"나는 바담 풍**'할지라도[할찌라도]' **너는 바**

람 풍 해라"고 이르리라 믿고, 당신들이 내게 보여 준 연기만큼이라도 따라가고자 한다.   －최일남『글짓기로 일어서기』

속담은 '자신은 그른 행동을 하면서 남에게 옳은 행동을 요구한다.'는 뜻으로 빗대어 이르는 말이다.

관형사형(冠形詞形) 'ㅡㄹ'로 시작되는 어미도 역시 'ㄹ' 뒤에 오는 자음 'ㄱ, ㄷ, ㅂ, ㅅ, ㅈ'은 된소리 [ㄲ, ㄸ, ㅃ, ㅆ, ㅉ]으로 발음한다.

제28항 표기상으로는 사이시옷이 없더라도, 관형격 기능을 지니는 사이시옷이 있어야 할(휴지가 성립되는) 합성어의 경우에는, 뒤 단어의 첫소리 'ㄱ, ㄷ, ㅂ, ㅅ, ㅈ'을 된소리로 발음한다.

문ㅡ고리[문꼬리], 눈ㅡ동자[눈똥자], 신ㅡ바람[신빠람], 산ㅡ새[산쌔], 손ㅡ재주[손째주], 길ㅡ가[길까], 물ㅡ동이[물똥이], 발ㅡ바닥[발빠닥], 굴ㅡ속[굴 : 쏙], 술ㅡ잔[술짠], 바람ㅡ결[바람껼], 그믐ㅡ달[그믐딸], 아침ㅡ밥[아침빱], 잠ㅡ자리[잠짜리], 강ㅡ가[강까], 초승ㅡ달[초승딸], 등ㅡ불[등뿔], 창ㅡ살[창쌀], 강ㅡ줄기[강쭐기]

왕은 대궐 안 가까운 나들이에도 일일이 이것을 탔기 때문에 몹시 호강하는 것을 "'**발바닥[발빠닥]'에 흙을 안 묻힌다**"고 한다.

                    －이훈종『민족 생활어 사전』

속담은 '아주 호강을 하면서 산다.'는 뜻으로 빗대는 말이다.

이 사람 "**한잔 술에 눈물 난다**"네, 중매쟁이 대접은 소홀히 못하는 법이니, 한잔 더 하면서 턱으로 '술잔[술짠]'을 가리킨다.

                    －심훈『영원의 미소』

속담은 '하찮은 것으로 원망이 있을 수 있으니, 사람에게 야박하게 하지 말라.'는 뜻으로 빗대는 말이다.

"가을일 서둘러서 이익 볼 게 없다"지만 뺌만은 해에 할 일은 많으니
서숙 모가지 따는 일 같은 것은 며칠을 두고 '등불[등뿔]' 켜놓고 밤에
식구들이 죄다 들러붙어서 한다.

—박형진 『모항 막걸리집의 안주는 사람 씹는 맛이제』

속담은 '수확을 하는데 덤벙덤벙했다가는 손실이 많기 때문에 찬찬하
게 해야 한다.'는 뜻으로 이르는 말이다.

표기상(表記上)으로는 사이시옷이 드러나지 않더라도 기능상(機能上)
사이시옷이 있을 만한 합성어(合成語)의 경우에는 뒤 단어의 첫소리 'ㄱ,
ㄷ, ㅂ, ㅅ, ㅈ'을 된소리 [ㄲ, ㄸ, ㅃ, ㅆ, ㅉ]으로 발음한다.

제7장 소리의 첨가

첨가(添加)는 원래 없던 소리가 덧나는 현상을 말하는데 삽입(挿入)이
라고도 부른다. 'ㄴ' 소리가 첨가 되는 경우와 'ㅅ' 소리가 첨가 되는 경
우가 있다.

제29항 합성어 및 파생어에서, 앞 단어나 접두사의 끝이 자음이고
뒤 단어나 접미사의 첫음절이 '이, 야, 여, 요, 유'인 경우에는, 'ㄴ'소리
를 첨가하여 [니, 냐, 녀, 뇨, 뉴]로 발음한다.

솜 — 이불[솜니불], 홑 — 이불[혼니불], 막 — 일[망닐], 삯일[상닐], 맨 —
입[맨닙], 꽃 — 잎[꼰닙], 내복 — 약[내 : 봉냑], 한 — 여름[한녀름], 남존 —
여비[남존녀비], 신 — 여성[신녀성], 색 — 연필[생년필], 직행 — 열차[지캥
녈차], 늑막 — 염[능망념], 콩 — 엿[콩녇], 담 — 요[담 : 뇨], 눈 — 요기[눈뇨
기], 영업 — 용[영엄뇽], 식용 — 유[시굥뉴], 국민 — 윤리[궁민뉼리], 밤 — 윷
[밤 : 뉻]

바람과 함께 사라진 지가 언제라구요. **"나비 날자 '꽃잎[꼰닙]' 날기"**
아니에요?'   -이문구『산너머 남촌』
    속담은 '남자가 떠나면 여자 또한 떠난다.'는 뜻으로 빗대는 말이다.

    'ㄴ' 첨가(添加)하여 발음하는 규정이다. 고유어(固有語)와 한자어(漢
字語) 사이에는 차이는 없으나 첫째, 합성어(合成語)나 파생어(派生語)일 것,
둘째, 앞 단어(單語)와 접두사(接頭辭)가 자음으로 끝나야 할 것, 셋째,
뒤 단어나 접미사(接尾辭)의 첫 음절이 '이, 야, 여, 요, 유' 등이어야 한다.

    다만, 다음과 같은 말들은 'ㄴ' 소리를 첨가하여 발음하되, 표기대로
발음할 수 있다.
    이죽-이죽[이중니죽/이주기죽], 야금-야금[야금냐금/야그먀금], 검
열[검 : 녈/거 : 멸], 욜랑-욜랑[욜랑뇰랑/욜랑욜랑], 금융[금늉/그뮹]

    "나라 상감님도 다 백성들이 버릇딀이기 나름이요!" 주두래도 애성박쳐
가며 '야금야금[야금냐금/야그먀금]' 퍼줘야지, 안그러고 성님맨치로 한
바가지만 퍼줘도 될 것을 도라무깡재로 내주다가는 금세 바닥이 나고
만단 말이요!   -윤흥길『완장』
    속담은 '아무리 고귀한 사람이라도 아랫사람이 하기에 따라 행동이
달라지게 된다.'는 뜻으로 빗대는 말이다.

    'ㄴ'을 첨가하여 발음하기도 하지만 'ㄴ'을 첨가 없이 발음하기도 한다.
이것은 개인적인 발음 습관에 따른 것이나 그 어느 쪽을 일반화하거나
일률적으로 규칙화할 수 없기 때문에 두 가지 발음을 모두 인정하였다.

    [붙임 1] 'ㄹ'받침 뒤에 첨가되는 'ㄴ'소리는 [ㄹ]로 발음한다.
    들-일[들 : 릴], 솔-잎[솔립], 설-익다[설릭따], 물-약[물략], 불-

여위불려위, 서울-역[서울력], 물-옛[물렫], 휘발-유[휘발류], 유들
-유들[유들류들]

'ㄹ' 받침 뒤에 첨가되는 'ㄴ'은 [ㄹ]로 동화(同化)시켜 발음한다. 수원
역은 [수원녁]으로 발음하지만 서울역은 [서울력]으로 발음한다.

[붙임 2] 두 단어를 이어서 한 마디로 발음하는 경우에는 이에 준한다.
한 일[한닐], 옷 입다[온닙따], 서른 여섯[서른녀섣], 3연대[삼년대], 먹
은 엿[머근녇], 할 일[할릴], 잘 입다[잘립따], 스물 여섯[스물려섣], 1연대
[일련대], 먹을 엿[머글렫]

그냥 기함을 해서 나가자빠지고 **"'애비 에미 되어서 세상에 못 '할 일
[할릴]'이 자식을 앞세우는 건데,"** 그것도 성혼도 못 한 자식을 생죽음
시켰으니.　　　　　　　　　　　　　　　　　　　-한수산 『까마귀』
　속담은 '자식이 부모보다 먼저 죽는 것은 세상사 제일 좋지 않은 것
중 하나.'라는 뜻이다.

　두 단어를 한 단어처럼 한 마디로 발음하는 경우이다. '잘 입다', '먹을
엿'은 [잘립따], [머글렫]으로 발음한다는 것이다.

　다만, 다음과 같은 단어에서는 'ㄴ(ㄹ)' 소리를 첨가하여 발음하지 않
는다.
　6·25[유기오], 3·1절[사밀쩔], 송별연[송 : 벼련], 등용-문[등용문]

　다만, 첨가의 조건을 구성하고 있으나 'ㄴ, ㄹ' 받침을 첨가하지 않고
발음하는 것이다(8·15[파리로]).

제30항 사이시옷이 붙은 단어는 다음과 같이 발음한다.

1. 'ㄱ, ㄷ, ㅂ, ㅅ, ㅈ'으로 시작하는 단어 앞에 사이시옷이 올 때는 이들 자음만을 된소리로 발음하는 것을 원칙으로 하되, 사이시옷을 [ㄷ]으로 발음하는 것도 허용한다.

    냇가[내 : 까/낻 : 까], 샛길[새 : 낄/샏 : 낄], 빨랫돌[빨래똘/빨랟똘], 콧등[코뜽/콛뜽], 깃발[기빨/긷빨], 대팻밥[대 : 패빱/대 : 패다빱], 햇살[해쌀/핻쌀], 뱃속[배쏙/밷쏙], 뱃전[배쩐/밷쩐], 고갯짓[고개찓/고갣찓]

    여편네 개밥통 들여다보듯 고향이랍시고 몇 년 만에 불쑥 코빼기만 들이밀었다가 "'**콧등[코뜽/콛뜽]'에 인듯날이라도 닿은 것처럼**" 후딱 떠나 버리는 나로서는 이러한 형이 그저 고맙고 부럽기조차하다.

    — 오탁번 『종우』

    속담은 '화들짝 놀란다.'는 뜻으로 빗대는 말이다.

    "**가을 아침 안개는 중대가리 깬다**"더니 웃날이 제대로 든다. 금방 안개가 걷히고 늦가을 두터운 '햇살[해쌀/핻쌀]'이 화창하게 쏟아졌다.

    — 송기숙 『녹두장군』

    속담은 '가을날 아침에 안개가 끼면 낮에는 햇살이 뜨거워 스님의 머리를 깨뜨릴 정도가 된다.'는 뜻으로 빗대는 말이다.

    둘째 음절의 첫소리 'ㄱ, ㄷ, ㅂ, ㅅ, ㅈ'이 오면 첫 음절 받침에 사이시옷을 첨가하고 둘째 음절의 첫소리를 된소리 [ㄲ, ㄸ, ㅃ, ㅆ, ㅉ]으로 발음한다. 또한 사이시옷을 [ㄷ]으로 발음하는 것도 허용한다. '기빨'은 [긷빨 → 깁빨 → 기빨]과 같은 과정을 거쳐서 원칙적으로 [긷빨]을 표준발음으로 정하는 것이 원칙이지만 실제발음을 고려하여 [기빨]과 [긷빨]을 표준발음으로 허용하였다.

2. 사이시옷 뒤에 'ㄴ, ㅁ'이 결합되는 경우에는 [ㄴ]으로 발음한다.

콧날[콘날 → 콘날], 아랫니[아랟니 → 아랜니], 뒷마루[뒫 : 마루 → 뒨 : 마루], 뱃머리[밷머리 → 밴머리]

둘째는 사립대학 부속병원 산부인과 인턴으로 있으면서 출세가 따로 있더냐고 "'**콧날[콘날→콘날]**'이 이마 위에 솟아 있는데," 이 세 숙녀 또한 형부 알기를 보리밥으로 알고 있었다.

－이문구『장한몽』

속담은 '자존심이 아주 높다.'는 뜻으로 빗대는 말이다.

행렬의 앞에 선 허욱과 김장손과 유춘만이가 소리치자 군정들의 무리는 "터진 '**봇물[본물]**'이 메밀밭을 덮치듯" 삽시간에 총통 잡물고를 덮치고 말았다.　　　　　　　　　　－김주영『객주』

속담은 '어떤 것들이 거센 힘으로 몰라 덮친다.'는 뜻으로 비유하는 말이다.

비음(鼻音) 'ㄴ, ㅁ' 앞에서 사이시옷이 들어간 경우에는 'ㅅ → ㄷ → ㄴ'의 과정에 따라 사이시옷을 [ㄴ]으로 발음한다.

3. 사이시옷 뒤에 '이' 소리가 결합되는 경우에는 [ㄴㄴ]으로 발음한다.

베갯잇[베갣닏 → 베갠닏], 깻잎[깯닙 → 깬닙], 나뭇잎[나묻닙 → 나묻닙], 도리깻열[도리깯녈 → 도리깬녈], 뒷윷[뒫 : 늍 → 뒨 : 늍]

그렇듯 살차고 사나운 놈이가 진이한테는 아주 곰살궂고 살가왔다. 심사가 "가물철 '**수숫잎[수숟닙→수순닙]**' 꼬이듯" 해가지고 누구한테나 찜 부럿을 부리던 그가 진이한테는 여공불급이었다.

－홍석중『황진이』

속담은 '성미가 뒤틀려 있어 순박하지 않다.'는 뜻으로 빗대는 말이다.

사이시옷 뒤에 '이'나 '야, 여, 요, 유' 등이 결합되는 경우에는 '깻잎[깬 닙]처럼 'ㄴ'이 첨가(添加)되기 때문에 사이시옷은 자연히 [ㄴ]으로 발음 된다.

외래어 표기법

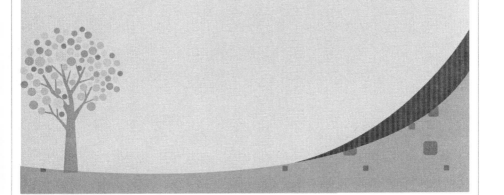

외래어 표기법

제1항 외래어는 국어의 현용 24자모만으로 적는다.

'외래어(外來語)'는 '외국에서 들어온 말로 국어처럼 쓰이는 단어'이며, '들온말, 전래어, 차용어'라고도 한다. 외래어는 '담배, 남포' 등과 같이 아제는 그 어원을 잊었을 정도로 아주 국어의 한 부분이 된 것도 있지만, '아나운서, 넥타이' 등과 같이 그것이 외국에서 들어온 것이라는 의식이 남아 있는 것도 있고, '바캉스, 트러블' 등과 같이 아직 자리를 굳히지 못한 것도 있으나 이들이 국어의 문맥 속에서 국어식으로 발음되며, 때로는 그 본래의 뜻이 변해 가면서 국어의 일부로 쓰이는 점은 같다.

외래어를 표기하기 위해 국어의 현용 24자 외에 특별한 글자나 기호를 만들어서까지 그 원음을 충실하게 표기한다는 것은 무의미한 일이다. 새로운 기호의 제정은 그것을 별도로 익혀야 하는 무리한 부담을 주는 것이며, 그러한 표기가 잘 지켜지기를 기대하기도 어렵다. 외래어의 표기는 일부 전문가들만을 위한 것이 나라 모든 국민을 위한 것이며, 그들이 쉽게 보고 익혀서 쓸 수 있는 것이어야 하기 때문이다.

제2항 외래어의 1 음운은 원칙적으로 1 기호로 적는다.

외래어의 1 음운은 1 기호로 적어야 기억과 표기가 용이할 것임은 두말할 나위가 없다. 다만, 외국어의 1 음운이 그 음성 환경에 따라 국어의 여러 소리에 대응되는 불가피한 경우에는 1 음운 1 기호의 원칙이 무리하며, 이러한 때에 한해서 간혹 두 기호로 표기할 필요가 있을 때를 예상하여 '원칙적으로'라는 단서를 붙였다.

제3항 받침에는 'ㄱ, ㄴ, ㄹ, ㅁ, ㅂ, ㅅ, ㅇ'만을 쓴다.

외래어라고 할지라도 국어의 말음 규칙을 적용한다는 뜻이다. 국어에서는 '잎'이 단독으로는 말음 규칙에 의해 [입]으로 발음되지만 '잎이'는 [이피], '잎으로'는 [이므로] 등과 같은 형태 음소적인 현상이 있기 때문에 위의 일곱 글자 이외의 것도 받침으로 쓰이나 외래어는 그러한 형태 음소적인 현상이 나타나지 않는다. 'book'은 '붘'으로도 표기할 수 있지만 '붘이'[부키], '붘을[부클]'이라 하지 않고 '북이'[부기], '북을'[부글]이라 하는 것이 보통이다. 따라서 '붘'으로 표기할 필요가 없다. 외래어는 그대로 말음 규칙에 따라 표기하는 것이 옳다.

다만, 국어의 'ㅅ'받침은 단독으로는 'ㄷ'으로 발음되지만 모음 앞에서 'ㅅ'으로 발음되는 변동 현상이 있는데 이것은 외래어에도 그대로 적용된다. 'racket'은 [라켇]으로 발음되지만 '라켓이'[라케시], '라켓을'[라케슬]로 변동하는 점이 국어와 같다. 그러므로 'ㅅ'에 한하여 말음 규칙에도 불구하고 'ㄷ'이 아닌 'ㅅ'을 받침으로 쓰게 한 것이다.

제4항 파열음 표기에는 된소리를 쓰지 않는 것을 원칙으로 한다.

유성 · 무성의 대립이 있는 파열음을 한글로 표기할 때 유성 파열음은 평음으로 무성 파열음은 격음으로 적기로 한 것이다. 국어의 파열음에는 유성 · 무성의 대립이 없으므로 외래어의 무성음을 평음으로 적을 수도 있으나 그러면 유성음을 표기할 방법이 없다. 유성 파열음을 가장 가깝게 표기할 수 있는 것은 평음이다. 따라서 무성 파열음은 격음이나 된소리로 표기할 수밖에 없다. 그러나 언어에 따라서 같은 무성 파열음이 국어의 격음에 가까운 경우도 있고 된소리에 가까운 것도 있다. 영어의 무성 파열음은 된소리보다 격음에 가깝고 프랑스어나 일본어의 무성 파열음은 격음보다 된소리에 가깝다. 이렇게 조금씩 차이는 있지만 무성 파열음은 격음 한 가지로만 표기하기로 한 것이다. 그 까닭은 같은 무성 파열음을 언어에 따라 어떤 때는 격음으로 어떤 때는 된소리로 적는다면 규정이 대단히 번거로워질 뿐만 아니라 일관성이 없는 것이 되기 때문이다. 한 언어의 발음을 다른 언어의 표기 체계에 따라 적을 때 정확한 발음 전사는 어차피 불가능한 것으로 비슷하게 밖에 전사되지 않는다. 프랑스 어 또는 일본어의 무성 파열음이 국어의 된소리에 가깝게 들린다고는 해도 아주 똑같은 것은 아니며 격음에 가깝게 들리는 경우도 많다. 그렇다면 규정의 생명인 간결성과 체계성을 살려서 어느 한 가지로 통일하여 표기하는 것이 바람직하다. 그런데 국어에서는 된소리가 격음에 비해서 그 기능 부담량이 훨씬 적다. 사전을 펼쳐 보면 된소리로 된 어휘가 얼마 되지 않는 것을 알 수 있다. 또 외래어에 된소리 표기를 허용하면 국어에서 쓰이지 않는 '빠, 뿌' 등과 같은 음절들을 써야 하게 되며 인쇄 작업에도 많은 지장을 초래한다. 격음의 경우에도 이렇게 국어에서 쓰지 않는 음절이 생길 수 있는 것이 사실이나 된소리까지 씀으로써 그러한 불합리와 부담을 가중시킬 필요가 없다.

이 규정은 중국어 표기에도 적용된다. 중국어의 무기음이 우리의 된소리에 가깝게 들리기는 하지만 무기·유기의 대립을 국어의 평음과 격음으로 적는 것이 된소리와 격음으로 적는 것보다 간편하고 효율적인 것이다.

제5항 이미 굳어진 외래어는 관용을 존중하되, 그 범위와 용례는 따로 정한다.

외래어는 그 차용 경로가 다양하다. 문자를 통해서 들어오기도 하고, 귀로 들어서 차용되는 것도 있으며, 원어에서 직접 들어 오는 것이 있는가 하면 제3 국을 통해서 간접 차용되는 것도 있다. 또, 오래 전부터 쓰여 온 것도 있고, 최근에 들어온 것도 있다.

‘카메라, 모델’은 같은 것을 철자로 로마자 읽기식으로 차용한 것이며, ‘펨프’ 같은 것은 귀로 들어서 드려 온 것이다. ‘pimp’를 로마자 읽기식으로 하면 ‘핌프’가 되었을 것인데 영어의 짧은 [i]는 우리에게는 [ㅔ]에 가깝게 들리기 때문에 ‘펨프’가 되었다. ‘fan’을 ‘후앙’이라고 하는 것은 이것이 일본을 통해 들어왔기 때문이며, ‘담배, 남포’ 같은 것은 연대가 하도 오래 되어서 일반 대중은 이들이 외래어라는 의식이 없다.

　이렇게 다양한 경로를 통해 들어온 외래어는 어떤 특정한 원칙만으로는 그 표기의 일관성을 기하기 어렵다. [b, d, g]가 ‘ㅂ, ㄷ, ㄱ’으로 발음되고 있으나 같은 [b, d, g]가 어느 경우에는 ‘ㅃ, ㄸ, ㄲ’으로 발음되고 있다. 또, 같은 말이 두 가지로 발음되고 뜻도 달리 쓰이는 것이 있다. ‘cut’은 ‘컷’이라고도 하고 ‘커트’라고도 하는데 인쇄의 도판일 때에는 ‘컷’이라고 하고, 정구나 탁구공을 깎아서 치는 것은 ‘커트’라고 한다. 이러한 외래어 중 이미 오랫동안 쓰여져 아주 굳어진 관용어는 그 관용을 인정하여 규정에 구애받지 않고 관용대로 적도록 하자는 것이다.

　다만, 그 관용의 한계를 어떻게 정하느냐 하는 것이 문제인데, 그것은 표준어를 사정하듯 하나하나 사정해서 정해야 할 것이다. 이러한 사정 작업은 별도로 이루어질 것이며 그렇게 사정된 관용 외래어는 장차 용례집을 편찬하여 일반이 참고할 수 있게 할 것이다. 따라서 본 법안은 관용어라고 할 만큼 자리를 굳히지 못한 외래어나 앞으로 새로 들어올 말들을 체계적으로 통일성 있게 표기하는 데 지침이 되어야 할 것이므로 이 규정의 보기에는 아직 외래어로 볼 수 없는 외국어의 예도 필요에 따라 제시하였다.

제2장　표기 일람표

　외래어는 표 1~13[1)]에 따라 표기한다.

자 음			반 모 음		모 음	
국제음성기호	한 글		국제음성기호	한 글	국제음성기호	한 글
	모음 앞	자음 앞 또는 어말				
p	ㅍ	ㅂ, 프	j	이*	i	이
b	ㅂ	브	ɥ	위	y	위
t	ㅌ	ㅅ, 트	w	오, 우*	e	에
d	ㄷ	드			ø	외
k	ㅋ	ㄱ, 크			ɛ	에
g	ㄱ	그			ɛ̃	앵
f	ㅍ	프			œ	외
v	ㅂ	브			œ̃	욍
θ	ㅅ	스			æ	애
ð	ㄷ	드			a	아
s	ㅅ	스			ɑ	아
z	ㅈ	즈			ɑ̃	앙
ʃ	시	슈, 시			ʌ	어
ʒ	ㅈ	지			ɔ	오
ts	ㅊ	츠			ɔ̃	옹
dz	ㅈ	즈			o	오
tʃ	ㅊ	치			u	우
dʒ	ㅈ	지			ə**	어
m	ㅁ	ㅁ			ɚ	어
n	ㄴ	ㄴ				
ɲ	니*	뉴				
ŋ	ㅇ	ㅇ				
l	ㄹ, ㄹㄹ	ㄹ				
r	ㄹ	르				
h	ㅎ	흐				
ç	ㅎ	히				
x	ㅎ	흐				

* [j], [w]의 ‘이’와 ‘오, 우’, 그리고 [ɲ]의 ‘니’는 모음과 결합할 때 제3장 표기 세칙에 따른다.

** 독일어의 경우에는 ‘에’, 프랑스 어의 경우에는 ‘으’로 적는다.

---

1) 1986년 고시본에는 표가 다섯이 제시되었으나, 1992년, 1995년에 각각 추가로 고시됨에 따라, 표는 열셋으로 늘어났다.

》》 제1절 영어의 표기

[표 1]에 따라 적되, 다음 사항에 유의하여 적는다.

제1항 무성 파열음 ([p], [t], [k])

1. 짧은 모음 다음의 어말 무성 파열음([p], [t], [k])은 받침으로 적는다.
   gap[gæp] 갭, cat[kæt] 캣, book[buk] 북

2. 짧은 모음과 유음 · 비음([l], [r], [m], [n]) 이외의 자음 사이에 오
   는 무성 파열음 ([p], [t], [k])은 받침으로 적는다.
   apt[æpt] 앱트, setback[setbæk] 셋백, act[ækt] 액트

3. 위 경우 이외의 어말과 자음 앞의 [p], [t], [k]는 '으'를 붙여 적는다.
   stamp[stæmp] 스탬프, cape[keip] 케이프., nest[nest] 네스트,
   part[pɑ : t] 파트, desk[desk] 데스크, make[meik] 메이크,
   apple[æpl] 애플, mattress[mætris] 매트리스, chipmunk
   [tʃipmʌŋk] 치프멍크, sickness[siknis] 시크니스

제2항 유성 파열음([b], [d], [g])

어말과 모든 자음 앞에 오는 유성 파열음은 '으'를 붙여 적는다.
bulb[bʌlb] 벌브, land[lænd] 랜드, zigzag[zigzæg] 지그재그,
lobster[lɔbstə] 로브스터, kidnap[kidnæp] 키드냅, signal[signəl] 시
그널

제3항 마찰음([s], [z], [f], [v], [θ], [ð], [ʃ], [ʒ])

1. 어말 또는 자음 앞의 [s], [z], [f], [v], [θ], [ð]는 '으'를 붙여 적는다.

mask[mɑːsk] 마스크, jazz[dʒæz] 재즈, graph[græf] 그래프, olive[ɔliv] 올리브, thrill[θril] 스릴, bathe[beið] 베이드

2. 어말의 [ʃ]는 '시'로 적고, 자음 앞의 [ʃ]는 '슈'로, 모음 앞의 [ʃ]는 뒤따르는 모음에 따라 '샤', '섀', '셔', '셰', '쇼', '슈', '시'로 적는다.
flash[flæʃ] 플래시, shrub[ʃrʌb] 슈러브, shark[ʃɑːk] 샤크, shank[ʃæŋk] 섕크, fashion[fæʃən] 패션, sheriff[ʃerif] 셰리프, shopping[ʃɔpiŋ] 쇼핑, shoe[ʃuː] 슈, shim[ʃim] 심

3. 어말 또는 자음 앞의 [ʒ]는 '지'로 적고, 모음 앞의 [ʒ]는 'ㅈ'으로 적는다.
mirage[mirɑːʒ] 미라지, vision[viʒən] 비전

제4항 파찰음([ts], [dz], [tʃ], [dʒ])

1. 어말 또는 자음 앞의 [ts], [dz]는 '츠', '즈'로 적고, [tʃ], [dʒ]는 '치', '지'로 적는다.
Keats[kiːts] 키츠, odds[ɔdz] 오즈, switch[switʃ] 스위치, bridge[bridʒ] 브리지, Pittsburgh[pitsbəːg] 피츠버그, hitchhike [hitʃhaik] 히치하이크

2. 모음 앞의 [tʃ], [dʒ]는 '치', 'ㅈ'으로 적는다.
chart[tʃɑːt] 차트, virgin[vəːdʒin] 버진

제5항 비음([m], [n], [ŋ])

1. 어말 또는 자음 앞의 비음은 모두 받침으로 적는다.
steam[stiːm] 스팀, corn[kɔːn] 콘, ring[riŋ] 링, lamp[læmp] 램프, hint[hint] 힌트, ink[iŋk] 잉크

2. 모음과 모음 사이의 [ŋ]은 앞 음절의 받침 'ㅇ'으로 적는다.
hanging[hæŋiŋ] 행잉, longing[lɔŋiŋ] 롱잉

제6항 유음([l])

1. 어말 또는 자음 앞의 [l]은 받침으로 적는다.

    hotel[houtel] 호텔, pulp[pʌlp] 펄프

2. 어중의 [l]이 모음 앞에 오거나, 모음이 따르지 않는 비음([m], [n]) 앞에 올 때에는 'ㄹㄹ'로 적는다. 다만, 비음([m], [n]) 뒤의 [l]은 모음 앞에 오더라도 'ㄹ'로 적는다.

    slide[slaid] 슬라이드, film[film] 필름, helm[helm] 헬름, swoln [swouln] 스월른, Hamlet[hæmlit] 햄릿, Henley[henli] 헨리

제7항 장모음

장모음의 장음은 따로 표기하지 않는다.

team[ti : m] 팀, route[ru : t] 루트

제8항 중모음[2]([ai], [au], [ei], [ɔi], [ou], [auə])

중모음은 각 단모음의 음가를 살려서 적되, [ou]는 '오'로, [auə]는 '아워'로 적는다.

time[taim] 타임, house[haus] 하우스, skate[skeit] 스케이트, oil[ɔil] 오일, boat[bout] 보트, tower[tauə] 타워

제9항 반모음([w], [j])

1. [w]는 뒤따르는 모음에 따라 [wə], [wɔ], [wou]는 '워', [wa]는 '와', [wæ]는 '왜', [we]는 '웨', [wi]는 '위', [wu]는 '우'로 적는다. word[wə : d] 워드, want[wɔnt] 원트, woe[wou] 워, wander [wandə] 완더, wag[wæg] 왜그, west[west] 웨스트, witch [witʃ] 위치, wool[wul] 울

---

2) 이 '중모음(重母音)'은 '이중 모음(二重母音)'으로, '중모음(中母音)'과 혼동하지 않도록 한다.

2. 자음 뒤에 [w]가 올 때에는 두 음절로 갈라 적되, [gw], [hw], [kw]는 한 음절로 붙여 적는다.

swing[swiŋ] 스윙, twist[twist] 트위스트, penguin[peŋgwin] 펭귄, whistle[hwisl] 휘슬, quarter[kwɔ : tə] 쿼터

3. 반모음 [j]는 뒤따르는 모음과 합쳐 '야', '얘', '여', '예', '요', '유', '이'로 적는다. 다만, [d], [l], [n] 다음에 [jə]가 올 때에는 각각 '디어', '리어', '니어'로 적는다.

yard[jɑ : d] 야드, yank[jæŋk] 얭크, yearn[jə : n] 연, yellow[jelou] 옐로, yawn[jɔ : n] 욘, you[ju :] 유, year[jiə] 이어, Indian [indjən] 인디언, battalion[bətæljən] 버탤리언, union[ju : njən] 유니언

제10항 복합어[3]

1. 따로 설 수 있는 말의 합성으로 이루어진 복합어는 그것을 구성하고 있는 말이 단독으로 쓰일 때의 표기대로 적는다.

cuplike[kʌplaik] 컵라이크, bookend[bukend] 북엔드, headlight [hedlait] 헤드라이트, touchwood[tʌtʃwud] 터치우드, sit − in[sitin] 싯인, bookmaker[bukmeikə] 북메이커, flashgun [flæʃgʌn] 플래시건, topknot[tɔpnɔt] 톱놋

2. 원어에서 띄어 쓴 말은 띄어 쓴 대로 한글 표기를 하되, 붙여 쓸 수도 있다.

Los Alamos[lɔs æləmous] 로스 앨러모스/로스앨러모스
top class[tɔpklæs] 톱 클래스/톱클래스

---

[3] 이 '복합어'는 학교 문법 용어에 따르면 '합성어'가 된다. 이하 같다.

제 1 절 표기 원칙

제1항 외국의 인명, 지명의 표기는 제1장, 제2장, 제3장의 규정을 따르는 것을 원칙으로 한다.

제2항 제3장에 포함되어 있지 않은 언어권의 인명, 지명은 원지음을 따르는 것을 원칙으로 한다.

Ankara 앙카라, Gandhi 간디

제3항 원지음이 아닌 제3국의 발음으로 통용되고 있는 것은 관용을 따른다.

Hague 헤이그, Caesar 시저

제4항 고유 명사의 번역명이 통용되는 경우 관용을 따른다.

Pacific Ocean 태평양, Black Sea 흑해

제 2 절 동양의 인명, 지명 표기

제1항 중국 인명은 과거인과 현대인을 구분하여 과거인은 종전의 한자음대로 표기하고, 현대인은 원칙적으로 중국어 표기법에 따라 표기하되, 필요한 경우 한자를 병기한다.

제2항 중국의 역사 지명으로서 현재 쓰이지 않는 것은 우리 한자음 대로 하고, 현재 지명과 동일한 것은 중국어 표기법에 따라 표기하되, 필요한 경우 한자를 병기한다.

제3항 일본의 인명과 지명은 과거와 현대의 구분 없이 일본어 표기법에 따라 표기하는 것을 원칙으로 하되, 필요한 경우 한자를 병기한다.

제4항 중국 및 일본의 지명 가운데 한국 한자음으로 읽는 관용이 있는 것은 이를 허용한다.

東京 도쿄, 동경, 京都 교토, 경도, 上海 상하이, 상해, 臺灣 타이완, 대만, 黃河 황허, 황하

⫸ 제3절 바다, 섬, 강, 산 등의 표기 세칙

제1항 '해', '섬', '강', '산' 등이 외래어에 붙을 때에는 띄어 쓰고, 우리말에 붙을 때에는 붙여 쓴다.

카리브 해, 북해, 발리 섬, 목요섬

제2항 바다는 '해(海)'로 통일한다.

홍해, 발트 해, 아라비아 해

제3항 우리나라를 제외하고 섬은 모두 '섬'으로 통일한다.

타이완 섬, 코르시카 섬(우리나라 : 제주도, 울릉도)

제4항 한자 사용 지역(일본, 중국)의 지명이 하나의 한자로 되어 있을 경우, '강', '산', '호', '섬' 등은 겹쳐 적는다.

온타케 산(御岳), 주장 강(珠江), 도시마 섬(利島), 하야카와 강(早川), 위산 산(玉山)

제5항 지명이 산맥, 산, 강 등의 뜻이 들어 있는 것은 '산맥', '산', '강' 등을 겹쳐 적는다.

Rio Grande 리오그란데 강, Monte Rosa 몬테로사 산, Mont Blanc 몽블랑 산, Sierra Madre 시에라마드레 산맥

로마자 표기법

로마자 표기법

제1장 표기의 기본 원칙

제1항 국어의 로마자 표기는 국어의 표준 발음법에 따라 적는 것을 원칙으로 한다.

제2항 로마자 이외의 부호는 되도록 사용하지 않는다.

제2장 표기 일람

제1항 모음은 다음 각 호와 같이 적는다.

1. 단모음

ㅏ	ㅓ	ㅗ	ㅜ	ㅡ	ㅣ	ㅐ	ㅔ	ㅚ	ㅟ
a	eo	o	u	eu	i	ae	e	oe	wi

2. 이중 모음

ㅑ	ㅕ	ㅛ	ㅠ	ㅒ	ㅖ	ㅘ	ㅙ	ㅝ	ㅞ	ㅢ
ya	yeo	yo	yu	yae	ye	wa	wae	wo	we	ui

[붙임 1] 'ㅢ'는 'ㅣ'로 소리 나더라도 'ui'로 적는다.

(보기)

광희문 Gwanghuimun

[붙임 2] 장모음의 표기는 따로 하지 않는다.

넓게[널께], 핥다[할따], 훑소[훌쏘], 떫지[떨ː찌]

제2항 자음은 다음 각 호와 같이 적는다.

1. 파열음

ㄱ	ㄲ	ㅋ	ㄷ	ㄸ	ㅌ	ㅂ	ㅃ	ㅍ
g, k	kk	k	d, t	tt	t	b, p	pp	p

2. 파찰음

ㅈ	ㅉ	ㅊ
j	jj	ch

3. 마찰음

ㅅ	ㅆ	ㅎ
s	ss	h

4. 비음

ㄴ	ㅁ	ㅇ
n	m	ng

5. 유음

ㄹ
r, l

[붙임 1] 'ㄱ, ㄷ, ㅂ'은 모음 앞에서는 'g, d, b'로, 자음 앞이나 어말에서는 'k, t, p'로 적는다([ ] 안의 발음에 따라 표기함.).

(보기)

구미 Gumi, 백암 Baegam, 합덕 Hapdeok, 월곶[월곧] Wolgot, 한밭[한받] Hanbat, 영동 Yeongdong, 옥천 Okcheon, 호법 Hobeop, 벚꽃[벋꼳] beotkkot

[붙임 2] 'ㄹ'은 모음 앞에서는 'r'로, 자음 앞이나 어말에서는 'l'로 적는다. 단, 'ㄹㄹ'은 'll'로 적는다.

(보기)

구리 Guri, 설악 Seorak, 칠곡 Chilgok, 임실 Imsil, 울릉 Ulleung
대관령[대괄령] Daegwallyeong

제3장 표기상의 유의점

제1항 음운 변화가 일어날 때에는 변화의 결과에 따라 다음 각 호와 같이 적는다.

1. 자음 사이에서 동화 작용이 일어나는 경우

(보기)

백마[뱅마] Baengma, 신문로[신문노] Sinmunno, 종로[종노] Jongno
왕십리[왕심니] Wangsimni, 별내[별래] Byeollae, 신라[실라] Silla

2. 'ㄴ, ㄹ'이 덧나는 경우

(보기)

학여울[항녀울] Hangnyeoul, 알약[알략] allyak

3. 구개음화가 되는 경우

(보기)

해돋이[해도지] haedoji, 같이[가치] gachi

4. 'ㄱ, ㄷ, ㅂ, ㅈ'이 'ㅎ'과 합하여 거센소리로 소리 나는 경우

(보기)

좋고[조코] joko, 놓다[노타] nota, 잡혀[자펴] japyeo, 낳지[나치] nachi

다만, 체언에서 'ㄱ, ㄷ, ㅂ' 뒤에 'ㅎ'이 따를 때에는 'ㅎ'을 밝혀 적는다.
(보기)
묵호 Mukho, 집현전 Jiphyeonjeon

〔붙임〕된소리되기는 표기에 반영하지 않는다.
(보기)
압구정 Apgujeong, 낙동강 Nakdonggang, 죽변 Jukbyeon, 낙성대
Nakseongdae, 합정 Hapjeong, 팔당 Paldang, 샛별 saetbyeol, 울산 Ulsan

제2항 발음상 혼동의 우려가 있을 때에는 음절 사이에 붙임표(-)
를 쓸 수 있다.
(보기)
중앙 Jung-ang, 반구대 Ban-gudae, 세운 Se-un, 해운대 Hae-undae

제3항 고유 명사는 첫 글자를 대문자로 적는다.
(보기)
부산 Busan, 세종 Sejong

제4항 인명은 성과 이름의 순서로 띄어 쓴다. 이름은 붙여 쓰는 것을
원칙으로 하되 음절 사이에 붙임표(-)를 쓰는 것을 허용한다(( )안
의 표기를 허용함).
(보기)
민용하 Min Yongha (Min Yong-ha), 송나리 Song Nari (Song Na-ri)

(1) 이름에서 일어나는 음운 변화는 표기에 반영하지 않는다.
(보기)
한복남 Han Boknam (Han Bok-nam), 홍빛나 Hong Bitna (Hong Bit-na)

(2) 성의 표기는 따로 정한다.

제5항 '도, 시, 군, 구, 읍, 면, 리, 동'의 행정 구역 단위와 '가'는 각각 'do, si, gun, gu, eup, myeon, ri, dong, ga'로 적고, 그 앞에는 붙임표 (-)를 넣는다. 붙임표(-) 앞뒤에서 일어나는 음운 변화는 표기에 반영하지 않는다.

(보기)

충청북도 Chungcheongbuk-do, 제주도 Jeju-do, 의정부시 Uijeongbu-si

양주군 Yangju-gun, 도봉구 Dobong-gu, 신창읍 Sinchang-eup

삼죽면 Samjuk-myeon, 인왕리 Inwang-ri, 당산동 Dangsan-dong

봉천1동 Bongcheon 1(il)-dong, 종로 2가 Jongno 2(i)-ga, 퇴계로 3가 Toegyero 3(sam)-ga

[붙임] '시, 군, 읍'의 행정 구역 단위는 생략할 수 있다.

(보기)

청주시 Cheongju, 함평군 Hampyeong, 순창읍 Sunchang

제6항 자연 지물명, 문화재명, 인공 축조물명은 붙임표(-) 없이 붙여 쓴다.

(보기)

남산 Namsan, 속리산 Songnisan, 금강 Geumgang, 독도 Dokdo

경복궁Gyeongbokgung, 무량수전 Muryangsujeon, 연화교Yeonhwagyo

극락전 Geungnakjeon, 안압지 Anapji, 남한산성 Namhansanseong

화랑대 Hwarangdae, 불국사 Bulguksa, 현충사Hyeonchungsa, 독립문 Dongnimmun, 오죽헌 Ojukheon, 촉석루 Chokseongnu, 종묘 Jongmyo, 다보탑 Dabotap

제7항 인명, 회사명, 단체명 등은 그동안 써 온 표기를 쓸 수 있다.

제8항 학술 연구 논문 등 특수 분야에서 한글 복원을 전제로 표기할 경우에는 한글 표기를 대상으로 적는다. 이때 글자 대응은 제2장을 따르되 'ㄱ, ㄷ, ㅂ, ㄹ'은 'g, d, b, l'로만 적는다. 음가 없는 'ㅇ'은 붙임표(-)로 표기하되 어두에서는 생략하는 것을 원칙으로 한다. 기타 분절의 필요가 있을 때에도 붙임표(-)를 쓴다.

(보기)

집 jib, 짚 jip, 밖 bakk, 값 gabs, 붓꽃 buskkoch, 먹는 meogneun, 독립 doglib

문리 munli, 물엿 mul-yeos, 굳이 gud-i, 좋다 johda, 가곡 gagog, 조랑 말 jolangmal

없었습니다 eobs-eoss-seubnida

부   칙

① (시행일) 이 규정은 고시한 날부터 시행한다.
② (표지판 등에 대한 경과 조치) 이 표기법 시행 당시 종전의 표기법에 의하여 설치된 표지판(도로, 광고물, 문화재 등의 안내판)은 2005. 12. 31.까지 이 표기법을 따라야 한다.
③ (출판물 등에 대한 경과 조치) 이 표기법 시행 당시 종전의 표기법에 의하여 발간된 교과서 등 출판물은 2002. 2. 28.까지 이 표기법을 따라야 한다.

참고문헌

강규선(2001), 『훈민정음 연구』, 보고사.

고영근(1983), 『국어문법의 연구』, 탑출판사.

국립국어연구원(1999), 『표준국어대사전』, 두산동아.

국립국어연구원(2003), 『표준 발음 실태 조사. Ⅰ－Ⅲ』, 국립국어연구원.

국립국어연구원(2001), 『한국 어문 규정집』, 국립국어연구원.

국립국어연구원(2000), 『(국어의 로마자 표기법(2000. 7. 7. 고시)에 따른) 로마자
　　　　　　표기 용례 사전』, 국립국어연구원.

국어연구소(1988), 『한글 맞춤법 해설』, 국어연구소.

국어연구소(1988), 『표준어 규정 해설』, 국어연구소.

국어연구회(1990), 『국어연구 어디까지 왔나』, 동아출판사

권인한(2000), 「표준발음」, 『국어생활』 10－3, 국립국어연구원.

권재일(1992), 『한국어통사론』, 민음사.

권희돈(2012), 『구더기 점프하다』, 작가와 비평.

김계곤(1996), 『현대국어 조어법 연구』, 박이정.

김광해(1993), 『국어어휘론 개설』, 집문당.

김기원(2000), 『무심천 개구리』, 오늘의 문학사.

김기혁(1995), 『국어문법 연구』, 박이정.

김미형(1995), 『한국어 대명사』, 한신문화사.

김민수(1960), 『국어문법론 연구』, 통문관.

김복문(1982), 『한글의 로마자 신표기법(안)과 그 용도』, 유성문화사.

김선철(2004), 「표준 발음법 분석과 대안」, 『말소리』 50, 대한음성학회.

김세중(1990), 「외래어 표기법의 변천과 과제」, 『국어생활』 23, 국어연구소.

김세중(1991), 「국어의 로마자 표기 문제」, 『주시경학보』 8, 주시경연구소.

김영희(1988), 『한국어통사론의 모색』, 탑출판사.

김정숙(2006), 『한국 현대소설과 주체의 호명』, 역락.

김정은(1995), 『국어 단어형성법 연구』, 박이정.

김진식(2007), 『현대국어 의미론 연구』, 박이정.

김창섭(1996), 『국어의 단어형성과 단어구조 연구』, 태학사.

김하수 외(1997), 『한글 맞춤법, 무엇이 문제인가?』, 태학사.

김희숙(2011), 『21세기 한국어 정책과 국가 경쟁력』, 소통.

나찬연(2002), 『한글 맞춤법의 이해』, 월인.

남기심·고영근(1985), 『표준국어문법론』, 탑출판사.

도형수(1994), 「한글 로마자 표기법의 변천과정 연구」, 『언어논총』 12, 계명대
　　　언어연구소.

리의도(1999), 『이야기 한글 맞춤법』, 석필.

문화부(2004), 『국어 어문 규정집』, 대한교과서주식회사.

미승우(1993), 『새 맞춤법과 교정의 실제』, 어문각.

민족문화사(2003), 『(한글)맞춤법, 띄어쓰기』, 민족문화사.

민현식(1999), 『국어정서법연구』, 태학사.

박경래(2010), 『문학속의 충청방언』, 글누림.

박덕유(2002), 『문법교육의 탐구』, 한국문화사.

박종호(2011), 『온톨로지 기반 한국어 동사 의미망 구축 방법 연구』, 청주대
　　　박사학위논문.

박형익 외(2007), 『한국 어문 규정의 이해』, 태학사.

배주채(1996), 『국어음운론 개설』, 신구문화사.

배주채(2003), 『한국어의 발음』, 삼경문화사.

백문식(2005), 『(품위 있는 언어 생활을 위한) 우리말 표준 발음 연습』, 박이정.

북피아(2005), 『(새로운)한글 맞춤법.띄어쓰기』, 북피아.

서영숙(2009), 『한국 서사민요의 날실과 씨실』, 역락.

서정범(2000), 『국어어원사전』, 보고사.

서정수(1998), 『국어문법』, 한양대학교 출판원

성기지(2001), 『생활 속의 맞춤법 이야기』, 역락 출판사.

소인호(2007), 『한국 전기문학적 당풍고운』, 민족출판사.

손남익(1995), 『국어 부사 연구』, 박이정.

손세모돌(1996), 국어 보조용언 연구, 한국문화사

송기중(1991), 「한글의 로마자 표기법」, 『등불』, 국어정보학회.

송　민(2001), 『한국 어문 규정집』, 국립 국어 연구원.

송석중(1993), 『한국어문법의 새 조명』, 지식산업사.

송철의(1998), 「표준발음법」, 『우리말 바로 알리』, 문화부.

시정곤(1998), 『국어의 단어형성 원리』, 한국문화사.

신경구 외(1993), 「로마자 삼기 원칙과 보기」, 『어학교육』 22, 전남대.

신지영 외(2003), 『우리말 소리의 체계』, 한국문화사.

심재기(1982), 『국어어휘론』, 집문당.

안상순(2004), 「표준어, 어떻게 할 것인가」, 『새국어생활』 14-1, 국립국어연구원.

유만근(1989), 「우리말 로마자 맞춤법 안」, 『인문과학』 19, 성균대 인문과학
　　　　 연구소.

윤정아(2010), 「한자어 접미사가 결합된 신어에 대하여」, 『어문논총』 24집,
　　　　 동서어문학회.

이광호 외(2006), 『국어정서법』, 한국방송통신대학교출판부.

이기문(1963), 『국어표기법의 역사적 연구』, 한국문화원.

이동석(2006), 「효과적인 사이시옷 표기 교육」, 『새국어교육』 72호, 한국국어
　　　　 교육학회.

이상억(1994), 『국어 표기 4법 논의』, 서울대학교출판부.

이승구(1993), 『정서법자료』, 대한교과서주식회사.

이은정(1990), 『최신 표준어·맞춤법 사전』, 백산출판사.

이은정(1991), 『한글 맞춤법에 따른 붙여쓰기/띄어쓰기 용례집』, 백산출판사.

이익섭(1983), 「한국어 표준어의 제문제」, 『한국 어문의 제문제』, 일지사.

이익섭(1992), 『국어표기법연구』, 서울대학교출판부.

이종운(1998), 『국어의 맞춤법 표기』, 세창 출판사.

이주행(2005), 『한국어 어문 규범의 이해』, 도서출판 보고사.

이호영(1996), 『국어음성학』, 태학사.

이희승 외(1989), 『한글 맞춤법 강의』, 신구문화사.

임승빈(2010), 『흐르는 말』, 서정시학.

임지룡(1995), 『국어의미론』, 탑출판사.

임창호(2001), 『혼동되기 쉬운 말 비교사전』, 우석출판사.

임홍빈(1999), 『한국어사전』, 시사에듀케이션.

전영표(1989), 『새 국어 표기법』, 동일출판사.

정민영(2008), 「마산리의 지명」, 『어문연구』 57집, 어문연구학회.

정재도(1999), 『국어사전 바로잡기』, 한글학회.

정종진(2011), 『한국현대시, 그 감동의 역사』, 태학사.

조영희(1988), 『새 한글 맞춤법 띄어쓰기의 이론과 실제』, 신아사.

조영희(2007), 한글의 의미적 띄어쓰기 精釋』, 신아출판사.

조항범(2009), 『말이 인격이다』, 예담.

최인호(1996), 『바른말글 사전』, 한겨레신문사.

한겨레신문사(2000), 『남북한말사전』, 한겨레신문사.

한글학회(1989), 『한글맞춤법 통일안(1933-1980), 외래어 표기법 통일안(1940),
우리말 로마자 적기(1984)』, 한글학회.

한용운(2004), 『한글 맞춤법의 이해와 실제』, 한국문화사.

허 웅(1981), 『언어학』, 샘문화사.

허 춘(2001), 「우리말 '표준 발음법' 보완」, 『어문학』 74, 한국어문학회.

황경수(2008), 『한국 어문 규정의 이해』, 청운.

황경수(2011), 『한국어 교육을 위한 한국어학』, 청운.

찾 아 보 기

【ㅅ】

【ㅇ】

저자 약력

황 경 수(黃慶洙)

- 충북 출생
- 문학 박사
- 현, 청주대학교 국어국문학과 대학원 교수
- 현, 청주대학교 교양학부 교수
- 현, 문화체육관광부 국어문화원 부원장/책임연구원
- 현, 충북 지명위원회 자문위원
- 현, 충북 도로명주소위원회 자문위원
- 현, 세계문자서예박물관 추진위원회 위원
- 논저, 훈민정음 중성의 역학사상
- 공문서의 띄어쓰기와 문장 부호의 오류 양상
- 훈민정음 연구(공저)
- 신문언어의 오류 양상에 대한 고찰
- 이주민 여성들이 잘못 쓰는 조사와 어미
- 한국어 교육을 위한 한국어학
- 생각을 바꾸는 우리말글 등 다수

문학 작품을 활용한
어문 규정 바로 알기

저 자 / 황경수

인 쇄 / 2014년 2월 25일
발 행 / 2014년 3월 3일

펴낸곳 / 도서출판 청운
등 록 / 제7-849호
편 집 / 최덕임
펴낸이 / 전병욱

주 소 / 서울시 동대문구 용두동 767-1
전 화 / 02)928-4482
팩 스 / 02)928-4401
E-mail / chung928@hanmail.net
         chung928@naver.com

값 / 21,000원
ISBN 978-89-92093-37-8